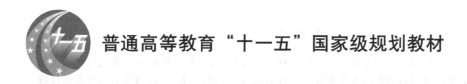 普通高等教育"十一五"国家级规划教材

21世纪大学本科计算机专业系列教材

面向对象程序设计
（第3版）

叶乃文　王　丹　杨惠荣　编著

清华大学出版社
北京

内 容 简 介

面向对象的程序设计方法是当今普遍使用的一种程序设计方法,它是计算机软件开发人员必须掌握的基本技术。本书根据国内外最新的面向对象程序设计课程的教学大纲要求,首先阐述面向对象程序设计方法的相关概念,然后选择具有典型特征的示例,并选择 Java 作为实现工具。本书的此次修订增加了一些JDK 5.0 以后的新功能,并调整了一些章节的内容。学生通过本书的学习能够掌握面向对象的程序设计方法,学会 Java 程序设计的基本方法,养成良好的程序设计习惯。

本书共分 11 章,内容包括面向对象程序设计概论、Java 程序设计语言概述、抽象与封装、继承与多态、异常处理、流式输入输出及文件处理、泛型程序设计与数据结构、图形用户界面、事件处理、多线程程序设计和数据库访问的编程技术。

本书内容丰富,理论联系实际,可读性强,既可以作为高等院校计算机专业及相关专业本科生学习面向对象程序设计课程的教材,也可供从事软件开发的工程师和自学读者学习参考。

图书在版编目(CIP)数据

面向对象程序设计 / 叶乃文,王丹,杨惠荣编著. —3 版. —北京:清华大学出版社,2013(2025.3重印)
21 世纪大学本科计算机专业系列教材
ISBN 978-7-302-32907-7

Ⅰ. ①面… Ⅱ. ①叶… ②王… ③杨… Ⅲ. ①面向对象语言－程序设计－高等学校－教材
Ⅳ. ①TP312

中国版本图书馆 CIP 数据核字(2013)第 136296 号

责任编辑:张瑞庆 徐跃进
封面设计:傅瑞学
责任校对:焦丽丽
责任印制:刘 菲

出版发行:清华大学出版社
    网 址:https://www.tup.com.cn,https://www.wqxuetang.com
    地 址:北京清华大学学研大厦 A 座   邮 编:100084
    社 总 机:010-83470000   邮 购:010-62786544
    投稿与读者服务:010-62776969,c-service@tup.tsinghua.edu.cn
    质 量 反 馈:010-62772015,zhiliang@tup.tsinghua.edu.cn
    课 件 下 载:https://www.tup.com.cn,010-83470236
印 装 者:三河市春园印刷有限公司
经 销:全国新华书店
开 本:185mm×260mm   印 张:21.5   字 数:521 千字
版 次:2004 年 8 月第 1 版 2013 年 8 月第 3 版 印 次:2025 年 3 月第11次印刷
定 价:55.00 元

产品编号:054662-03

第 3 版前言

随着计算机技术的迅猛发展,人类对计算机的依赖程度越来越高,期望利用计算机解决各类问题的欲望越来越强烈,从而导致软件开发所面临的问题也越来越复杂,这就需要软件开发人士拥有一种良好的软件开发方法,以便指导软件开发的全过程,使得软件产品的开发效率不断地提高,软件产品的质量确实得到保证。

自从 20 世纪 80 年代广泛应用面向对象的程序设计方法以来,软件开发行业慢慢地摆脱了"行业危机",开始进入良性循环的发展阶段。长期以来,人们在肯定面向对象方法的同时,不断地改进、完善它,使其成为一种科学化、人性化、规范化的软件开发方法。今天,作为一名高等学校计算机及相关专业的本科学生来说,掌握面向对象的程序设计方法已经成为一项基本的专业要求。为此,我们编写了本教材,希望能够对这门课程的教学与学习有一定的帮助。

本书根据"面向对象程序设计"课程的教学大纲要求,按照首先阐述面向对象程序设计方法的相关概念,然后选择具有典型特征的实例,并利用 Java 程序设计语言举例说明的基本教学策略论述本课程的全部内容,使学生能够掌握面向对象程序设计的基本方法,并且学会利用 Java 程序设计语言编写具有面向对象特征的程序代码,从中体会面向对象程序设计的精髓。

全书共分 11 章。

第 1 章 面向对象程序设计概论,主要介绍结构化程序设计方法与面向对象程序设计方法的基本特征,并对面向对象程序设计方法所涉及的基本概念进行全面的阐述。

第 2 章 Java 程序设计语言概述,主要介绍 Java 程序设计语言的基本数据类型、Java 程序结构、Java 程序的基本输入输出方法以及数组类型的应用。

第 3 章 抽象与封装,主要阐述利用 Java 程序设计语言实现面向对象的抽象性和封装性的基本方法。

第 4 章 继承与多态,主要阐述利用 Java 程序设计语言实现面向对象的继承性和多态性的基本方法。

第 5 章 异常处理,主要介绍 Java 程序设计语言提供的异常处理机制。

第 6 章 流式输入输出及文件处理,主要介绍 Java 程序设计语言的流式处理及文件的读写方式。

第 7 章 泛型程序设计与聚合,主要介绍泛型程序设计的相关知识及常用的数据结构接口。

第8章 图形用户界面,主要介绍利用Java程序设计语言设计具有图形用户界面特征的应用程序,使学生能够掌握这类程序设计的基本方法。

第9章 事件处理,主要介绍Java事件处理机制。

第10章 多线程程序设计,主要介绍Java中进行多线程程序设计的相关技术。

第11章 数据库访问的编程技术,主要介绍利用Java语言访问数据库的基本实现方式。

本书列举了大量例子,所有程序均在 NetBeans IDE 环境下运行通过。NetBeans IDE 是 Sun 公司极力推广的供用户免费使用的一个 Java 集成开发环境,这个开发环境拥有强大的开发能力,在 Java 规范化书写、调试、测试、版本管理、移植性等方面给予了极大的支持,近几年深受广大 Java 开发者的认可。有关 NetBeans IDE 的使用说明和软件下载可以从网站<http://www.java.sun.com>获得。

本书得到了华南理工大学李仲麟教授、北京工业大学蒋宗礼教授的鼎力支持,在此出版之际,一并表示衷心感谢!

由于作者水平有限,加之时间紧张,书稿虽几经修改,仍难免存在缺点和错误,恳请广大读者给予批评指正。

作　者
2013 年 7 月

目 录

CONTENTS

11

第 1 章

面向对象程序设计概论

　　软件是计算机的灵魂,而软件的开发方法是主导这个灵魂的关键。几十年来,众多的专家、学者将毕生的研究方向定位于探索软件开发方法的基础理论上,他们与奋斗在软件开发领域最前沿的软件精英们共同携手,将理论与实践紧密地结合在一起,提出了各种有效的软件开发方法,使软件开发行业历经磨难,终于步入了科学化、工程化和规范化的良性发展时代。

　　简要地说,一个规范的软件开发过程需要经历系统分析、系统设计、编码、测试和维护几个阶段。软件开发方法是指导软件开发各个阶段工作的理论和方法,它决定了审视问题域的角度、各个开发阶段的工作任务以及最终软件系统的构成方式。其中,编码阶段的主要任务是按照系统设计的要求编制最终的程序代码,即程序设计。它是软件开发过程的一个重要阶段,是软件系统的具体实现。在程序设计过程中,选择一种良好的程序设计方法将有助于提高程序设计的效率,保证程序的可靠性,增强程序的可扩充性,改进程序的可维护性。时至今日,用于指导程序设计的方法已有许多种类,它们都有各自的特点,其中结构化和面向对象是两种发展最为成熟、应用最为广泛的程序设计方法。本章主要介绍有关程序设计方法的概念,并阐述结构化程序设计方法和面向对象程序设计方法的具体内容,以便读者对它们有个初步认识,为日后更好地指导程序设计打下良好的基础。

1.1　结构化程序设计

　　程序设计是指设计、编制和调试程序的方法和过程。由于程序是应用系统的本体,是软件质量的具体体现,因此,研究程序设计中涉及的基本概念、描述工具和所采用的方法就显得格外重要。

　　这里所说的基本概念主要包括程序、数据、子程序、模块,以及顺序性、并发性、并行性和分布性等。其中,程序是程序设计的核心,子程序是为了便于程序设计而建立的程序基本单元,也是模块的具体体现,而顺序性、并发性、并行性和分布性反映了程序的内在特性。

　　描述工具主要是指编写程序的语言和为了便于调试程序而提供的各种语言开发环境。从某种意义上讲,它们决定了应用系统的最终功效,直接影响着软件产品的可靠性、易读性、易维护性以及开发效率。

　　程序设计方法是用于指导程序设计工作的思想方法,它主要包括程序设计的原理和所应遵循的基本原则,帮助人们从不同的角度描述问题域。选用合适的程序设计方法,对于开发满足用户需求的高质量应用软件至关重要。这是本课程阐述的核心内容。

至今为止,软件开发具有多种程序设计方法,其中结构化程序设计方法和面向对象程序设计方法最具代表性。本节介绍从20世纪70年代开始广泛应用的结构化程序设计方法。

1.1.1 结构化程序设计方法的产生背景

自从1946年第一台计算机诞生以来,计算机以其惊人的速度迅猛发展。从最初庞大的机体到今天的掌中之物;从单纯的数值计算到今天的文字、图形、视频、音频等各种媒体数据的处理及海量数据的管理;从只能由极少数专家作为科学研究的辅助工具到今天步入家庭成为家庭消费品,计算机的每一步发展都倾注着无数科学家的心血,展示着人类的聪明才智。今天,计算机已经成为人类不可缺少的"伙伴",这是人类渴望高质量生活的需求,是广大计算机科技工作者长期不懈努力的结果。

回首计算机的发展历程,计算机软件的发展速度始终滞后于计算机硬件的发展,它已经成为制约计算机产业整体发展的瓶颈。究其原因可能有很多方面,但下面两点不容忽视。

1. 个体化

早期的计算机软件主要指程序,软件开发就是指编写程序。由于计算机初期只能识别机器指令,为计算机编写程序是很专业、很复杂的事情,所以具有这种能力的人少之甚少。当时计算机的价格非常昂贵,处理能力也很有限,使得计算机的应用范围窄,处理问题的规模小,复杂度低。这就造成了编写程序的人员往往以个体的身份出现,即一个人接受任务、分析设计、编写程序、调试程序,甚至包括最终的维护程序。这种行业机制使得软件开发过程缺乏可遵循的规范,极大地限制了发展规模,是软件成为计算机发展瓶颈的主要原因。今天,软件已经被"工程化",从事软件行业的人士已经不再属于"个体"户,而是工业化社会大生产中的一分子。

2. 受限于程序设计语言

程序设计语言是用于书写计算机程序的语言。自从计算机诞生以来,程序设计语言的发展一直伴随着整个计算机行业的成长,影响着计算机应用领域的不断扩展。

20世纪50年代是低级语言的发展时期。计算机只能够识别由0、1组成的机器指令,程序中的每一条指令都是一串0、1序列,复杂、易错、难维护这几大难题长期困扰着每一位编写程序的人,能够调试成功、真正投入使用的程序很少。后来,人们将机器指令符号化,形成了汇编语言。尽管汇编语言改进了编写程序的方法,但仍旧没有摆脱程序难以移植的困惑,这是因为每一种计算机指令系统中的指令格式不一样,汇编语言只是将某种计算机指令系统中的机器指令符号化,并没有解决不同计算机系统之间的程序移植问题。

20世纪60年代是高级语言发展时期,出现了大量的高级程序设计语言,例如,FORTRAN、COBOL、ALGOL60、LIST等语言。所谓高级语言是指将各种计算机系统的指令抽象化,形成一种与指令系统无关的描述形式。显而易见,它们更加贴近人们习惯使用的自然语言描述形式,克服了低级语言的许多弊病,带来了易学、易用、易移植等优势。但在这个时期,绝大多数程序设计语言还只停留在强调其处理功能上,没有考虑从语言的角度制约程序设计的整个过程,致使编写出来的程序普遍缺乏结构性。

步入 20 世纪 70 年代后,计算机应用领域的迅猛发展,程序规模的不断增大,复杂度的不断提高,原始的编程方式越来越力不从心,低效率、低成功率的软件开发过程很难适应社会对计算机的需求。其关键问题表现在两个方面:一是由于软件行业的"个体化",人们在编写程序时,只是凭借个人以往的经验,按照自己的习惯,随意地编写出自认为能够解决问题的语句序列,这样得到的程序没有任何章法,大都是缺乏书写规范的语句罗列;二是由于早期计算机硬件的处理能力有限,在编写程序时过分强调减少时间和空间的消耗,使得程序的可读性较差。一旦出现问题,很难确定出错的位置,更难以改正。

在这种背景下,人们开始意识到应该将程序设计过程纳入科学化、规范化的轨道,并提出了结构化程序设计方法的概念,出现了一批支持结构化的程序设计语言,例如,Pascal、C、Ada 等。从此,程序设计语言向着模块化、简明化、形式化的方向迈进,成为支持各种程序设计方法的有力工具。计算机发展到这个时期,随着处理能力的不断提高,支持结构化程序设计方法的语言不断出现,软件需要工程化的认识日益形成。人们越来越重视程序的结构化、可读性,采用结构化程序设计方法指导设计程序过程逐步变为编程人员自觉自愿的行为,编写出结构化强、可读性好的程序迅速成为软件开发行业的时尚。

尽管结构化程序设计方法还存在着诸多缺憾,并逐步被面向对象程序设计方法所取代,但它在程序设计发展的历史长河中,发挥过重要的作用,有着不可磨灭的功绩。

1.1.2 结构化程序设计方法

结构化程序设计方法是一种在 20 世纪七八十年代十分流行的程序设计方法。所谓结构化主要体现在以下 3 个方面:

(1) 自顶向下、逐步求精。即将编写程序看成是一个逐步演化的过程。所谓自顶向下是指将分析问题的过程划分成若干个层次,每一个新的层次都是上一个层次的细化,即步步深入,逐层细分。例如,一个简单的户籍管理系统,可以被划分为户籍迁入迁出、人员迁入迁出、户籍注销、人员注销等几个子系统,而每个子系统又可以被进一步地划分为接收用户信息、实施处理、提供返回信息等几个部分。

(2) 模块化。即将整个系统分解成若干个模块,每个模块实现特定的功能,最终的系统将由这些模块组装而成。模块之间通过接口传递信息,力求模块具有良好的独立性。实际上,可以将模块看作是对欲解决的应用系统实施自顶向下、逐步求精后形成的各子系统的具体实现。即每个模块实现一个子系统的功能,如果一个子系统被进一步地划分为更加具体的几个子系统,它们之间将形成上下层的关系,上层模块的功能需要通过调用下层模块实现。例如,上述提到的户籍迁入迁出子系统所对应的模块需要调用接收用户信息、迁入、迁出、提供反馈信息等几个模块最终完成其功能。

(3) 语句结构化。支持结构化程序设计方法的语言都应该提供过程(函数是过程的一种表现形式)实现模块概念。结构化程序设计要求,在每一个模块中只允许出现顺序、分支和循环 3 种流程结构的语句。如图 1-1 所示,这 3 种流程结构的语句的共同特点是:每种语句只有一个入口和一个出口,这对于保证程序的良好结构、检验程序的正确性十分重要。

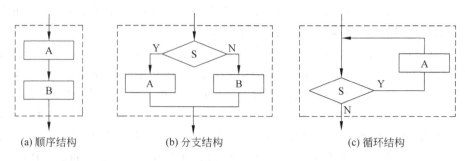

(a) 顺序结构　　　　　　(b) 分支结构　　　　　　(c) 循环结构

图 1-1　结构化的 3 种语句结构

A、B 代表语句,S 代表判断条件,Y 代表条件成立,N 代表条件不成立

1964 年 C.Bohm 和 G.Jacopini 曾经证明,任意一个流程图都可以通过重复与嵌套的手段,将它们等价地改写成只含有顺序、分支和循环 3 种结构的形式。1968 年 E.W.Dijkstra 在给 ACM 的信中指出:根据观察,程序的易读性、易理解性与其中所含有的无条件转移控制的数目成反比。这封信发表后,立即引起了计算机界的广泛重视,也正是从这时开始,结构化程序设计方法逐步形成。

Pascal 和 C 语言是支持结构化程序设计的典型代表。它们以过程或函数作为程序的基本单元,在每一个过程或函数中仅使用顺序、分支和循环结构 3 种流程结构的语句,因此,又将这类程序设计语言称为过程式语言,用过程式语言编写的程序其主要特征可以用下列公式形象地表达出来:

$$程序 = 过程 + 过程调用$$

其中,过程是结构化程序设计方法中模块的具体体现,过程调用需要遵循模块之间的接口定义,使模块之间具有相互驱动的能力。它是按照用户的需求,将各个模块组装起来的主要途径。可以想象,利用过程式的程序设计语言编制的程序,其执行过程就是一个过程调用另外一个过程,这种调用关系将由程序员在编写程序时预先设定。

采用结构化程序设计方法,可以提高编写程序的效率及质量。自顶向下、逐步求精有利于在每一个抽象级别上尽可能地保证设计过程的正确性及最终程序的正确性。规范模块组装的策略并限定模块中只允许出现 3 种流程结构的语句,可以使程序具有良好的结构,从而改善程序的可读性、可理解性和可维护性。

1.1.3　利用结构化程序设计方法求解问题域的基本过程

利用结构化程序设计方法实现程序设计需要经过两个基本过程:分解和组装。

所谓分解是指通过对初始问题域的详细分析,不断地将其进行模块分解,每分解一次都是对问题的进一步细化。模块是求解问题域的一种描述。如果用一个模块作为求解一个较复杂问题域的过程描述,那么在设计过程中,可以将这个较复杂的问题域分解成几个相对简单、相对独立的子问题域,并用不同的模块分别描述它们各自的求解过程。如图 1-2 所示,M 表示较复杂的问题域的求解过程的描述,M_1、M_2、M_3…代表分解后的每个子问题域的求解过程的描述,它们是对 M 细化的结果,而 M 是通过将下层 M_1、M_2、M_3…子模块加以适当地组装得到。可以看出,模块分解的过程是对问题域自顶向下、逐步求精的过程。而实现过程与之相反,它将从底层模块开始,逐一实现,并通过将底层模块进行适当地组装构成上层模块的内容。

例如,设计一个程序,将从键盘上输入的 100 个整数重新按照从小到大的顺序排序,并输出重新排序后的结果。可以将这个问题分解成 3 个子模块:输入、排序和输出。图 1-3 是模块分解的示意图。顶层模块将通过调用输入、排序、输出子模块实现。

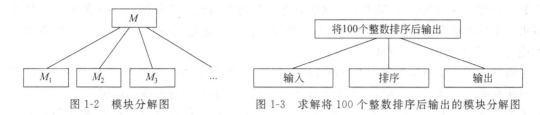

图 1-2　模块分解图　　　　图 1-3　求解将 100 个整数排序后输出的模块分解图

实际上,如果待解决的问题域更加复杂,模块分解过程可能会一直延续下去,即将子模块再进一步地分解,直到最底层模块所对应的问题域足够简单为止。

从上面这个例子可以看出,模块是求解某个特定问题的过程描述,因此,通常用动词对其命名。为了保证模块之间的相对独立性,模块之间只通过接口传递信息,用户只要按照每个模块的调用规则提供必要的接口信息就可以直接调用某个模块,而不需要清楚模块内部的具体实现过程。模块内部主要包括待处理的数据结构和相应的算法实现,数据结构用来表示待处理数据的组织形式,算法用来体现处理特定问题所采用的方法和步骤。对于同一组待处理的数据,可以选择不同的数据结构表示,但它将会在某种程度上制约算法的选择范围,而算法是决定程序效率的关键因素,因此有人用:"程序=数据结构+算法"这个简单的公式形象地描述程序设计的主体内容,即程序功能的实现依赖于算法,算法依赖于表示待处理数据的数据结构,因此选择数据结构和设计算法是结构化程序设计过程的核心任务。

1.2　面向对象的程序设计

使程序设计方法逐步走向科学化是结构化程序设计方法的重要贡献之一。尽管在 20 世纪 70 年代它的提出拯救了软件行业,促进了计算机的发展,但进入 20 世纪 80 年代后,它的弱点还是渐渐地显露出来,迫使人们不得不再次寻求一种更加科学、更加先进、更加适应现代社会发展的新型的程序设计开发方法,这就是面向对象程序设计方法,用这种方法指导程序设计的过程称为面向对象的程序设计(Object-Oriented Programming,OOP)。

1.2.1　面向对象程序设计方法的产生背景

利用结构化程序设计方法求解问题的基本策略是从功能的角度审视问题域。它将应用程序看成是一个能够完成某项特定任务的功能模块,其中的每个子过程是实现某项具体操作的底层功能模块。在每个功能模块中,用数据结构描述待处理数据的组织形式,用算法描述具体的操作过程。面对日趋复杂的应用系统,这种开发思路在下面几个方面逐渐地暴露出了一些弱点。

1. 审视问题域的视角

当今世界上,没有哪类工具能够像计算机这样,吸引着数亿人致力于对它的研究与开发。究其原因可以发现,人类对计算机寄予着无限的期望,并认定它是一种功能强大的现代化数据处理工具,它能够帮助人类解决各式各样的现实问题。充分挖掘它的潜力,可以使在过去看来只能够设想而无法实现的诸多解决方案得以真正地实施,从而提高人类征服自然的能力,改善人类的生活质量。

既然计算机是用来帮助人类解决现实问题的帮手,是否可以利用某种表达方式让计算机直接模拟现实世界的环境,并用人类解决问题的习惯方法设计相应的应用程序,从而直接模拟人类解决问题的自然方式? 如果能够这样,就可以使软件设计更加自然,更加符合人类的思维方式,更加容易被人们所掌握。

仔细分析可以发现,在现实世界中存在的客体是问题域中的主角,所谓客体是指客观存在的对象实体和主观抽象的概念,它是人类观察问题和解决问题的主要目标。例如,学校中的主要客体有学生和教师,对于一个学校管理系统来说,不管它有多么简单或多么复杂,其中的所有操作行为都主要围绕着这两个客体实施。在自然界中,每个客体都具有一些属性和行为。例如,学生有学号、姓名、性别、出生年月、考试成绩、已修学分等属性,以及上课、考试、做实验、运动等行为;树木有树种、树干粗细、树高等属性,以及发芽、落叶、一天天长高等行为。这些构成了客体的全部内容,因此,每个客体可以用属性和行为描述。

通常,人类观察问题的视角是这些客体,客体的属性值反映客体在某一时刻的状态,客体的行为反映客体所能够从事的操作,这些操作附着于客体之上并能够用来设置、改变和获取客体的状态。任何问题域都包含一系列的客体,因此解决问题的基本方式是让这些客体之间相互驱动、相互作用,最终使得每个客体按照设计者的意愿改变其属性状态。例如,如果某个学生选修了某位教师的课程,教师就会为这位学生提供考试成绩,从而驱使这位学生的"考试成绩"属性发生变化,如果考试通过,"已修学分"属性也会随之发生变化,当"已修学分"达到一定要求时,这位学生就可以毕业了。

结构化程序设计方法所采用的设计思路不是将客体作为一个整体,而是将依附于客体之上的行为抽取出来,以功能为目标来构造应用系统。这种做法导致人们在程序设计时不得不将由客体构成的现实世界映射到由功能模块组成的解空间中,这种变换过程不仅增加了程序设计的复杂程度,而且违背了人类观察问题和解决问题的基本思路。另外,仔细思考会发现,在任何一个问题域中,客体相对是稳定的,而行为是不稳定的。例如,对于一个图书馆来说,不管它是一个国家级的大型图书馆,还是一个街道社区的小型图书馆;不管是美国图书馆,还是某个欧洲国家的图书馆,都会含有图书这个客体,但图书的管理方式可能会有很大差异。结构化程序设计方法将审视问题的视角定位于不稳定的操作上,并将描述客体的属性和行为分开,使得应用程序的日后维护和扩展相当困难,甚至一个微小的功能改善都有可能波及到整个应用系统。面对问题规模的日趋扩大、环境的日趋复杂、需求变化的日趋加快,将利用计算机解决问题的基本方法统一到人类解决问题的习惯方法上,彻底改变软件设计方法与人类解决问题的常规方式扭曲的现象迫在眉睫。这是提出面向对象程序设计方法的首要原因。

2. 抽象级别

抽象是人类解决问题的基本法宝,良好的抽象策略可以控制问题的复杂程度,增强最终系统的通用性和可扩展性。抽象主要包括过程抽象和数据抽象。结构化程序设计方法应用的是过程抽象。所谓过程抽象是将问题域中的所有具有明确功能定义的操作抽取出来,并将其作为一个实体看待。这种抽象级别对于软件系统结构的设计显得有些武断,并且稳定性差,导致人们很难准确无误地设计出系统的每一个操作环节。一旦某个客体属性的表示方式发生了变化,就有可能牵涉到已有系统的很多部分。而数据抽象是较过程抽象更高级别的抽象方式,它将描述客体的属性和行为绑定在一起,实现统一地抽象,从而达到对现实世界客体的真正模拟。

3. 封装体

封装是指将现实世界中存在的某个客体的属性与行为绑定在一起,并放置在一个逻辑单元中。该逻辑单元负责将所描述的客体属性隐藏起来,客体外界对客体内部属性的所有访问只能通过提供的用户接口实现。这样做既可以对客体属性起到保护作用,又可以提高软件系统的可维护性,只要用户接口不改变,任何封装体内部的改变都不会对软件系统的其他部分产生影响。结构化程序设计并没有做到客体的整体封装,它只是封装了各个功能模块,而每个功能模块可以随意地对没有任何保护能力的客体属性实施操作,并且由于描述属性的数据与行为被分割开来,所以一旦某个客体属性的表达方式发生了变化,或某个行为效果发生了改变,就有可能对整个系统产生影响。

4. 可重用性

可重用性标识着软件产品的可复用能力,它是衡量一个软件产品成功与否的重要标志。在当今的软件开发行业,人们越来越追求开发更多的、更具有通用性的可重用构件,从而使软件开发过程彻底地得到改善,即从过去的语句级编写过程发展到今天的构件组装过程,进而提高软件开发的效率,推动应用领域的迅速扩展。然而,结构化程序设计方法的基本单元是模块,每个模块只是实现特定功能的过程描述,因此,它的可重用单位只能是模块。例如,在利用 C 语言编写程序时使用的大量标准函数。但对于今天的软件开发来说,这样的重用粒度显得微不足道,而且当参与某项操作的数据类型发生变化时,就不能够再使用那些函数了,因此渴望更大粒度的可重用构件是当今应用领域对软件开发提出的新需求。

上述弱点驱使人们寻求一种更新型的程序设计方法,以适应现代社会对软件开发的更高要求,面向对象程序设计方法由此应运而生。面向对象方法最初应用于程序设计阶段(OOP),后来被延伸至系统分析(OOA)、系统设计(OOD)及系统测试(OOT)阶段,使面向对象方法贯穿于软件生命周期的始终。

1.2.2 面向对象程序设计方法

面向对象程序设计方法是指用面向对象的方法指导程序设计的整个过程。所谓面向对象是指以对象为中心,分析、设计及构造应用程序的机制。与结构化程序设计不同,当利用面向对象的方法求解问题时,观察问题域的视角将定位于现实世界中存在的客体,并在解空间中用对象描述客体,用对象之间的关系描述客体之间的联系,用对象之间的通信描述客体之间的相互交流及相互驱动,从而达到问题域到解空间的直接映射,实现计算机系统对现实世界环境的真正模拟。

实际上,面向对象程序设计应该具有以下特征:

- 所有待处理的内容都可以表示成对象。
- 对象之间依靠相互发送消息或响应消息实现通信。
- 每个对象都有自己的唯一标识,以便区别属于同一个类的不同对象。
- 对象一定属于某个类,这个对象又称为所属类的一个实例。
- 类是将具有共同属性的对象进行抽象的结果,它可以具有层次关系,即一个类既可以通过继承其他类而来,也可以被其他类继承。

综上所述,面向对象程序设计方法应该包含对象、类、继承、消息、通信等概念,并可以用下列公式形象地描述出来:

$$面向对象 = 类 + 对象 + 继承 + 消息 + 通信$$

简单地说,面向对象程序设计需要经过标识对象、抽取类、确定类之间关系、设计类的静态属性和行为及组装等基本过程。下面的例子分别采用结构化程序设计方法和面向对象程序设计方法进行分析、设计,从而可以体会这两种设计方法使用的基本策略及实现过程。

例 1-1 快速拼写检查程序。

这个题目的具体要求是这样描述的。快速拼写检查程序将对用户提供的单词进行拼写检查,如果在字典中找到,输出"拼写正确"的字样,否则输出"拼写不正确"的字样。假设字典被存储在名为 dictionary.txt 的文件中。

首先用结构化程序设计方法分析这个题目。注意,结构化程序设计方法的着眼点是功能,因此,需要从题目的叙述中抽取所有的动作。在这个题目的描述中主要包含"提供"、"检查"、"找到"、"输出"几个动词。进一步分析可以得知,这里的"检查"和"找到"所对应的是一个动作,所以在这个程序中,应该包含 3 个模块,它们是"提供单词(Input)",即用户以某种方式提供希望进行拼写检查的单词;"检查拼写(Spelling)",即在字典中查找提供的单词;"输出结果(Output)",即根据查找的结果输出相应的提示信息。然后再设计一个上层模块(Spelling_Check),负责按照操作顺序将这 3 个模块组装起来,这样就形成了这个程序的最终框架。图 1-4 是该程序模块之间的关系示意图。

图 1-4 快速拼写检查程序中各模块之间的关系示意图

可以看出,利用结构化程序设计方法处理这个题目的视角自始至终定位于"操作"上,每个"操作"用一个模块实现,最终形成了一个具有层次结构的模块框架。当然,这个题目很简单,如果问题稍微复杂,准确无误地抽取出所有操作,并将它们正确地组装起来并不是一件容易的事情。另外,仔细思考可以发现,每个模块都要处理表示单词的数据结构,一旦它发生了变化,就会波及到所有的模块,整个程序就要重新编写,这对于大型软件系统来说,是一个致命的弱点。

下面再用面向对象程序设计方法分析这个题目。

通过前面的学习可知，面向对象程序设计方法将以客体为主体，分析、设计和构造整个应用程序。在程序设计环境中，客体用对象表示，客体的特性用类描述，因此，要从设计对象和类开始，解决这个题目所提出的问题。

由于客体往往用名词命名，所以最简单的方式是从提取题目中的名词入手。仔细阅读题目要求，可以发现其中主要含有"用户"、"单词"、"拼写"、"字典"和"文件"这几个名词，通过分析可以得出："用户"是操纵该应用程序的人员，"文件"是字典在外部设备上的存储形式，只有"单词"、"拼写"和"字典"是应用程序需要处理的内容，而"单词"和"拼写"是一个概念的两种描述形式，只取其一即可，因此可以确定在这个应用程序中应该包含"单词"对象和"字典"对象，为此需要设计两个相应的类：单词（Word）和字典（Dictionary）用来描述这两个对象的属性特征和操作行为。

下面再进一步分析 Word 类和 Dictionary 类的内容。

单词拼写由字符序列构成，因此单词（Word）类应该包含一个用来描述单词拼写的字符串型属性以及设置单词拼写和获取单词拼写的行为；字典就要复杂一些，由于字典是单词的集合，所以需要设计一个集合（Set）类用来描述集合结构。在集合（Set）类中应该包含一个用来存放集合元素的数据结构和记录集合中元素个数的整型属性，以及集合所应有的操作行为。在词典（Dictionary）类中应该包含一个存放单词序列的集合类，以及添加单词、查找单词、删除单词、更新单词等行为。图 1-5 是 Word、Dictionary 和 Set 类之间的关系示意图。

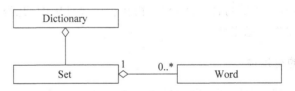

图 1-5　Word、Dictionary 和 Set 类之间的关系示意图

图 1-5 表示，在一个 Set 类对象中包含零个或多个 Word 类对象，在一个 Dictionary 类对象中包含一个集合类对象。

有了上面的分析结果，就可以选择一种面向对象的程序设计语言实现这个应用程序。在这个应用程序中，应该声明上述 3 个类。为了检测类的正确性，可以再设计一个测试程序，其中创建一个 Dictionary 类对象和一个 Word 类对象，随后通过向 Dictionary 类对象发送查询 Word 类对象所描述的单词拼写状况的消息，实现该题目所提出的要求。由于本章主要介绍面向对象程序设计方法，还没有开始讲述 Java 程序设计语言，因此有关这个题目的实现代码就不在此列出了。

从上面这个示例可以看出，面向对象程序设计得到的应用程序由对象构成，每个对象属于一个类，类描述了对象所具有的属性特征和可以实施的行为操作，程序运行就是对象之间不断地相互发送消息及收到消息的对象响应消息的过程。因此，可以将具有面向对象特征的程序描述为：

程序 ＝ 对象＋消息

概括起来，面向对象程序设计应该具有以下优点。

1. 能够实现对现实世界客体的自然描述

在现实世界中,等待解决的问题域由客体组成,客体既包含客观存在的实体,也包括对实体特性抽象后得到的概念,它们是承载问题的主角,其中属性值反映了客体在某个时刻的状态,行为反映了客体可以实施的操作行为。在面向对象程序设计方法中,提供了一整套可以直接模拟现实世界客体的机制。它们是对象、类、继承、通信和消息等,其中对象用来表示现实世界中的客体,类用来声明对象的属性特征及所能够实施的操作行为,类之间的继承关系体现了现实世界中各种类别的客体之间可能存在的共性与个性关系,对象之间的通信描述了现实世界中客体之间相互交流、相互作用的操作行为,它是通过对象之间互发消息实现的。这种将现实世界客体利用程序设计语言提供的元素直接自然描述的机制,使得程序设计过程更加自然、更加人性化、更加容易理解。

2. 可控制程序的复杂性

面向对象程序设计方法将描述现实世界中客体的属性和行为绑定在一起,共同封装在被称为对象的逻辑单元中,它体现了高度的抽象级别,大粒度的构件机制,使程序的构造层次从原来的功能模块变为现在的类对象,从而大大降低了程序的复杂程度。

3. 可增强程序的模块性

在面向对象程序设计中,对象是现实世界客体的直接映射,类是对象特征的规格声明,它包含了对象的属性及行为的特征描述,与结构化程序设计中的功能模块相比较,它具有更大的粒度、更强的独立性和稳定性。

4. 可提高程序的重用性

如上所述,类是描述对象特征的独立模块,它完全可以作为一个大粒度的程序构件提供给其他程序直接使用。例如,可以作为其他类的父类,也可以将该类的对象作为其他类的成员等。这对于开发高效、高质量的应用程序十分重要。

5. 可改善程序的可维护性

面向对象程序设计方法要求,对于对象的任何访问都应该通过提供的用户接口实现,这样可以很好地将对象的属性保护起来,防止外界对对象的非法操作,从而大大降低程序的出错概率。另外,类的信息隐蔽和封装机制使得程序更加易于修改,只要用户接口不发生变化,对类的任何修改都不会对程序中的其他内容产生影响。

6. 可适应新型的硬件环境

面向对象程序设计中的对象、消息传递等机制与分布式、并行处理、多机系统及网络等硬件环境恰好吻合。

面向对象程序设计方法必须有面向对象程序设计语言的支持才能够得以实施,目前广泛使用的面向对象的程序设计语言有 C++、Java、C♯等,它们均支持类、对象、继承和多态等面向对象的主要概念。特别是 Java 语言是一个完全的面向对象的程序设计语言,用它编写的每个程序由若干个声明的类组成,类对象是描述现实世界客体的元素,对象与对象之间靠消息传递相互驱动。具体地说,就是一个对象向另外一个对象发送请求操作的消息,接收到这个消息的对象通过调用方法给予响应,从而使得程序运转起来。

总之,结构化程序设计方法侧重于功能抽象,它将解决问题的过程视为一个处理过程,每个模块都是一个处理单元;而面向对象程序设计方法综合了功能抽象和数据抽象,它将解决问题的过程视为分类演绎的过程。对象是属性和行为的封装体,对象之间依靠消息相互驱动。这种设计方法大大提高了程序的可靠性、可扩展性、可重用性和可维护性,是一种更加贴近人类解决问题习惯的思维方式。

1.3　基　本　概　念

面向对象程序设计方法的核心思想是通过一些基本概念体现出来的。例如,将"对象"作为基本的逻辑单元与现实世界中的客体直接对应,用"类"描述具有相同属性特征的一组对象,利用"继承"实现类之间的数据和方法的共享,对象之间以"消息"传递的方式进行"通信"等。可以看出,准确地了解这些概念的含义,对于深刻理解面向对象程序设计方法极其重要。下面就分别给出这些基本概念的定义与说明。

1.3.1　抽　象

抽象是解决任何问题所采用的基本策略,是人类认识世界的本能方式。所谓抽象是指从许多事物中,舍弃个别的、非本质的属性,抽取共同的、本质的属性的过程,它是形成概念的必要手段。例如,交通图就是应用抽象的一个很好范例。在驾车外出旅行时,一定会带上一张交通路线图。在这张图上,有道路、河流、山脉、旅游景区、快餐店、加油站等各种标志,它们都是对实际景观抽象的结果。这些标志只能说明某个地理位置有一条道路、一条河流、一个加油站等,而并没有反映出某一个特定的加油站特征。实际上,每一个加油站在其建筑、占用面积、人员管理等诸多方面都有所不同,但它们都是用来为汽车加油的,这是所有加油站的共同特征。

现实世界是丰富多彩、千变万化的。在理解复杂的现实世界和求解复杂的特定问题时,如何从繁杂的信息集中抽取那些有用的、能够反映事物本质的东西,降低其复杂程度是首要课题。抽象是降低复杂度的最佳途径。

抽象主要包括过程抽象和数据抽象两个部分。

所谓过程抽象是指功能抽象,即舍弃个别的功能,抽取共同拥有的功能。例如,水壶是用来烧水的一种器皿,但目前市场上也出售一种带鸣笛的水壶,当壶中的水被烧开时,这种水壶会发出"呜呜……"的声响,用来提醒人们水已经烧开,但这个功能并不是所有水壶都必须拥有的基本特征,因此,当提起"水壶"时,所有人都立即会想到:它是用来烧水的一种器皿,而不会将它视为一种蜂鸣器。

数据抽象是一种更高级别的抽象方法,它将现实世界中存在的客体作为抽象单元,其抽象内容既包括客体的属性特征,也包括行为特征,它是面向对象程序设计所采用的核心方法。模块化和信息隐蔽是数据抽象过程的两个主要概念。

模块化是将一个复杂的问题域分解成若干个相对简单的子问题域,子问题域还可以被进一步地分解,直到所得到的子问题域足够简单为止。一般将分解后的每个子问题域称为模块。模块中包含了为求解子问题域所需要的全部数据结构和算法的描述。模块之间既相互独立,又密切相关。模块化可以降低求解过程的复杂度,提高最终系统的可维护性。在面向对象程序设计方法中,模块以类为单位,其中封装了对象的属性和行为,与结构化程序设计方法中的功能模块相比较,它的粒度更大,抽象级别更高。

信息隐蔽是一种软件开发的基本原则和方法。在大型的程序设计中,利用可见性控制访问范围,可以使得某些内容只能在模块内可见,在模块外不可见,这样就实现了信息隐蔽。例如,在前面给出的 Dictionary 类中,应该将存放单词的集合对外"隐藏"起来,外界只能利用提供的公共接口对字典进行各种操作。显然,由于不直接对模块内部的数据进行操作,所以提高了整个系统的安全性和可靠性,也为日后的维护工作奠定了良好的基础。

1.3.2 封装

封装是指将现实世界中某个客体的属性与行为聚集在一个逻辑单元内部的机制。利用这种机制可以将属性信息隐藏起来,外界只能通过提供的特定行为接口改变或获取其属性状态。实际上,封装并不是新的概念,在日常生活中,处处可以看到封装机制的应用。例如,自动洗衣机里面有许许多多的电器元件,每一个电器元件都有一定的性能指标。在使用洗衣机时,并不直接调节这些电器元件,而是通过操作面板上提供的几个旋钮控制洗衣机的整个工作过程。也就是说,洗衣机生产厂家将所有的部件封装在洗衣机内,为了保障洗衣机使用的安全性,不允许用户随意地直接接触这些部件。用户操纵洗衣机,只能通过提供的几个旋钮。当用户启动洗衣机时,可能根本不清楚洗衣机是由哪些部件构成的,它们是如何工作的。如果洗衣机坏了,维修部门为其更换某些部件后,对用户操纵洗衣机的方式不会产生任何影响,尽管更换的零件有可能由于种种原因已经不是原配的型号了。

在面向对象程序设计中,封装是指将对象的属性和行为分别用数据结构和方法描述,并将它们绑定在一起形成一个可供访问的基本逻辑单元。用户对数据结构的访问只能够通过提供的方法实施。例如,一个学生的基本信息可能有学号、姓名、性别、出生年月、家庭住址等,对这些属性的操作行为主要应该包括:获取这些属性的当前值,将这些属性设定为某个给定的值等。现在,将描述这些属性的数据结构和为了对它们实施各种操作而设计的方法封装在一个类中,并将其中的数据结构隐藏起来,不允许外界直接访问,而将其中的方法作为外界访问该对象属性的用户接口对外开放。这样一来,其他对象只能够通过这些方法对该对象实施各项操作。显而易见,封装是实现数据隐藏的有效手段,是一种很好的管理数据与操作行为的机制,它可以保证数据结构的安全性,提高应用系统的可维护性和可移植性。

1.3.3 对象

对象是用来描述现实世界中客体的部件,是面向对象软件系统在运行时刻的基本单位。一个对象就像一个盒子,它可以表示一台电视机、一辆汽车、一台游戏机等任何东西。人们要想操纵这些设备,必须清楚盒子外部的各种按键或旋钮的功能,并通过它们向设备发出各种操作命令,而设备的各种零件被封装在盒子内部,使用设备的人并不需要知道里面的结构,只要会操纵盒子外面的几个旋钮就可以了。这样大大地避免了由于人们随意地调节内部零件的性能指标造成对设备的严重损坏,从而保证使用设备人员的安全。将这种机制应用到程序设计中,可以得到相应的对象概念。在程序设计中,对象是现实世界中的客体在应用程序中的具体体现,其中封装了客体的属性信息和行为方式,并用数据表示属性,用方法表示行为方式。因此,对象中的数据记录了客体的属性状态,方法决定了客体所能够实施的操作行为和与其他对象进行通信的接口方式。如果按照行为目的分类,每个对象至少应该包含下面两个类别的方法:一是改变对象属性的方法,二是获取对象当前属性状态的方法。

为了区分属于同一个类的不同对象,每个对象都有一个唯一的标识。

对象是对现实世界客体抽象的结果,是计算机对客体的直接模拟。对象具有被动和主动两个方面。被动方面是指对象拥有相对静态的属性,借以识别对象,并对其进行归类。主动方面是指对象拥有改变静态属性的动态行为。静态属性和动态行为相互影响,属性决定行为,行为改变属性。另外,对象并非孤立存在,彼此之间通过传递消息实现交互操作。

对象应该具有下面 5 个基本特性:

(1) 自治性　指对象具有一定的独立操作能力。

(2) 封闭性　指对象具有信息隐蔽的能力。

(3) 通信性　指对象具有与其他对象通信的能力。

(4) 被动性　指对象的状态转换需要由外界刺激引发。

(5) 暂存性　指对象的动态创建与消亡。

1.3.4　类

类是一组具有相同属性特征的对象的抽象描述,是面向对象程序设计的又一个核心概念。更具体地说,类是面向对象程序的唯一构造单位;是抽象数据类型的具体实现;是对象的生成模板。

类是对象抽象的结果。有了类,对象就是类的具体化,是类的实例。类可以有子类,同样也可以有父类,从而构成类的层次结构。

类之间主要存在 3 种关系:依赖、聚合和泛化。

依赖是指一个类对象需要使用另外一个类对象,它描述了类对象之间相互依存的关系。例如,在学校里,每个学生可以选修多门课程,因此,在学生类(Student)和课程类(Course)之间就存在着相互依赖的关系,即学生修课依赖于所修课程的存在,课程能够开设依赖于有学生选。这是一种双向依赖的情况。

顾名思义,聚合是将多个类聚集在一起的意思。例如,书籍(Book)类中应该包含书名、作者姓名、出版日期、数量、价格等。可以将其中的所有名称设计为字符串(String)类,出版日期设计为日期(Date)类,数量设计为整型(Integer)类,价格设计为浮点型(Float)类。这样一来,Book 类将由 String、Date、Integer 和 Float 等类型的对象成员组合而成,Book 类与这几个类之间的关系就是聚合关系。有些书上又将此关系命名为"整体-部分"的关系,Book 是整体,其余几个类是部分。

泛化描述了两个类之间的"一般-特殊"关系。例如,在学校人事管理系统中,可以设计一个人员(Person)类,其中包含了所有人员都共有的属性和行为,如编号、姓名、出生年月等,以及设置编号、姓名和出生年月,获取编号、姓名和出生年月等操作行为,随后通过此类派生出学生(Student)类、教师(Teacher)类和职工(Staffer)类等,它们是一些特殊的群体,具有不同的特殊属性。例如,学生要有考试成绩,教师要有职称、专业,职工要有工龄、工种。因此又可以说,Student、Teacher 和 Staffer 继承了 Person 类的内容。

在设计类时,不但要考虑其中的数据和方法,还要明确类之间的各种关系。

1.3.5 消息

简单地说,消息是一个对象要求另一个对象实施某项操作的请求。在一条消息中,需要包含消息的接收者和要求接收者执行哪项操作的请求,而并没有说明应该怎样做,具体的操作过程由接收者自行决定,这样可以很好地保证系统的模块性。

消息传递是对象之间相互联系的唯一途径。发送者发送消息,接收者通过调用相应的方法响应消息,这个过程被不断地重复,使得整个应用程序在人的有效控制下运转,最终得到相应的结果。可以说,消息是驱动面向对象程序运转的源泉。

1.3.6 继承

继承是类之间的一种常见关系。这种关系为共享数据和操作提供了一种良好的机制。通过继承,一个类的定义可以基于另外一个已经存在的类,分别将它们称为"子类"和"父类","父类"又称为"基类"。子类将继承父类的全部内容,并在此基础上,对父类表述的内容加以扩展或覆盖。

根据继承关系的特性,可以将继承分为下面两种形式。

(1) 直接继承和间接继承:如果类 C 的定义直接派生于类 B,则称类 C 直接继承于类 B,且类 B 是类 C 的直接父类。如果类 C 直接继承于类 B,类 B 直接继承于类 A,则称类 C 间接继承于类 A,类 A 为类 C 的间接父类。间接继承体现了继承关系的可传递性。

(2) 单继承和多继承:如果一个类只有一个直接父类,则该继承关系被称为单继承;如果一个类有多于一个以上的直接父类,则该继承关系被称为多继承。Java 语言只支持单继承,不支持多继承。

继承是面向对象程序设计方法的一个重要标志,利用继承机制可以大大提高程序的可重用性和可扩充性。

1.3.7 多态

当对象收到消息时要予以响应。不同的类对象收到同一个消息可以产生完全不同的响应效果,这种现象叫做多态。利用多态机制,用户可以发送一个通用的消息,而实现的细节由接收对象自行决定,这样,同一个消息可能会导致调用不同的方法。

实际上,多态概念的应用相当广泛。例如,人们说,打开电视机,打开收音机,打开箱子,打开排水系统等,尽管都使用的是"打开"一词,但开启的对象却大不相同,导致的效果也截然不同。

在面向对象程序设计中,多态性依托于继承性。利用类的继承机制可以形成一个类的层次结构,把具有通用功能的消息放在较高层次,而具体的实现放在较低层次,在这些较低层次上生成的对象能够对通用消息做出不同的响应。

多态性是面向对象程序设计的主要精髓之一,它可以增加应用程序的可扩展性、自然性和可维护性。

上面阐述的几个概念构成了面向对象程序设计的 4 大特性：抽象性、封装性、继承性和多态性。深刻理解这 4 个特性是掌握面向对象程序设计方法的关键。

1.3.8 UML

UML 是统一建模语言(Unified Modeling Language)的缩写，它始于 1997 年，是一种面向对象建模的图形表示法。利用它可以从各个侧面描述目标系统的特征，为开发更符合用户需求、更可靠、更安全、更易于扩展的软件系统奠定了良好的基础。

目前，UML 备受关注。它的出现使面向对象的软件开发方法又向科学化、规范化的方向迈进了一步。由于 UML 的内容已经超出本课程的教学范围，因此，本书并不打算详细介绍它的全部内容，只是选用其中的"类图"作为对类及类关系的描述，因此下面只介绍 UML 中"类图"的描述符号。

"类图"是 UML 中用来描述类及类之间静态关系的图。表 1-1 是"类图"中部分图形符号的解释说明。

表 1-1　"类图"中部分图形符号的解释说明

概念	图形符号	解释说明
类	类名	这是一种类的简易表示法。它只表示类的存在，而不能反映类的细节
	类名 属性 行为	这是分析、设计阶段的类表示法。在上、中、下 3 栏中分别给出类名、属性名和行为名
	类名 +属性1：类型=初值 #属性2：类型=初值 -属性3：类型=初值 +行为1(列表)：返回类型 -行为2(列表)：返回类型 #行为3(列表)：返回类型	这是实现阶段的类表示法。它反映类的更多细节内容。例如，属性给出了类型和初值，行为给出了参数列表和返回类型。另外，属性和行为前面的＋表示 public(公有)；♯表示 protected(保护)；－表示 private(私有)
接口	接口名称 行为(列表)：返回类型	接口只是对类、构件或其他外部可见操作部分的说明，因此没有属性说明
依赖	类1 - - - ▶ 类2	表示类 1 依赖于类 2 存在。即类 1 应用了类 2。依赖关系可以是双向的，也可以是单向的
聚合	类1 ◇— 类2	聚合表示"整体-部分"关系。位于菱形一端的类为"整体"，另一端为"部分"
泛化	父类 △ 子类　子类	泛化表示"一般-特殊"关系。位于三角一端的类为"父类"，另一端为"子类"

上面是 UML 用来描述类及类关系的部分图形符号。有关具体的使用方法在后面讲到相关概念时再举例说明。

1.4 面向对象的程序设计语言

面向对象程序设计方法需要具有能够描述面向对象概念的语言支持,否则这种设计方法只能是纸上谈兵。随着面向对象程序设计方法的日趋成熟,支持面向对象的语言也逐渐丰富起来。下面简要介绍面向对象程序设计语言的特征以及几种有代表性的面向对象程序设计语言。

1.4.1 什么是面向对象程序设计语言

所谓面向对象程序设计语言(Object-Oriented Programming Language,OOPL)是指提供描述面向对象方法所涉及的类、对象、继承和多态等基本概念的程序设计语言。具体地讲,它应该具有支持下列特性的能力。

- 识别性。指应用程序中的基本构件可以被认为是一组可识别的离散对象。例如,窗口、按钮、线程等。
- 分类性。指将应用程序中具有相同属性与行为的所有对象组成一个类。例如,学生的基本信息可以用一个 Student 类描述,日期可以用 Date 类描述,字符序列可以用 String 类描述等。
- 继承性。指可以在已有类的基础上声明子类。在子类中,除了拥有从父类继承的内容外,还可以声明一些属性或操作,扩展或覆盖父类的内容,这是实现软件重用的主要途径。例如,假设有一个 Vehicle(交通工具)类,由于公共汽车、自行车和货车都属于交通工具,所以应该将 Bus(公共汽车)类、Bicycle(自行车)类和 Truck(货车)类声明为 Vehicle 类的子类。如果将各种交通工具的共有属性和行为都放在 Vehicle 类中,每个子类就可以继承这部分的内容,从而实现这部分代码的重用。
- 多态性。指同一个消息,发送给不同的类对象,所做出的响应可能不同,这种现象就是多态性。将上述特性综合起来应用,可以将面向对象程序设计方法表现得淋漓尽致。

面向对象的程序设计语言经历了一个逐渐成熟的漫长过程。20 世纪 50 年代,借鉴于人工智能语言 LIST 引入了动态绑定和交互式开发环境的思想;20 世纪 60 年代,在离散事件模拟语言 Simula67 中引入了类和继承的概念;20 世纪 70 年代,出现了第一种名副其实的面向对象语言 Smalltalk;20 世纪 80 年代,开始真正地步入实际应用阶段,并逐渐得到广大软件开发人员的认可,在这个时期,C++ 语言可谓出尽了风头;20 世纪 90 年代,Java 语言应运而生,尽管历经坎坷,但发展势头仍然势不可挡;近几年来,C♯ 语言得到了不少软件开发人员的宠爱,正在与 Java 语言齐头并进,成为广泛使用的面向对象程序设计语言之一。

至今为止,出现过很多种面向对象程序设计语言,但比较知名且具有代表性的面向对象程序设计语言有以下几种。

(1) Simula67。支持单继承、一定含义上的多态和部分动态联编。

(2) Smalltalk。支持单继承、多态和动态联编。

（3）Eiffel。支持多继承、多态和动态联编。

（4）C++。支持多继承、多态和部分动态联编。

（5）Java。提供类机制以及有效的接口模型，支持单继承、多态和动态联编。

（6）C♯。微软构建的.NET平台中的一种支持面向对象且强调使用组件方法进行软件开发的程序设计语言。

1.4.2 几种具有代表性的面向对象的程序设计语言

1. Simula67

Simula语言于1967年发布，因此又被称为Simula67。Simula67的前身是Simula1，最初的设计目的是用于模拟离散事件。随着不断地改进、完善，发展到Simula67，已经演变为一种通用的程序设计语言，而模拟离散事件只是它的一个应用领域。

Simula的基础是ALGOL60。它沿用了ALGOL60的数据结构和控制结构，并引入了对象、类和继承等概念，主要特点如下。

（1）具有主程序的概念。它同ALGOL60一样，可执行程序由一个主程序和若干个分程序构成，可以部分地支持类的分别编译。

（2）支持嵌套定义，特别是允许类嵌套定义。

（3）Simula中的类不同于数据类型，它是一组对象模板。程序可以直接存取对象的数据结构，因此Simula的对象并没有完全实现数据抽象。

（4）引入了虚拟子程序的概念。所谓虚拟子程序是指在定义子程序时不指明参数，而在子类中定义，这样可以使得每个子类定义的参数格式不同，从而提高程序设计的灵活性。

（5）支持部分的多态性。在Simula程序中，如果说明a是classA类的对象引用，则可以用a指向classA类或其子类对象。如果b是classA类的子类classB的对象引用，则赋值a：=b是合法的；但b：=a只有在a实际指向classB类或classB类的子类对象时才合法。前者将在编译时检查，后者则在运行时检查。

（6）在Simula中，除了虚拟子程序应用动态联编外，一般都采用静态联编。虽然Simula也提供了一些用于强制性动态联编的命令，但都存在一些弊病。

2. Smalltalk

Smalltalk是第一个真正的面向对象程序设计语言。1972年由美国Xerox公司研究中心（PARC）所属的一个软件概念小组（Software Concepts Group）经过数年的努力，在Flex系统的基础上研制成功。后经不断地构思、试验和改进，陆续推出若干个版本，其中1981年推出的Smalltalk80最具有影响力，成为面向对象程序设计语言发展史上的里程碑。

Smalltalk有5个核心概念：对象、类、实例、消息和方法。对象是面向对象系统的唯一元素。在它的内部，包含了一些用来描述实体属性状态的私有变量和实现各种操作的方法。类描述了一组性质相似的对象，类的每个对象被称为该类的一个实例。消息是发送者要求接收者为之实施某项操作的命令请求，接收者通过调用相应的方法响应消息。方法描述了操作的实现细节。

继承性是Smalltalk的特色。所谓继承是指子类继承父类的全部属性和操作，整个系统的数据是通过子类机制组成树状结构。这种机制为信息共享提供了有效的技术支持。

Smalltalk 的基本语法结构是表达式。表达式是一个字符序列,所描述的对象被称为表达式的值。Smalltalk 有 4 种表达式。

(1) 文字表达式。它描述的对象是一个确定的常量。

(2) 变量名表达式。它描述的对象是可供使用的变量,变量的取值为当前该变量所指的对象。

(3) 消息表达式。它描述传送给接收者的消息,其值由该消息所引用的方法来确定。

(4) 块表达式。它描述的对象表示系统被延迟的活动,常用来实现各种控制结构。

在 Smalltalk 中,建立程序就是根据类创建对象,执行程序就是不断地向对象发送消息。Smalltalk 的主要特点是:信息表示与信息处理高度一致,属于弱类型语言,具有比较完善的抽象机制,语言融于环境之中。

3. Eiffel

Eiffel 是继 Smalltalk80 之后的另一种纯面向对象的程序设计语言。它是由 OOP 领域中著名的专家 B. Meyer 等人于 1985 年在美国交互软件公司(Interactive Software Engineering,Inc)设计的,1986 年成为软件产品。它支持对象、类、方法、实例、消息、继承和动态联编等面向对象的基本概念,特别是支持多继承。就这点而言,Eiffel 是众多面向对象的程序设计语言的先驱。Eiffel 的主要特点是支持全面的静态类型化,拥有大量的软件开发工具。

静态类型化使得 Eiffel 能够保证在运行时发往对象的消息都可以被对象识别,动态联编则可以保证一条消息所请求执行的方法被动态地确定。

Eiffel 在许多方面克服了 Smalltalk80 存在的一些缺欠,借鉴了混合式面向对象的程序设计语言所采用的一些策略,又发展了一些独具特色的机制,因此,在面向对象程序设计领域中有较高的地位,也颇为引人注目。在 20 世纪 90 年代初期,用 Eiffel 开发的产品数目曾经一度仅次于 C++ ,名列第二。

4. C++

C++ 是一种十分流行的面向对象程序设计语言。C++ 语言最先由 AT&T 公司 Bell 实验室计算机科学研究中心的 B. Stroustrup 在 20 世纪 80 年代初设计并实现。它以 C 语言为基础,增加了对数据抽象的支持,并具有面向对象的编程风范。

C++ 是对 C 语言的扩充,扩充的绝大部分内容借鉴于其他著名程序设计语言中的精华特性。例如,从 Simula67 中吸取了类,从 ALGOL68 中吸取了引用和在分程序中声明变量,综合了 Ada 的类属、抽象类和异常处理等。

C++ 保持了 C 的紧凑、灵活、高效和易于移植的优点,它对数据抽象的支持主要体现在类的机制,对面向对象的编程风范主要体现在虚拟函数。由于 C++ 既有数据抽象和面向对象的能力,又比其他面向对象语言的运行性能好,加之 C 语言普及率高,从 C 过渡至 C++ 较为平滑,C++ 与 C 的兼容性好,使得大批 C 程序可以方便地在 C++ 环境下重用,致使 C++ 受到广大软件开发人员的青睐,很快成为面向对象的主流语言。

5. Java

为了保证 C 与 C++ 环境的极大兼容性,延续用户使用 C 语言的习惯,C++ 语言既可以作为支持结构化程序设计的语言,又可以作为支持面向对象程序设计的语言使用,而 Java 语言则是一种完全的面向对象的程序设计语言。它由 Sun MicroSystem 公司于 1995 年 5 月正式发布,其简捷易学、面向对象、适用于网络分布环境、解释执行、支持多线程、具有一定的安全、健壮性等一系列特性深受人们关注。

最初开发 Java 语言是为了编写家用电器的控制程序。它采用了面向对象的基本原理,但又避免涉及运算符重载、多继承等复杂概念。Java 基本上是一种解释执行的语言,并且它的解释程序及对类的支持大约只需要 40KB 的容量,加上标准类库和线程的支持也只有 215KB 左右,因此,系统开销很小,适用于小型的信息处理环境。又因为它具有自动回收废弃空间的功能,所以简化了程序的内存管理。

Java 提供了类机制和有效的接口模型。在对象中,封装了描述客体属性状态和操作行为的成员变量和成员方法,实现了模块化和信息隐蔽。通过类的继承机制,子类可以继承父类提供的成员方法,从而实现代码的重用。通过子类覆盖父类的成员方法,可以实现面向对象的多态。

Java 是面向网络应用的语言。通过它所提供的类库,可以处理 TCP/IP 协议规程,并通过 URL 地址在网络上访问其他对象,从而方便地实现与其他计算结点的协同工作。

Java 解释程序能直接对 Java 的字节码进行解释执行。由于可以从字节码获得部分编译信息,因此使得连接过程更加简捷。Java 所提供的多线程机制可以让应用程序并发执行,其同步机制有助于实现数据共享。

由于 Java 提供了自动回收废弃空间、异常处理等功能,一切对内存空间的访问都必须通过对象的实例进行,因此,Java 可以有效地阻止部分故障,具有一定的安全、健壮性,这对于网络编程来说是至关重要的。

由于 Java 具有上述特性,所以备受关注,越来越多的软件开发人员开始转向选择 Java 语言开发软件产品。随着 Java 芯片、Java 虚拟机技术的日趋完善,Java 语言必将显现出无穷的魅力,发挥出越来越大的作用。

6. C♯ 语言

C♯ 是微软于 2000 年 7 月发布的一种全新且简单、安全的面向对象程序设计语言,属于.NET 平台提供的程序设计语言之一。它吸收了 C++ 、Visual Basic、Delphi、Java 等语言的优点,体现了当今程序设计技术的精华。C♯ 继承了 C 语言的语法风格,同时又继承了 C++ 的面向对象特性。除此之外,C♯ 的对象模型针对 Internet 进行了重新设计;C♯ 不再提供对指针类型的支持,使得程序不能随便地访问内存地址空间,从而增强了程序的健壮性;C♯ 不支持多重继承,避免了多重继承带来的不良后果。.NET 框架为 C♯ 提供了一个强大的、易用的、逻辑结构一致的程序设计环境。同时,公共语言运行时(Common Language Runtime)为 C♯ 程序语言提供了一个托管的运行时环境,使程序更加稳定、安全。

本 章 小 结

本章首先介绍了结构化程序设计与面向对象程序设计的基本方法,然后论述了有关面向对象程序设计的基本概念,最后给出了面向对象程序设计语言的基本特征以及几种具有代表性的面向对象程序设计语言。理解和掌握这些内容对于后续的学习十分关键。

课 后 习 题

1. 基本概念

(1) 什么是结构化程序设计? 什么是面向对象程序设计? 采用面向对象方法开发应用程序有什么好处?

(2) 简述抽象、封装、对象、类和消息的概念。

(3) 简述面向对象中继承性和多态性的概念,并举例说明。

(4) 什么是 UML? 如何用它描述类?

(5) 什么是面向对象程序设计语言? 它们具有哪些基本特性?

2. 编程题

(1) 假设要设计一个"计算器"应用程序,试分别用结构化程序设计方法和面向对象程序设计方法对其进行设计。此题只要求进行设计,不需要编制代码。

(2) 设计一个动物类用来描述动物客体。要求通过分析,抽象出所有动物应该包含的属性和行为,并用 UML 类图描述。此题只要求进行设计,不需要编制代码。

3. 思考题

(1) 面向对象程序设计方法求解问题的基本思路是什么? 以现实生活中汽车为例,说明设计一个汽车类的主要步骤和结果,并用 UML 类图描述。

(2) 继承性、多态性给软件开发带来哪些好处?

4. 知识扩展

(1) UML 是目前面向对象分析与设计的一种表述方式。请查阅相关资料,了解 UML 的相关知识,并应用于类的设计中。

(2) 强调可重用性、可扩展性是面向对象程序设计方法的重要理念。面向对象程序设计方法是通过何种手段实现这个目标的?

第 2 章

Java 程序设计语言概述

Java 是一种具有发展前景、被业内人士广泛认可、体现新型开发思路的程序设计语言。在当前如此复杂的计算机环境下，Java 语言表现出非凡的驾驭能力，使它迅速成为众多软件开发人员首选的程序设计语言。

Java 最初是为家用电器设备设计的一种内置语言，由于它小巧玲珑且与环境无关，后来被移植到网络环境作为网络编程的语言工具。如今，Java 已经不再只是以"小"著称，而是也能开发大型软件系统，成为"大""小"兼顾的程序设计语言。

2.1 Java 程序设计语言的发展

1991 年，Sun 公司为了开辟消费类电子产品的领域，设立了一项 Green 工程。该工程的主要任务是开发一套分布式代码系统，以便用来集中控制消费类电器设备和计算机。由于这类电器设备的功能和内存都很有限，并且不同厂商选用的 CPU 也不尽相同，所以要求选用的语言系统尽可能小巧，能够生成尽可能紧凑的代码，且与设备无关。由于 C 或 C++ 语言不能胜任此角色，于是开发了一种名为 Oak 的语言。该语言小巧玲珑，安全性好，且与设备无关。但由于受到当时消费电子产品发展水平的限制，这项成果没有得到重视，更没有产品化，Oak 语言也没有得到推广，这就是 Java 语言的前身。1994 年，Internet 的发展如一股飓风，席卷全球，很快带动了 WWW 应用领域的快速增长，当务之急是开发一个优秀的浏览器，更好地将超文本页面显示在屏幕上。当时参与设计 Oak 语言的 James Gosling、Patrick Naughton 等人意识到是将 Java 推向市场的时候了。于是他们使用 Java 语言开发了 HotJava 浏览器，并得到了 Sun 公司的认可和支持。随着 Internet 技术的发展，Java 语言也逐渐发展成为备受人们青睐的一种用来开发网上应用软件的主流语言。

自 1995 年 NetScape 第一个获得 Java 许可证之后，先后有很多公司购买了 Java 的使用权，这些公司包括 Oracle、Borland、SGI、Adobe、IBM、AT&T、Intel、Microsoft、Apple 等。

Sun 公司于 1995 年 5 月发布了 Java 和 HotJava 浏览器，同年 9 月宣布将提供 Java 开发工具，1995 年 12 月与 Netscape 共同发布了 JavaScript，这是一种语法酷似 Java 语言的脚本语言。1996 年 1 月 Sun 公司推出了 Java 开发工具包 JDK(Java Development Kit)1.0，1996 年 2 月又推出了 Java 连接数据库的 JDBC(Java DataBase Connectivity)。不久，Apple、HP、日立、IBM、Microsoft、Novell 等公司也把 Java 平台嵌入到操作系统中。1996 年 10 月 Sun 公司颁布了 JavaBeans 规范，并发布了第一个 Java JIT(Just-In-Time)编

译器,同年 12 月发布了 JDK 1.1、Java 商贸工具包、JavaBeans 开发包及一系列 Java API。Sun 公司 1997 年又先后推出了 JDK 1.1.1、JDK 1.1.2 和 JDK 1.1.3。1998 年 12 月 Sun 公司发布 Java 1.2,它是 Java 发展史上的一个里程碑。1999 年 6 月 Sun 公司重新定义了 Java 技术的框架,形成了现在的 3 个版本。

(1) J2ME(Java 2 Micro Edition)——一种以消费性电子产品为目标的高度优化的 Java 运行环境。如智能卡、移动电话、可视电话、机顶盒和汽车导航系统等。

(2) J2SE(Java 2 Standard Edition)——一种用于开发客户端应用程序的 Java 标准平台。Java 的技术精华也都在这个版本中有所体现,是快速、高效、安全、可靠的开发环境。

(3) J2EE(Java 2 Enterprise Edition)——一种基于 J2SE 的扩展型企业级开发平台。它具有模块化、可重用的 JavaBean 组件,并且提供了一整套对这些组件的服务以及许多应用程序自动处理的细节。由于许多费时和有一定难度的开发工作可以自动地完成,所以可以使开发者更加专注对事物逻辑结构的思考。

在此之后发布的 JDK 1.3 和 JDK 1.4 版本都对 JDK 1.2 版本进行了一些改进,扩展了标准类库,提高了系统性能。

在 2004 年发布的 JDK 5.0 是自 JDK 1.1 发布以来第一个对 Java 语言做出重大改进的版本。这个版本最初被命名为 JDK 1.5,后来在本年度的 JavaOne 会议上,被重新命名为 JDK 5.0。这个版本的最大贡献是增加了泛型类型,值得炫耀的是增加这一特性并没有对虚拟机做出任何修改。JDK 6 发布于 2006 年末。这个版本并没有对语言本身改进,只是扩展了类库,提高了整体性能。

如今,Java 语言的开发性、兼容性和扩展性使其在实际应用中的可塑性非常强,因此,Java 仍然受到大量的企业使用。无论在桌面端还是移动端,Java 的优势依然明显,并已经在软件开发领域占据主导地位。

2.2　Java 程序设计语言的基本特征

Java 是一种通用的、分布式的、基于面向对象的程序设计语言。在 Java 语言广为流行之前,人们普遍使用 C++ 语言。但由于 C++ 语言既保留了 C 语言的全部内容,又添加了支持面向对象的所有功能,所以,语言结构比较臃肿、复杂,且不能做到完全的面向对象。随着 Internet 技术的飞速发展,WWW 应用领域的不断扩展,C++ 语言已经不能满足网络环境的代码紧凑、安全性、可靠性、与环境无关性等一系列需求,于是,人们开始将注意力转向 Java 语言。与 C++ 语言相比,Java 语言是一种完全的面向对象语言,它吸取了 C++ 语言的语句结构,去掉了指针、多继承、运算符重载等这些降低安全性、可靠性的语言元素,并实现了自动回收垃圾的功能,从而使得 Java 语言更具有可移植性、可靠性、安全性、与环境无关性等特点,赢得了广大软件开发者的青睐。使用 Java 语言开发 Internet 应用软件已成为一个不可抗拒的潮流。下面说明 Java 语言的基本特征。

1. 简捷性

Java 语言最初是为了家用电器进行集成控制而设计的一种程序设计语言,因此,必须简捷明了。这主要体现在下面几个方面。

(1) Java 语言的语法风格类似于 C++ 语言,因此,对于使用过 C++ 语言的人来说,Java 语言中的很多语法形式都很熟悉,掌握它的使用方法并不是一件很困难的事情。

(2) Java 语言废弃了 C++ 语言中容易引发程序错误的元素,如指针、运算符重载和虚基类等内容。

(3) Java 语言提供了丰富的类库。程序设计人员可以直接使用类库中提供的类,从而大大减少了编写程序的工作量和复杂度。

(4) Java 语言的运行环境十分小巧。基本的 Java 解释器大约只有 40KB 左右,加上标准类库和对线程的支持也只有 215KB 左右。

2. 面向对象

面向对象是 Java 语言最重要的特性之一。Java 语言是一种彻头彻尾的面向对象语言。与 C++ 语言不同,它不支持 C 语言的面向过程的程序设计技术。Java 语言支持静态和动态风格的代码继承和重用。就支持面向对象而言,Java 语言类似于 Smalltalk,但在适应分布式环境等方面远远优于 Smalltalk。

3. 分布式

Java 是面向网络应用的语言。通过它所提供的标准类库,可以处理 TCP/IP 协议规程;通过 URL 地址可以访问网络上的其他对象,且访问方式与访问本地文件系统的感觉几乎一样。最终能够实现方便地与其他计算结点协同工作的目的。

4. 健壮性

Java 语言致力于在编译期间和运行期间对程序可能出现的错误进行检测,从而保证程序的可靠性。概括起来有下面几个方面:

(1) Java 语言对数据类型进行检查,可以尽早地发现程序执行中存在的隐患问题。

(2) Java 语言具有内存管理功能。它采用自动回收垃圾的方式,避免在程序运行过程中由于人工回收无用内存而带来的问题。

(3) Java 语言不允许通过直接指定内存地址的方式对其内存单元的内容进行操作,即没有 C 语言中的指针概念。这样可以提高整个系统的安全性、可靠性。

5. 结构中立

为了使 Java 真正与环境无关,Java 源程序需要经过编译和解释两个阶段才能运行。对 Java 源程序编译的结果将生成一个称为字节码(byte code)的中间文件。该字节码的格式独立于任何设备并已被标准化,任何 Java 虚拟机都可以识别这种字节码,并将它解释成本机系统的机器指令。这种运行机制确保了 Java 与环境的无关性。

6. 安全性

Java 语言的安全性主要从两个方面得到保证。

(1) 在 Java 语言中,删去了 C++ 语言中指针和释放内存的操作,所有对内存的访问都必须通过类的成员变量实现,从而避免了非法的内存操作。

(2) 在 Java 程序执行之前,要经过很多安全性的检测,包括检验代码段格式、对象操作是否超出范围、是否试图改变一个对象的类型等,从而避免了病毒的侵入及破坏系统正常运行的情况发生。

7. 可移植性

与环境无关,使得 Java 应用程序可以在配置了 Java 解释器和运行环境的任何计算机系统上运行,这奠定了 Java 应用软件便于移植的良好基础。但仅如此还远远不够,如果基本数据类型的取值范围依赖于具体的实现方式,也将给程序移植带来很大的麻烦。例如,在C/C++ 中,整型(int)可能占 16 位,也可能占 32 位,甚至可能占 64 位。为了解决这类问题,Java 设计了一套独立于任何运行平台的基本数据类型及运算,即在任何环境下,同一种数据类型的存储格式和操作方式都是一样的,从而大大提高了 Java 语言的可移植性。

8. 解释执行

在运行 Java 程序时,需要先将 Java 源程序编译成字节码,然后再利用解释器将字节码解释成本地系统的机器指令。由于字节码与环境无关且类似于机器指令,因此,在不同的环境下,不需要对 Java 源程序重新编译,直接利用解释器解释执行即可。当然随着 Java 编译器与解释器的不断改进,其运行效率也正在逐步改善。

9. 高性能

与传统的解释型语言不同,Java 的解释器并不是对 Java 源程序代码直接解释,而是解释经编译后生成的字节码。字节码的设计经过优化很容易翻译成机器指令,因此执行速度要比传统的解释型语言快得多,但与 C 语言比较还是有些慢。这是因为每次执行都需要花费时间进行解释。为了提高运行速度,Java 语言提出了一种即时编译 JIT(Just In Time)的运行策略。它的工作过程是一次性地将字节码翻译成本地主机操作系统所能识别的机器指令,并将编译的结果缓存起来,当再次使用时,直接从缓存中读取执行。另外一种改进 Java 程序运行速度的方法正在开发中,这就是设计一种专门用来运行字节码的微处理器,到那时,Java 程序的运行速度也不会太逊色。

10. 多线程

曾经使用其他语言编写过多线程应用程序的人一定会感到,利用 Java 语言处理多线程十分便捷。线程是操作系统中的一个重要概念,它是处理器调度的基本单位,是进程中的一个控制点。由于一个进程可以包含多个线程,而这些线程可以访问进程中的所有资源,因此在它们之间可以方便地进行通信,快捷地进行切换。另外,只要操作系统支持,Java 的线程可以采用多处理器执行。

11. 动态性

Java 诞生于计算机迅猛发展的时代,为了保证 Java 的生命力,Java 的设计者让它能够适应不断发展的环境。在 Java 的类库中可以动态地添加新的成员,而不会影响用户程序的运行。另外,Java 通过接口支持多继承,这样将更加灵活、更易于扩展。

2.3　Java 程序设计语言环境

与其他程序设计语言一样,Java 语言环境分为运行环境和开发工具两部分。运行环境是指能够运行 Java 程序的设备环境,主要包括 Java 虚拟机(JVM)和核心类库。开发工具是指利用 Java 程序设计语言开发应用系统的软件工具。除了需要包含运行环境,以便随时检测所编写的程序是否正确以外,还应该具有编辑、编译、调试等功能。下面简要介绍各部分的功能。

1. Java 虚拟机和核心类库

Java 虚拟机(Java Virtual Machine,JVM)是一个可以运行 Java 程序的,且用软件仿真的抽象计算机。只要按照规范将 Java 虚拟机安装在特定的计算机上,就可以在这台机器上运行经过 Java 编译器编译成 Java 字节码的所有代码,从而实现"一次编写,随处运行(Write one,run anywhere)"的理想目标。

Java 虚拟机的工作过程主要有如下 3 个阶段:

(1) 加载代码。Java 虚拟机中的"类加载器(class loader)"负责加载运行 Java 程序所需要的全部类代码,包括被继承的类和被调用的类。这些代码都是利用 Java 编译器编译好的字节码。

(2) 校验代码。加载到本地的所有字节码都需要利用"代码校验器"进行检查。检查代码的合法性,是否有可能出现对本地系统产生破坏的操作,是否含有对象的错误引用等。如果发现这类问题,将给出相应的提示信息。

(3) 执行代码。字节码校验后就可以利用"解释器"对字节码中的每一条指令进行解释执行。解释的方式主要有两种:一种是边解释边执行,运行速度较慢;另一种是"即时编译",其基本思想是首先将所有的字节码一次性地解释并存储在本地,随后直接运行解释好的机器指令。这样虽会增加加载代码的时间,但却可以提高运行的速度。

Java 语言之所以受到越来越多的软件开发人员的青睐,除了它具有严谨的面向对象特性外,还有一个不容轻视的要素就是强大的核心类库。从某种意义上讲,一种程序设计语言功能的强弱在很大程度上取决于类库的强弱,因此,在 Java 的发展历程中,很多新版本并没有对语言本身给予太多的改进,而是增强了类库的功能,所以造成 Java 核心类库的体积迅速膨胀,其发展速度令人惊叹! JDK 1.1 的类库包含 477 个类和接口;JDK 1.2 增至 1840 个类和接口;JDK 6 已经达到了 3777 个类和接口。

2. Java 开发工具

Java 开发工具主要有两种形式:一种是 Java 开发工具包;另一种是 Java 集成开发工具。

(1) Java 开发工具包。Sun 公司先后推出了 JDK 1.1、JDK 1.2、JDK 1.3、JDK 1.4、JDK 5.0、JDK 6,甲骨文收购 SUN 后,先后发布 Java SE 7,Java SE 8,可从 Oracle 公司网站(http://www.oracle.com/technetwork/java)上免费下载。在 JDK 中,包含下列几个重要工具。

- javac:Java 编译器。
- java:Java 虚拟机(解释器)。
- javadoc:Java 文档生成器。

- jar：Java 归档工具。
- jdb：Java 调试工具。

将下载的 JDK 安装后就可以开发 Java 应用程序了。但在这个开发环境下，只能采用命令行的方式运行各个工具。运行一个 Java 应用程序的基本过程如下：

① 选用一种文本编辑器录入、编辑 Java 源程序，并保存为文本文件。文件名的命名规则为：前缀是类名称，后缀为 java。例如，如果类的名称为 JavaProgram，文件名就为 JavaProgram.java。

② 利用 javac 将上述.java 文件编译成后缀为.class 字节码文件。例如，如果编译 JavaProgram.java 文件，并没有出现任何错误，就会生成一个名为 JavaProgram.class 的字节码文件。如果在所编译的 Java 源文件中包含多个类的定义，就会生成多个.class 的字节码文件，每个类对应一个文件，其文件名的前缀分别为每个类的名称。

③ 利用 java 运行编译后的字节码文件。

（2）Java 集成开发工具(IDE)将程序的编辑、编译、调试、运行等功能集成在一个开发环境中，更加便于人们进行软件开发。目前较为流行的集成工具有 NetBeans、Eclipse、JBuilder 等。这些都是第三方提供的 Java 开发工具，其中 NetBeans IDE 和 Eclipse 是可以免费下载的。本书中的全部程序代码都是在 NetBeans 环境下开发、运行的。这个软件及使用说明可以从网站 http://www.netbeans.org 免费下载。

2.4 Java 程序的基本结构

如果说 C 程序是函数的集合，Java 程序就是类和接口(接口是一种特殊形式的类)的集合。下面是一个简单的 Java 应用程序。

例 2-1 第一个 Java 应用程序。

```
//file name：JavaFirstProgram.java
public class JavaFirstProgram                              //声明 JavaFirstProgram 类
{
  public static void main(String[ ]args)                   //主方法 main()
  {
    System.out.printf("This is the first Java Program. ");  //显示字符串
  }
}
```

这个程序的基本功能是在屏幕上显示字符串"This is the first Java Program. "。

在程序中定义了一个名为 JavaFirstProgram 的类，类中包含了一个名为 main 的方法，方法中的语句实现了输出字符串的功能。这个程序很简单，却展现了所有 Java 应用程序的基本结构。简要地说，每个 Java 应用程序至少要有一个用户自定义的类，当然也可以有多个类，其中一个且仅一个类被称为主类，主类中应该包含一个名为 main 的方法，这是 Java 应用程序执行的入口点。

下面分别利用 JDK 和 NetBeans IDE 运行这个程序，以说明使用这两种工具运行 Java 应用程序的基本过程。

首先介绍利用 JDK 运行这个程序的基本过程。

（1）选择一个文本编辑器（如 Windows 环境下的"记事本"）将上述源程序录入计算机，并用 JavaFirstProgram.java 作为文件名将其保存。

（2）利用 Java 编译器对源程序 JavaFirstProgram.java 进行编译并形成字节码文件 JavaFirstProgram.class。假设这个源程序文件保存在 c：\example 目录中，编译 JavaFirstProgram.java 的操作命令为：

```
c：\example＞javac JavaFirstProgram.java
```

其中，javac 是 Java 编译器，JavaFirstProgram.java 是 Java 源程序文件名。这条命令的基本功能是将 JavaFirstProgram.java 编译成字节码文件，并将生成的字节码文件 JavaFirstProgram.class 保存在 c：\example 目录下。如果编译器在编译过程中检查出语法错误，将会给出相应的错误提示信息。这时，需要根据错误提示对程序进行修改，之后再重新编译，如果再次出现错误，还要重复这个过程，直到编译成功为止。编译成功后，可以在 c：\example 目录下看到生成的 JavaFirstProgram.class 文件。

（3）利用 Java 解释器（Java 虚拟机）运行这个字节码文件，其操作命令为：

```
c：\example＞java JavaFirstProgram
```

其中，java 是 Java 解释器，JavaFirstProgram 是字节码文件名。程序运行后将可以在屏幕上看到下列字符串：

```
This is the first Java Program.
```

NetBeans IDE 是 Sun 公司提供的一个功能很强的集成开发工具。下面是利用它运行这个程序的过程。

如果没有安装 NetBeans IDE，先从网站 http：//www.netbeans.org 免费下载最新版本进行安装。本书使用的是 NetBeans IDE 7.0 版本。

① 启动 NetBeans IDE，可以看到如图 2-1 所示的画面。

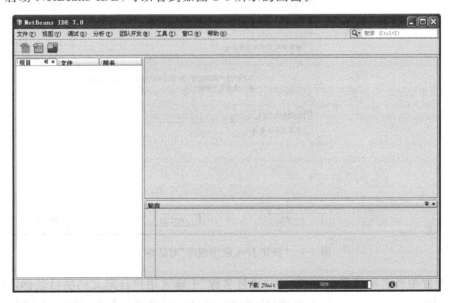

图 2-1　NetBeans IDE 系统界面

② 创建一个项目。选择"文件"→"新建项目",可以看到如图2-2所示的画面。

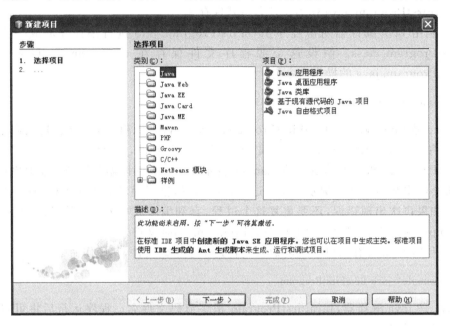

图2-2 "新建项目"对话框界面

这是"新建项目"的对话框界面。从中间的"类别"中选择Java,再从右侧的"项目"中选择"Java应用程序",然后单击"下一步"按钮将会看到如图2-3所示的画面。

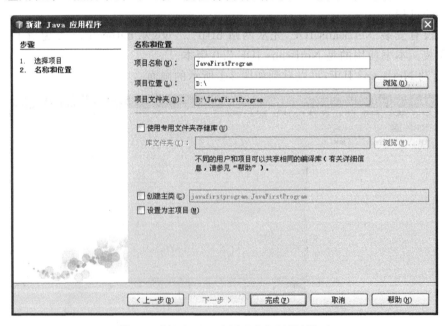

图2-3 "新建Java应用程序"对话框界面

③ 设置项目名称和存放位置。在"项目名称"中输入用户自定义的项目名称,这里输入的是JavaFirstProram。在"项目位置"中选择项目文件所存放的位置,然后取消"创建主类"

和"设置为主项目"的复选对勾,单击"完成"按钮,结束项目的创建工作。此时可以看到如图 2-4 所示的画面。

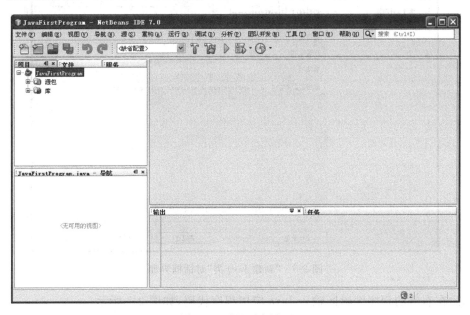

图 2-4 项目开发界面

④ 输入并编辑 Java 应用程序。选择左侧"项目"标签中的"源包"并按下鼠标右键可以看到如图 2-5 所示的弹出式菜单。

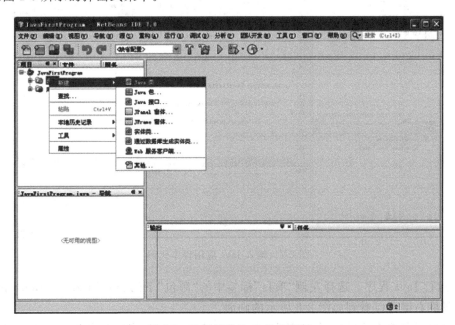

图 2-5 选择新建 Java 类的界面

选择"新建"→"Java 类"可以看到如图 2-6 所示的界面。这是"新建 Java 类"对话框界面。在"类名"中输入将要创建的类名,然后单击"完成"按钮,完成创建一个类的操作。

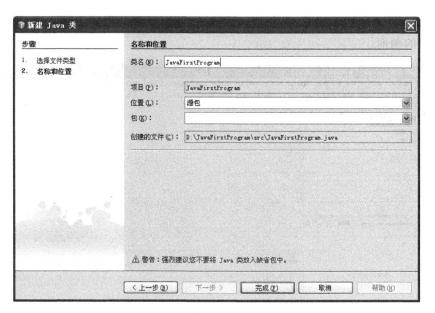

图 2-6 "新建 Java 类"对话框界面

随后在右侧的程序编辑区输入 Java 应用程序代码,如图 2-7 所示。

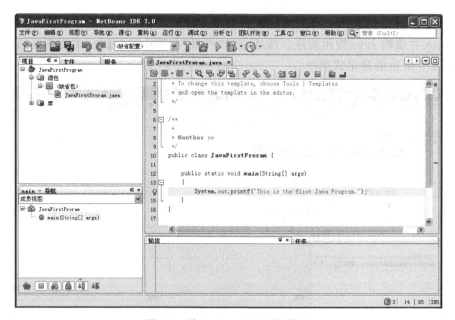

图 2-7 输入 Java 应用程序代码

⑤ 运行 Java 程序。选择左侧"项目"标签中的"源包"下的 JavaFirstProgram. java 文件并按下鼠标右键可以看到如图 2-8 所示的画面。

在弹出式菜单中选择"运行文件"。此时,NetBeans IDE 集成开发工具将首先利用 Java 编译器对 Java 源程序进行编译并生成字节码文件 JavaFirstProgram. class,然后再自动启动 Java 解释器运行字节码文件。如果一切正常,可以看到如图 2-9 所示的画面。在右下方输出窗口中显示的字符串 This is the first Java Program. 就是运行结果。

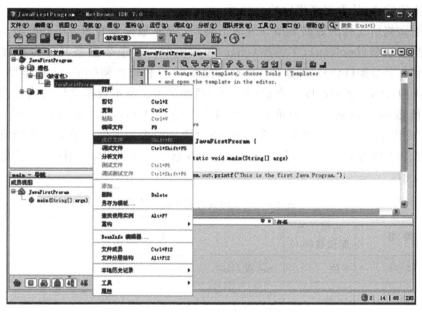

图 2-8 选择"运行文件"菜单项

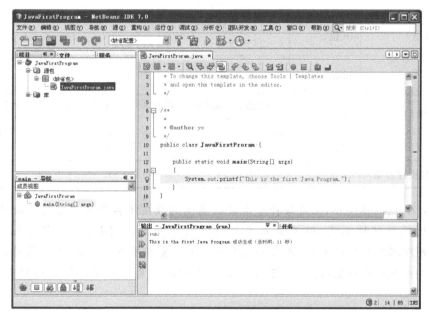

图 2-9 Java 应用程序运行结果

2.5 Java 程序的基本数据类型

数据类型决定了参与操作的变量、常量和表达式的取值类别、取值范围以及能够实施的操作行为。Java 语言属于强类型语言,即对于程序中出现的所有变量和表达式,在编译的时候就要求有明确的数据类型,这样才可以由编译程序在编译期间对所有的操作进行数据类型相容性的检查,从而提高程序的可靠性。

Java 语言将所支持的数据类型分为两个类别:基本数据类型和引用数据类型。基本数据类型包括布尔型(boolean)、字符型(char)和数值型。其中数值型又分为整数型和浮点型。整数型有字节型(byte)、短整型(short)、整型(int)和长整型(long)4 种类型;浮点型有单精度浮点型(float)和双精度浮点型(double)两种类型。基本数据类型的值是符合相应数据类型取值范围和格式的一个单值。引用类型包括类(class)、接口(interface)和数组(array)。引用类型的值是对象的一个引用,而对象是一个动态创建的类的实例或动态创建的数组。表 2-1 列出了 Java 语言中支持的基本数据类型的名称、占用的二进制位数、取值范围和默认值。

表 2-1　Java 语言的基本数据类型

数 据 类 型	占用二进制位数(bit)	取 值 范 围	默认值
boolean(布尔型)	8 位	true 或 false	false
char(字符型)	16 位	\u0000～\uffff (0～65 535)	\u0000
byte(字节型)	8 位	$-128～127$ $(-2^7～(2^7-1))$	0
short(短整型)	16 位	$-32\,768～32\,767$ $(-2^{15}～(2^{15}-1))$	0
int(整型)	32 位	$-2\,147\,483\,648～2\,147\,483\,647$ $(-2^{31}～(2^{31}-1))$	0
long(长整型)	64 位	$-9\,223\,372\,036\,854\,775\,808～9\,223\,372\,036\,854\,775\,807$ $(-2^{63}～(2^{63}-1))$	0
float(单精度浮点型)	32 位	$±1.4E-45f～±3.402\,823\,5E+38f$	0.0f
double(双精度浮点型)	64 位	$±4.9E-324～±1.797\,693\,134\,862\,315\,7E+308$	0.0

注意:在 Java 语言中,上述每种基本数据类型的数值所占用的二进制位数是固定的,与具体的软硬件环境无关,而其他程序设计语言则不然。例如,C 语言的 int 类型,在 Turbo C 开发环境下占用16 位,在 Visual C++ 6.0 开发环境下占用32 位。另外,每种数据类型都有一个默认的初值,这样使得 Java 类中声明的成员变量在任何时刻都有一个确定的值。

1. 布尔型

布尔型主要用来描述逻辑"真"和"假",它只有"真"或"假"两个可能的取值,分别用保留字 true 和 false 表示。在 Java 语言中,布尔型是一个独立的数据类型,既不能将它的值转换成任何其他基本数据类型,也不能将任何其他基本数据类型的值转换成布尔型。需要指出的是:布尔型的值不是一个整数型的值,因此,在要求使用布尔型的场合下不能够使用整数型替代。例如:

```
if  (a ! =0)  {              if  (a)  {
    a+=10;                       a+=10;
}                            }
else{            不能写成    else{
    a-=10;                       a-=10;
}                            }

for(i=10;i>0;i--){           for(i=10;i;i--){
    System.out.println("i="+i);  System.out.println(" i="+i);
}                不能写成    }
```

如果这样书写,编译程序将会在编译时给出 incompatible types 的错误信息。

2. 字符型

Java 的字符型处理与其他语言相比有了根本性的改进。在以前接触到的大多数程序设计语言中,字符采用 ASCII 编码,每个字符型数值占用一个字节,最多只能表示 256 个不同的字符。如此有限的字符数量已经满足不了人们渴望计算机驾驭多种语言环境(如英文、日文、中文……)的需求,并成为扩大计算机应用领域范围的障碍。因此,Java 语言的设计者们决定采用 Unicode 编码(又称国际统一标准编码)表示字符。这种编码的基本字符占用两个字节(16 位),可以表示 65 536 个不同的字符,缓解了由于可表示字符数量的不足带来的诸多问题,为 Java 程序在基于不同语言环境的平台间移植奠定了良好的根基。

实际上,ASCII 字符集所表示的字符是 Unicode 字符集的一个子集,并且在这两个字符集中,前 128 个编码所对应的字符完全相同,只是每个字符占用的二进制位数不同。

3. 整数型

在 Java 语言中,整数型包含 byte、short、int 和 long,它们之间的区别只是占用的二进制位数不同,致使它们各自的取值范围也随之不同(见表 2-1)。值得注意,Java 语言中的所有整数型表示的均为有符号数,而没有 C 语言中的无符号(unsigned)整数型。

4. 浮点型

在 Java 语言中,浮点型包含 float 和 double,它们分别占用 32 位和 64 位,并都符合国际标准化组织(电气和电子工程师协会)在 20 世纪 80 年代为微处理器制定的浮点标准——IEEE 754 标准。这个标准规定了浮点数值的表示格式、运算规则及舍入方式。

浮点数是实际数值的一种近似表示。在定义浮点数的表示格式时必须要兼顾数值的表示范围及精度。同样,浮点数的运算规则也必须能够极大限度地保持运算精度,缩小运算误差。

在 IEEE 754 标准规定中主要定义了单精度(32 位)和双精度(64 位)两种浮点数的基本格式,以及扩充单精度和扩充双精度两种扩充格式,但对扩充精度只限于指出了精度的最低要求。对于浮点数值的处理,不同的计算机系统可能会采用不同的方式,有用硬件实现的,也有用软件实现的,还有用软硬件结合的方式实现的,但无论使用何种方式,都要求必须按照 IEEE 754 标准中定义的单精度和双精度这两种基本格式描述浮点数值。其具体格式为:

s	e	f

其中,s 为符号位,占用 1 位二进制位,e 为指数部分,f 为小数部分。在单精度浮点数中, e 和 f 分别占用 8 位和 23 位,至少保证有 6 位有效的十进制数字;在双精度浮点数中,e 和 f 分别占用 11 位和 52 位,至少保证有 15 位有效的十进制数字。

IEEE 754 标准的浮点数不仅包含正负数,而且还包含正零、负零、正无穷大、负无穷大和一个特别的非数值 NaN,其中,除了零有正零和负零两种形式外,其他数值的表示都是唯一的。

在 Java 语言的浮点运算中,常常利用上面这 5 个特殊的浮点值表示每一次浮点运算的状态。例如,当运算出现了"上溢"时将得到一个"无穷大"的结果值;当运算出现了"下溢"时将得到一个 0 的结果值,并可以通过辨别"正无穷"和"负无穷"以及 +0 和 −0 得知"上溢"和"下溢"发生的方向。当出现 0/0 或试图计算一个负数的开方值时,将得到一个 NaN 的结果值。由于 Java 语言将运算中出现的"上溢"和"下溢"结果分别用"无穷大"和 0 两类值表示,一些非法的浮点运算结果用 NaN 表示。所以,在 Java 程序中,浮点运算永远不会抛出异常,需要用户自己根据结果判断运算是否正常。

例 2-2 检测浮点型数据的表示和计算。

```java
//file name：TestClass. java
public class TestClass
{
  public static void main(String[ ]args)
  {
    //产生"上溢"的情况
    double d＝1e308；
    System. out. print("overflow produces infinity： ")；
    System. out. println(d＋" * 10＝"＋d * 10)；

    //产生"下溢"的情况
    d＝1e-305 * Math. PI；
    System. out. println("gradual underflow： "＋d)；
    for(int i＝0；i＜4；i＋＋)
        System. out. print(" "＋(d/＝100000))；
    System. out. println()；

    //产生 NaN 的情况
    System. out. print("0.0/0.0 is Not-a-Number： ")；
    d＝0.0/0.0；
    System. out. println(d)；

    //float 类型运算产生一个不可精确表示的结果值及舍入情况
    System. out. print("inexact results with float： ")；
    for(int i＝0； i＜100； i＋＋){
      float z＝1.0f/i；
```

```
        if(z*i! =1.0f)System.out.print(" "+i);
    }
    System.out.println();

    //double 类型运算产生一个不可精确表示的结果值及舍入情况
    System.out.print("inexact results with double: ");
    for(int i=0; i<100; i++){
        double z=1.0/i;
        if(z*i! =1.0)System.out.print(" "+i);
    }
    System.out.println();

    //将 double 数值转换成 int 数值的情况
    System.out.print("cast to int rounds toward 0: ");
    d=12345.6;
    System.out.println((int)d+" "+(int)(-d));
    }
}
```

运行这个程序后,将会在屏幕上看到下列结果。

```
overflow produces infinity: 1.0E308*10=Infinity
gradual underflow: 3.141592653589793E-305
3.1415926535898E-310 3.141592653E-315 3.142E-320 0.0
0.0/0.0 is Not-a-Number: NaN
inexact results with float:  0  41  47  55  61  82  83  94  97
inexact results with double:   0   49   98
cast to int rounds toward 0: 12345   -12345
```

2.6 标识符、注释、直接量、变量和常量

标识符、注释、直接量、变量和常量是构成 Java 程序的几种基本元素。下面分别介绍它们的概念、定义规则及使用方式。

1. 标识符

在 Java 语言中,标识符是用来表示程序中出现的所有变量、常量、方法、类、接口和包的符号名称。用户自定义的标识符是一个长度不限的字符序列,该字符序列的第一个字符只能是字母、下划线(_)或货币符号($),后面可以紧跟若干个 Unicode 字符集中的字符。

在定义标识符时还应该注意以下两点:

(1) 在 Java 语言中,标识符中的字母区分大小写,因此 Test 和 test 被认为是两个不同的标识符,因为'T'和't'是两个不同的字符。

(2) 用户自定义的标识符不能与 Java 语言的关键字及常量 true、false 和 null 相同。表 2-2 中列出了 Java 语言中的所有关键字。

表 2-2　Java 语言的关键字

abstract	continue	for	new	switch
assert	default	goto	package	synchronized
boolean	do	if	private	this
break	double	implements	protected	throw
byte	else enum	import	public	throws
case	enum	instanceof	return	transient
catch	extends	int	short	try
char	final	interface	static	void
class	finally	long	strictfp	volatile
const	float	native	super	while

在表 2-2 列出的关键字中,Java 语言并没有使用 C++ 语言中的 const 和 goto,但仍将它们列在其中,主要原因是希望 Java 编译器能够在 Java 程序中出现这两个关键字时,给出错误提示以避免误用。

良好的标识符定义习惯可以提高程序的可读性。表 2-3 列出了一种 Java 语言的标识符命名规范,建议大家在编写程序时,按照这个规范命名所有的标识符。

表 2-3　Java 语言的标识符命名规范

标识符类型	定义规范	举例
包名	表示包名的标识符的前缀由小写英文字母组成的顶级域名,例如 com、edu、gov、mil、net、org 或在 ISO Standard 3166,1981 中规定的由两个英文字母代码标识的国家名称。随后的内容可以依据各个部门的命名规范。通常由反映公司和项目名称的目录、机器名称或登录名称组成	com. sun. eng com. apple. quicktime. v2 edu. cmu. cs. bovik. cheese
类名	表示类名的标识符为名词或名词短语。标识符中的每个单词的第一个字母为大写,其余的字母均为小写。类名尽量简练且具有描述性,避免使用缩写形式,除非该缩写比对应的常规拼写方式更加鲜为人知。比如,URL 或 HTML	Raster ImageSprite
接口名	表示接口名的标识符的定义规则与类名标识符相同	RasterDelegate String
方法名	表示方法名的标识符为动词或动词短语。标识符中的第一个单词的第一个字母为小写,随后的每个单词的第一个字母为大写,其余的字母均为小写	run() runFast() getBackground()
变量名	表示变量名的标识符的第一个单词的第一个字母为小写,随后的每个单词的第一个字母为大写,其余的字母均为小写。除此之外,尽管语法上允许标识符以下划线(_)或货币符号($)开始,但建议最好不要这样定义 变量名应该简短且能够反映它们在程序中的用途	myWidth nextLink perOrder
常量名	表示常量名的标识符的每一个字母均为大写,单词之间用下划线(_)分隔	MIN_WIDTH MAX_VALUE

2. 注释

在源程序中适当地书写一些注释可以提高程序的可理解性和可维护性。Java 语言提供了两种形式的注释:程序注释和文档注释(又称为 doc 注释)。程序注释又包含两种风格:一种是单行注释,这种注释以//开始,到本行结束为止;另一种是多行注释,它以/*开始,并以*/结束,这两个分界符之间可以包含多行的注释内容。文档注释则以/**开始,以*/结束。它与程序注释的不同之处在于可以使用 JDK 提供的 javadoc 工具将位于其中的内容抽取出来形成具有专业水准的 HTML 文档,以供他人利用浏览器进行阅读。对于源程序中的所有注释,Java 编译程序在编译时都会将其忽略。

3. 直接量

直接量(Literals)是基本数据类型和字符串类型的数值表示。

1) 整型直接量

在 Java 语言中,整型直接量可以有 3 种表示形式:十进制表示形式、十六进制表示形式和八进制表示形式。

十进制表示形式由 0~9 的数字序列组成,最左侧可以加一个一号,表示这个直接量为负整数。例如:1234、0 和一42 800。

整数直接量默认为 int 类型,因此,在书写时要注意直接量表示的数值大小应该介于 int 类型的取值范围内,否则,Java 编译程序在编译时会给出 integer number too large 的错误信息。如果希望书写的直接量为 long 类型,需要加一个后缀 L 或 l。例如,20L、一9 876 543 210L、0L 和 496l。由于小写字母 l 与数字 1 很难辨认,建议使用大写字母 L,以免引起混淆。

十六进制表示形式以 0x 或 0X 开头,后面紧跟由 0~9、A、B、C、D、E、F、a、b、c、d、e、f 组成的字符序列。例如:

```
0x100                        //对应十进制表示的 256
0x 1234                      //对应十进制表示的 4660
0x DCAF                      //对应十进制表示的 56 495
0x8000CA10                   //对应十进制表示的一2 147 431 920
```

另外,0x7fffffff 是十六进制表示的 int 类型的最大数值;0x7fffffffffffffffL 是十六进制表示的 long 类型的最大数值;0x80000000 是十六进制表示的 int 类型的最小数值;0x8000000000000000L 是十六进制表示的 long 类型的最小数值;0xffffffff 是十六进制表示的 int 类型的一1;0xffffffffffffffffL 是十六进制表示的 long 类型的一1L。

八进制表示形式以 0 开头,后面紧跟由 0~7 组成的字符序列。例如:

```
035                          //对应十进制表示的 29
0677                         //对应十进制表示的 447
```

017777777777 是八进制表示的 int 类型的最大数值;0777777777777777777777L 是八进制表示的 long 类型的最大数值;020000000000 是八进制表示的 int 类型的最小数值;01000000000000000000000L 是八进制表示的 long 类型的最小数值;037777777777 是八进制表示的 int 类型的一1;01777777777777777777777L 是八进制表示的 long 类型的一1L。

2) 浮点型直接量

在 Java 语言中,浮点型直接量有两种表示形式:十进制小数点表示法和科学表示法。

十进制小数点表示法由整数部分、小数点和小数部分组成。其表示形式为 123.563、.1234 和 675.。

如果在上述表示形式的最左侧加上一个－号，就表明这是一个负浮点数。例如，－123.563、－.1234、－675.。

科学表示法(又称为指数表示法)由十进制小数点表示部分和指数部分组成。指数部分由 e 或 E 开头，随后紧跟一个整型数值。例如：

1.2345E02	//表示 1.2345×10^2 或 123.45
1e−6	//表示 10^{-6} 或 0.000001
−5.762e05	//表示 -5.762×10^5 或 −576200

科学表示法适用于表示非常大或非常小的浮点数值。例如，分子的质量大约为 0.000 000 000 000 000 000 000 000 000 9 克，用科学表示法可写成 9.0e−28；地球与太阳之间的距离大约为 149 600 000 千米，用科学表示法可写成 1.496e8。可以看出，这两个数值用科学表示法书写后显得更加清晰、更加便于阅读。

浮点直接量默认为 double 类型，若希望将其表示为 float 类型，需要在直接量后面加上后缀 f 或 F。例如，185.2f、9e−28F。注意，尽管 185.2f、9e−28F 与 185.2、9e−28 所表示的数值分别相等，但前者为 float 类型，每个数值占用 32 位，后者为 double 类型，每个数值占用 64 位。

3) 布尔型直接量

与 C 语言不同，Java 语言将布尔型作为一种单独的基本数据类型，这样可以进一步提高程序的可读性和可靠性。

布尔型的直接量只有两个：true 和 false。例如：

```
boolean tag=false;
```

表达式 30<＝100 的结果为 true。

4) 字符型直接量

由于 Java 语言使用 Unicode 字符集，所以每个基本字符型的直接量占用 16 位。在 Java 语言中，字符型直接量有两种书写形式：直接书写字符和利用转义符。

直接书写字符简单且清晰，适于表示绝大部分的可显示字符。其格式为：用一对单引号将要表示的字符括起来。例如，'*'、'B'、'9'、'"'(双引号字符("))。但有些可显示字符就不能用这种形式表示，例如，单引号(')和反斜杠(\)，它们需要使用转义符表示。

转义符由反斜杠(\)和一个控制字符构成，主要用来表示那些不能使用直接书写形式表示的可显示字符、所有的不可显示字符以及无法从输入设备直接输入的字符。例如，换页、换行、回车和水平制表等。表 2-4 列出了一些常用的转义符。

表 2-4　Java 语言中的转义符

转义符	含　　义
\b	退格
\t	水平 tab 键
\n	换行

续表

转义符	含　义
\f	换页
\r	回车
\"	双引号
\'	单引号
\	反斜杠
\xxx	xxx 为一个八进制的数值,用来表示在 ASCII 字符集中定义(即 Unicode 字符集中编码为/u0000~/u00ff 之间的字符)且编码为 xxx 的字符。在 Java 语言中提供这种表示形式完全出于与 C 语言兼容
\uxxxx	xxxx 为一个十六进制的数值,用来表示该十六进制数值所对应的 Unicode 字符

5) 字符串型直接量

字符串是由零个或多个字符组成的字符序列。在 Java 语言中,字符串直接量的表示形式与 C 语言基本相同,即将欲表示的字符串括在一对双引号之间。例如:

```
""                              //这是空字符串,即不包含任何字符的字符串
"%"                             //这个字符串只包含一个字符
"This is a string"              //这个字符串中含有 16 个字符
```

如果在字符串中含有双引号(")或反斜杠(\)字符,必须使用转义符表示形式,即 \" 和 \\,否则将会产生二义性,导致无法通过编译。

4. 变量

在程序中,一块被命名且用来存储程序中数据的存储区域用变量表示。变量名、变量的属性、变量的取值以及变量的存储地址是变量的几个要素。变量名用来标识和引用变量;变量的属性主要指该变量的所属类型、作用域和生存期;变量的取值是指某一时刻在变量的存储区域中存放的与该变量所属数据类型相容的数值,这个值可以在程序的执行过程中进行更改;变量的存储地址是指为该变量分配的存储区域的内存地址。

在 Java 程序中,每个变量在使用之前都需要对其名称和所属的数据类型进行明确的定义。凡是定义为基本数据类型(boolean、byte、short、int、long、char、float 和 double)的变量,统称为基本类型变量;除此之外,称为引用类型变量。例如:

```
int intVar;
float floatData1, floatData2;
char charSex;
boolean boolTag;
```

上述这些变量都属于基本类型变量。为基本类型变量分配的存储区域将直接用来存放与该类型相容的数值,为引用类型变量分配的存储区域将存放与之赋值相容的一个类对象的引用或 null(空引用)。有关引用类型的详细内容将在稍后的章节中阐述。

变量的使用主要有两个方面:一是为变量赋予确定的数值;二是获取变量的当前数值,

即应用变量的内容。通常,可以利用赋值语句给变量赋值。例如:

```
intVar＝100；
floatData1＝56.0f；
floatData2＝36.23f；
charSex＝'f'；
boolTag＝true；
```

也可以在定义变量的同时赋予初始值。例如:

```
double salary＝4500.0；
int month＝12；
```

5. 常量

在 Java 语言中,可以利用关键字 final 声明常量。例如:

```
final float PI＝3.14159f；
final int MAX_NUM＝1000；
```

与 C++ 语言不同,这里的常量并非一定在声明的同时赋予常量值,只是要求在程序运行期间仅能被赋值一次,一旦赋值后就不能再次被更改。例如:

```
final int PAGEWIDTH，PAGEHEIGHT；
```

当在程序中需要给出这两个常量所代表的数值时,再利用赋值语句完成赋值操作。

```
PAGEWIDTH＝200；
PAGEHEIGHT＝400；
```

此后就不允许再对这两个常量赋值了。

2.7　Java 程序的输入输出

在 Java 语言中,应用程序与用户交互的形式主要有两种:字符界面和图形用户界面。字符界面简单且资源开销少,而图形用户界面视觉效果好,操作更加友善,但编写这种界面的程序需要对 Java 语言有足够的了解,并知晓相关的标准类,掌握相关的工具使用技术。显然,目前不具备这些条件,但鉴于能够尽早地编写 Java 程序,亲身感受 Java 语言的魅力,这里介绍控制台方式下字符界面的输入输出方式。

1. 输入方式

在 JDK 5.0 版本之前,由于没有提供由控制台窗口输入数据的简便方法,在程序中实现输入功能十分烦琐,操作起来也不方便。在 JDK 5.0 版本中,提供了一个专门用于处理数据输入的 Scanner 类,利用它可以方便地实现各种数据的键盘输入。下面是一个利用 Scanner 类实现输入操作的例子。

例 2-3　Java 输入方式。

```
//file name：InputTest.java
```

```
import java.util.*;                        //加载 java.util 包,Scanner 类在这个包中
public class InputTest
{
    public static void main(String[ ]args)
    {
        Scanner in=new Scanner(System.in);     //创建 Scanner 类对象

        System.out.printf("What is your name?");
        String name=in.nextLine();            //输入姓名

        System.out.printf("How old are you?");
        int age=in.nextInt();                 //输入年龄

        System.out.printf("Hello,"+name+" is "+age+" years old.");
    }
}
```

运行这个程序后将会在屏幕上看到下列结果。下划线部分是用户输入的内容。

What is your name? Zhang ping
How old are you? 28
Hello，Zhang ping is 28 years old.

在程序代码中,创建 Scanner 类对象时传递的参数 System.in 是标准输入对象,这里的标准输入指的是键盘设备;nextLine() 方法的功能是读取一个输入行,并以字符串形式返回,其中包含输入行中的空格;nextInt() 方法的功能是读取一个 int 型数值。

在 Scanner 类中,提供了几个用于读取输入内容的方法。

String nextLine()	读取输入的下一行内容
String next()	读取输入的下一个单词
int nextInt()	读取下一个表示整数的字符序列,并将其转换成 int 型
double nextDouble()	读取下一个表示浮点数的字符序列,并将其转换成 double 型
boolean hasNext()	检测是否还有输入内容
boolean hasNextInt()	检测是否还有表示整数的字符序列
boolean hasNextDouble()	检测是否还有表示浮点数的字符序列

2. 输出方式

在例 2-2 中使用 System.out.print() 或 System.out.println() 实现输出功能。其中,System 是一个封装了输入输出功能的标准类;out 是 System 类中包含的属于 PrintStream 类的标准输出流对象,print() 和 println() 是 PrintStream 类提供的用于将各种类型的数据输出到屏幕上的两个方法。虽然使用这两个方法可以轻松地将数据显示到屏幕上,但却无法实现格式化输出,这对于习惯使用 C 语言的 printf() 函数进行格式化输出的开发者来说,感觉很不方便。为此,Java 在 JDK 5.0 版本中接纳了 C 语言的 printf() 函数,并保持了它的格式控制方式,体现了 Java 语言设计者的人性化理念。例如:

```
value=1000.0/3;
System.out.printf("%10.2f", value);
```

将会显示

```
333.33
```

"%10.2f" 是格式控制字符串,它表明在显示 value 时,共占用 10 个字符的宽度,小数点后两位精度。也就是说,从左侧开始,4 个空格字符,整数部分 333 占 3 个位置,一个小数点,小数点后的 33 占两个位置。

表 2-5 列出了 System.out.printf()方法中常用的格式说明符。

表 2-5　格式说明符

格式说明符	输出形式	格式说明符	输出形式	格式说明符	输出形式
d	十进制整数	f	十进制小数	c	字符
x	十六进制整数	e	科学表示法	b	布尔
o	八进制整数	s	字符串		

例 2-4　Java 的格式化输出。

```
//file name：OutputTest.java
import java.util. * ;
public class OutputTest
{
    public static void main(String[ ]args)
    {
        double radius, area, perimeter;

        Scanner in=new Scanner(System.in);

        System.out.print("Enter radius：");                        //输入圆的半径
        radius=in.nextDouble();

        area=radius * radius * Math.PI;                            //计算圆的面积
        perimeter=2 * radius * Math.PI;                            //计算圆的周长

        System.out.printf("The radius of the circle is%10.2f\n", radius);   //输出结果
        System.out.printf("The area of the circle is%10.2f\n", area);
        System.out.printf("The perimeter of the circle is%10.2f\n", perimeter);

    }
}
```

运行这个程序后将会在屏幕上看到下列结果。下划线部分是用户输入的内容。

```
Enter radius：   325.2
```

The radius of the circle is   <u>325.20</u>
The area of the circle is   <u>332239.26</u>
The perimeter of the circle is   <u>2043.29</u>

这个程序的功能是通过键盘输入一个 double 型数值作为圆的半径,计算并显示这个圆的面积和周长。在这个程序中,利用 System.out.printf()方法中的格式控制使得显示的三个变量 radius、area 和 perimeter 都统一占用 10 个字符的位置,小数点后两位。

2.8 运算符和表达式

表达式在程序中起着举足轻重的作用,很多操作都是通过表达式实现的。所谓表达式是一种用来指明程序中求值规则的基本语言成分。它有时很简单,有时又很复杂,但都应该涉及参与计算的运算对象(或称为操作数)、运算符和可以改变计算次序的括号。表达式计算的结果既可以赋给变量,也可以作为参数传递给方法。在 Java 语言中,除了保留 C 语言提供的大部分运算符之外,还增加了几个具有特殊用途的新运算符,并且根据计算方式以及计算结果的类型可以将表达式分为算术表达式、赋值表达式、关系表达式和逻辑表达式等。

1. 算术运算符与算术表达式

在 Java 语言中,提供了两个类别的算术运算符。一类是单目运算符,另一类是双目运算符。表 2-6 列出了 Java 语言提供的这两类算术运算符。

表 2-6   Java 语言提供的算术运算符

类　别	运算符	描述	类　别	运算符	描述
双目运算符	＋	加	单目运算符	＋	正
	－	减		－	负
	＊	乘		＋＋	自增
	/	除		－－	自减
	％	取余			

双目运算符＋、－、＊、/ 和％的操作含义与 C 语言中相应的运算符相同,在此不详细叙述。下面就一些特别之处给予说明。

(1) 5 个双目运算符的运算对象类型可以是 byte、short、int、long、float、double 和 char。注意:char 类型的运算对象在参与这些运算时会被自动地转换成数值类型。

(2) 在 Java 语言中,整数被 0 除或对 0 取余属于非法操作,一旦出现这类运算就会抛出异常 ArithemticException。

(3) 取余运算(％)的两个运算对象既可以是整数型,也可以是浮点型;既可以是正数,也可以是负数,其结果的符号与取余运算符(％)左侧的运算对象的符号一致。

(4) 如果参与除法运算(/)的两个运算对象都属于整数型,则该运算为整除运算,即商为整数。如果希望得到小数商值,就需要将其中一个运算对象的类型强制转换成浮点型。

(5) 如果参加运算的两个运算对象属于同一个类型,则结果也是这种类型。如果两个运算对象的类型不相同,则计算结果的类型应遵循下列基本规则:

① 如果两个运算对象的类型都是整数型(byte、short、int、long)或者都是浮点型(float、double),则计算结果为取值范围较大的那种类型;

② 如果一个运算对象的类型属于整数型,另一个运算对象的类型属于浮点型,则计算结果为浮点型;

③ 如果一个运算对象的类型属于 char,另一个运算对象为数值类型,则计算结果为数值类型。

(6) 运算符＋的运算对象类型也可以是 String,它的操作含义是将两个字符串相连接。如果一个运算对象的类型为 String,另一个运算对象的类型为其他基本类型,则会自动地将这个运算对象打包成字符串,然后再进行字符串的连接。例如:

```
System. out. println("10+6 * 12="+(10+6 * 12));
```

括号中输出的内容就是字符串 "10＋6 * 12＝" 与表达式(10＋6 * 12)计算的结果 82 被转换成字符串 "82" 后相连接形成的字符串 "10＋6 * 12＝82"。

(7) 一目运算符＋(正)、－(负)、＋＋(自增)、－－(自减)可以应用于所有的数值类型。在使用＋＋(自增)和－－(自减)运算符时,需要注意以下几点:

① ＋＋和－－的运算对象只能是变量;

② 在 Java 语言中,＋＋和－－的运算对象既可以是整数型,也可以是浮点型(float、double);

③ 由于＋＋和－－操作将更改运算对象的内容,因此会带来操作的副作用,特别是在类似下面这种情况下,将会降低程序的可读性,甚至有可能给程序的最终结果带来一些不确定的因素。假设有这样一个逻辑表达式:

```
(x !=100)&&(++i<500)
```

这个表达式的计算过程是:首先计算第一个括号的内容,即判断 x 是否不等于 100,如果不等于 100,就继续计算第二个括号的内容,即计算＋＋i,随后判断结果是否小于 500,如果小于 500,该表达式结果为 true;否则,结果为 false。但不管结果如何,i 的内容都增加了 1。倘若 x 等于 100,则该表达式将不继续计算第二个括号的内容,直接得出结果 false。注意:此时＋＋i 并没有被执行,因而 i 的内容没有发生任何变化。这一点经常被许多程序员忽略,导致最终结果有误,而又不能很快地发现问题。

所谓算术表达式是指只含有算术运算符且计算结果为数值类型的表达式。在计算算术表达式时,要严格遵守数据类型和运算规则的规定,特别要注意每一步的计算结果不要超出相应数据类型的取值范围,否则就会出现错误。

2. 赋值运算符与赋值表达式

在 Java 语言中,提供了 12 种赋值操作的运算符,它们都属于右结合性操作。所谓结合性是指当出现多个连续的、具有相同优先级的运算符时将以何种顺序计算的规则。右结合是当两个相邻的运算符的优先级相同时,先计算右侧的运算符,再运算左侧的运算符。例如,a＝b＝20 意味着 a＝(b＝20),即首先进行右侧的赋值操作 b＝20,再进行左侧的赋值操作。

表 2-7 列举了 Java 语言中提供的 12 种赋值运算符。

表 2-7 Java 语言的赋值运算符

类　别	运算符	描　　述	类　别	运算符	描　　述
简单赋值	＝	赋值	复合赋值	＜＜＝	左移赋值
复合赋值	＊＝	乘法赋值		＞＞＝	右移赋值
	／＝	除法赋值		＞＞＞＝	不带符号右移赋值
	％＝	取余赋值		＆＝	按位与赋值
	＋＝	加法赋值		^＝	按位反赋值
	－＝	减法赋值		｜＝	按位或赋值

1) 简单赋值运算符

简单赋值是复合赋值运算的基础,主要用来为变量、数组元素、对象和对象的成员变量赋值。假设已经定义了下面几个基本类型的变量:

```
int intData;
float floatData;
double doubleData;
char charData;
```

可以写出下面几个包含简单赋值操作的表达式:

```
intData＝100
floatData＝3.145 * intData-40
doubleData＝Math.sqrt(56.98)
charData＝'C'
```

上述简单赋值操作的基本过程是:首先计算赋值号(＝)右侧的表达式,随后将其结果转换成赋值号(＝)左侧变量的类型。如果转换成功,则将其结果存储到赋值号(＝)左侧的变量、数组元素、对象或对象的成员变量中;否则将给出运行错误的提示信息。

在使用赋值运算符时需要注意下面几点:

- 赋值号(＝)左侧只能是变量、数组元素、对象或对象的成员变量。
- 赋值操作的结果是赋值号右侧表达式的计算结果。
- 赋值操作有副作用,即该操作完毕后会改变赋值号左侧的变量、数组元素、对象或对象的成员变量内容。
- 只有在赋值号(＝)右侧的表达式计算成功且结果类型也转换成功时才能够完成赋值操作。

从这里可以看出:赋值操作是否可以成功地执行,关键在于赋值号右侧表达式的结果是否可以转换成左侧变量的类型。假设 T1 是赋值号左侧的类型,T2 是赋值号右侧的表达式类型,在 Java 语言中,有关赋值操作的类型转换有如下规定:

- 如果 T1 和 T2 类型相同,则不需要转换直接可以赋值。
- 如果 T1 是 boolean 类型,则 T2 必须是 boolean 类型。
- 如果 T1 和 T2 类型不相同且不是 boolean 类型,则按照向占据二进制位数较多的数据类型的原则进行转换。表 2-8 列出了具体的转换规则。

表 2-8　赋值转换规则

T1 的类型	T2 的类型	说　　明
short、int、long、float、double	byte	
int、long、float、double	short	
int、long、float、double	char	
long、float、double	int	可能会造成有效数字的损失
float、double	long	可能会造成有效数字的损失
double	float	

由于浮点型比整数型的数值范围大,所以整数型 int 和 long 可以自动地转换成浮点型 float 或 double。但需要注意:浮点型数值是近似表示,所以整型数值转换成浮点型数值之后,可能会造成有效数字的损失。例如:

```
float floatData=123456789;
System. out. println(" floatData="+floatData);
```

输出的结果为:1.23456792E8。

2) 复合赋值运算符

在 Java 语言中,提供了表 2-7 中列出的 11 种复合赋值运算符。这些运算符具有简单赋值运算符的所有特征,与之不同的是赋值号左侧的变量、数组元素或对象的成员变量作为右侧表达式中的因子参加计算,并将计算结果存回赋值号左侧的变量。

例如:假设定义 int a;

```
a+=10                //等价于 a=a+10
a+=(a+5)*10          //等价于 a=a+(a+5)*10
a%=3                 //等价于 a=a%3
```

这些表达式的计算过程是:首先读取复合赋值号左侧变量的内容,然后利用该值计算右侧的表达式,将结果类型转换后存回左侧的变量。

需要注意:复合赋值号左侧只能是基本类型的变量、数组元素和对象的成员变量,而不能是对象的引用。

所谓赋值表达式是指含有赋值号的表达式,它的结果类型与赋值号左侧的变量类型一致。例如:

```
a=(b=c+20)-40
```

3. 关系运算符与关系表达式

在 Java 语言中,提供了 6 个关系运算符:<(小于)、<=(小于等于)、>(大于)、>=(大于等于)、==(等于)、!(不等于)。这些运算符的操作对象只能是数值类型和 char 类

型的变量、常量及表达式,计算结果为 boolean 类型。假如有如下定义:

int sum, data1, data2;

对于 sum<100,当 sum 的值小于 100 时,计算结果为 true;当 sum 大于或等于 100 时,计算结果为 false。

对于 data1 !=data2,当 data1 与 data2 的值不相等时,计算结果为 true;当 data1 与 data2 的值相等时,计算结果为 false。

所谓关系表达式是指含有关系运算符且计算结果为 boolean 类型的表达式。例如:

(a+b)<100
a%2==0

4. 逻辑运算符与逻辑表达式

Java 语言提供了 6 个逻辑运算符: &(非短路逻辑与)、&&(短路逻辑与)、|(非短路逻辑或)、‖(短路逻辑或)、!(逻辑非)和(∧)逻辑异或。这些运算符的运算对象只能是 boolean 类型的变量、数组元素和表达式,其计算结果也是 boolean 类型。例如:

(x<-100)‖(x>100)	当|x|>100 时,结果为 true;否则为 false
(y>0)&&(y<=100)	当 0<y ≤100 时,结果为 true;否则为 false

下面解释一下短路运算与非短路运算的区别:

所谓短路运算是指一旦能够确定最终结果,就不再继续进行后面运算符的计算,而非短路运算则会计算逻辑表达式中的每一个运算符。例如:

(x<0)&&(y<0)	当 x≥0 时,则结果一定为 false,因此不再计算(y<0)
(x<0)&(y<0)	当 x≥0 时,则结果一定为 false,但此时仍然计算(y<0)

由于这种操作过程上的区别,因而有可能会带来一些副作用。下面通过一个例子说明一下这种副作用的产生原因。

(x>0)‖(++y<=100)	当 x>0 时,不再计算(++y<=100),因而 y 没有发生变化
(x>0)|(++y<=100)	当 x>0 时,继续计算(++y<=100),因而 y 的内容增加了 1

所谓逻辑表达式是指含有逻辑运算符且计算结果为 boolean 类型的表达式。例如:

!(a<50)&&(b>10)‖(c==60)

5. 位运算符

在 Java 语言中,提供了两类对二进制位进行计算的运算符:一类是按位逻辑运算,包括按位与(&)、按位或(|)、按位非(∼)和按位异或(∧);另一类是位移运算,包括左移(<<)、右移(>>)和无符号右移(>>>)。

1) 按位逻辑操作

按位逻辑操作可以被应用于各种整数型的运算对象。其运算特点是以二进制位为单位实施各种操作。表 2-9 描述了各种运算符的计算规则。

表 2-9　按位逻辑运算

运　算	运 算 描 述	用　途
op1 & op2	按位"与"属二目运算,其运算过程是将两个运算对象对应的二进制位进行"与"	获取某二进制位的值
op1|op2	按位"或"属二目运算,其运算过程是将两个运算对象对应的二进制位进行"或"	将某二进制位置 1
～ op1	按位"非"属一目运算,其运算过程是将运算对象的每个二进制位求反	按位求反
op1^op2	按位"异或"属二目运算,其运算过程是将两个运算对象对应的二进制位进行"异或"	将指定位求反

假设:

byte a=106,flags=0x0f;

a 对应的二进制表示形式为:01101010。

flags 对应的二进制表示形式为:00001111。

a & flags 的结果为十进制的 10(二进制的 1010)。此运算的功能为截取 a 的低 4 位的值。即对应 flags 为 0 的二进制位是 0,对应 flags 为 1 的二进制位是原 a 的内容。这里 flags 被称为掩码,通常写成十六进制形式,主要用来设置或截取某些二进制位的值。

a|flags 的结果为十进制的 111(二进制的 01101111)。此运算的功能为将 a 的低 4 位置 1。

～a 的结果为十进制的 −21(二进制表示成 10010101)。此运算的功能为将 a 的每一个二进制位求反。即原来为 1 的二进制位变为 0,原来为 0 的二进制位变为 1。

a^flags 的结果为十进制的 101(二进制为 01100101)。此运算的功能为将 a 的右 4 位求反。

在使用上述按位逻辑运算时需要注意下面两点:

(1) 参与上述运算符操作的运算对象为整型时其含义是按位逻辑运算,即按位"与"、按位"或"、按位"非"和按位"异或";当运算对象为布尔型时其含义为逻辑运算,即"逻辑与"、"逻辑或"、"逻辑非"。

(2) 在进行按位操作时,若两个运算对象所对应的二进制位数不同,则首先将占二进制位数少的数值进行转换,使其与另一个占二进制位数较多的运算对象的位数一致,然后再进行计算。

2) 位移操作

位移是按位对整型数值操作的另一种方式。将整型数值的二进制位向右或向左移动位可以实现乘以 2 的 N 次方或除以 2 的 N 次方的运算。这样做要比直接利用算术乘法或算术除法计算的速度快。

在 Java 语言中提供了 3 个位移运算符,它们的运算规则被列在表 2-10 中。

表 2-10　位移运算

运　　算	运　算　描　述	用　　途
op1≪op2	"左移"运算属二目运算,其运算过程是将运算对象 op1 所对应的二进制位向左移动 op2 位。低位填充 0	若计算 op1≪op2,则结果为将 op1 乘以 2 的 op2 次方
op1≫op2	"右移"运算属二目运算,其运算过程是将运算对象 op1 所对应的二进制位向右移动 op2 位。移出的低位数将被丢弃,高位填充符号位的内容。符号位是原二进制数值最左侧的 1 位	若计算 op1≫op2,则结果为将 op1 除以 2 的 op2 次方
op1≫≫op2	"无符号右移"运算属二目运算,其运算过程是将运算对象 op1 所对应的二进制位向右移动 op2 位。移出的低位数将被丢弃,高位填充 0	若将 op1 作为无符号数进行处理,则使用此运算符实现除法计算。实际上,Java 语言提供的整数型均有符号

假设:

byte a＝10,b＝7,c＝−1,d＝27,e＝−50;

由于

10 对应的二进制表示形式为 00001010。

7 对应的二进制表示形式为 00000111。

−1 对应的二进制表示形式为 11111111。

27 对应的二进制表示形式为 00011011。

−50 对应的二进制表示形式为 11001110。

所以

$10 \ll 1 \Rightarrow (00001010)_2 \ll 1 \Rightarrow (00010100)_2$,转换成十进制为 20,即 10×2。

$7 \ll 3 \Rightarrow (00000111)_2 \ll 3 \Rightarrow (00111000)_2$,转换成十进制为 56,即 7×2^3。

$-1 \ll 2 \Rightarrow (11111111)_2 \ll 2 \Rightarrow (11111100)_2$,转换成十进制为 -4,即 -1×2^2。

$10 \gg 1 \Rightarrow (00001010)_2 \gg 1 \Rightarrow (00000101)_2$,转换成十进制为 5,即 $7/2$。

$27 \gg 3 \Rightarrow (00011011)_2 \gg 3 \Rightarrow (00000011)_2$,转换成十进制为 3,即 $27/2^3$。

$-50 \gg 2 \Rightarrow (11001110)_2 \gg 2 \Rightarrow (11110011)_2$,转换成十进制为 -13,即 $-50/2^2$。

$-50 \ggg 2 \Rightarrow (11001110)_2 \gg 2 \Rightarrow (00110011)_2$,转换成十进制为 51,即 $206/2^2$。

$0xff \ggg 4 \Rightarrow (11111111)_2 \gg 4 \Rightarrow (00001111)_2$,转换成十进制为 15,即 $255/2^4$。

值得注意的是,op2 的值应小于 op1 的二进制位数。例如,如果 op1 为 int 类型,则 op2 的值应界于 1~32 之间。

6. 其他运算符

除上面介绍的运算符外,Java 语言还提供了表 2-11 中列出的一些特殊的运算符。

7. 运算符优先级与结合性

与其他程序设计语言一样,在 Java 语言中,每个表达式可能会包含多种类别的运算符,它们的运算顺序可以通过添加括号加以控制。如果没有括号,将依据运算符的书写顺序、

表 2-11 Java 语言中几个特殊的运算符

运　算　符	运　算　描　述
op1? op2：op3	"条件"运算属三目运算。其中 op1 必须是 boolean 类型的表达式,op2 和 op3 可以是任何类型的值,但它们两个的类型必须一致。例如: (x<10)? x+10：x 当 x<10 时,计算结果为 x+10;否则计算结果为 x
op1 instanceof op2	"对象归属"运算属二目运算。其中 op1 必须是一个对象或数组,op2 是一个引用类型名。当 op1 指示的对象或数组属于 op2 给出的引用类型时,运算结果返回 true;否则返回 false。例如: "String"instanceof String 由于所有的字符串都是 String 的实例,所以运算结果为 true 假设int[]array=new int[10]; 　　System. out. println(array instanceof int[]); 由于 array 是 int 数组类型的实例,所以运算结果为 true 注意:当 op1 为 null 时,该运算的结果永远为 true
.	"对象成员访问"属二目运算。利用这个运算符引用对象中的成员。例如: Integer. toString(1234) Math. PI
[ ]	"数组元素访问"属二目运算。利用这个运算符引用数组的元素。例如: 假设int[]intArray=new int[10]; 　　float[]floatArray=new float[5]; intAyyay[5]引用 intArray 数组中下标为 5 的元素 floatArray[0]引用 floatArray 数组中下标为 0 的元素
(type)	强制类型转换。将一种类型强制转换成 type 类型。例如: (int)123.56
new	创建对象。在 Java 语言中,对象声明之后需要使用 new 运算符进行创建。在运用 new 运算符时,一定要给出创建的对象类型及该对象类型的构造函数所需要的参数

各种运算符的优先级和结合性来决定。所谓运算符优先级是指为每个运算符赋予的运算级别,两个相邻的运算符,优先级别较高的先计算,优先级别较低的后计算。而结合性是用来控制相同优先级别的运算符的运算顺序。对于"左结合"而言,两个相同优先级别的相邻运算符将按从左向右的顺序计算;"右结合"将从右向左的顺序计算。表 2-12 列出了各种运算符的优先级和结合性。

8. Java 中的 Math 类

在 C 语言中,提供了一个函数库,其中包含了许多常用的函数。当需要使用这些函数时,不必自行定义,直接调用即可,这些函数称为标准函数。在 Java 语言中,也提供了这些常用的标准函数,只是这些函数被封装在 Math 类中,Math 类定义位于 java. lang 包中。其中主要包含常量 E(E=2.718 281 828 459 045)、PI(PI=3.141 592 653 589 793)和表 2-13 中列出的常用函数方法。

表 2-12　运算符优先级与结合性

运　算　符	优先级	结合性
[ ] .		左
! － ++ －－ ＋(一元) －(一元)(type) new		右
* /％		左
＋ －		左
≪ ≫ ≫≫		左
≪= ≫= instanceof		左
== !=	从高到低	左
&		左
^		左
︱		左
& &		左
︱︱		左
? :		右
= ＋= －= * = /=％= &= ︱= ^= ≪= ≫= ≫≫=		右

表 2-13　java. lang. Math 类中的函数方法

方　　法	描　　述
public static double sin(double a)	正弦函数
public static double cos(double a)	余弦函数
public static double tan(double a)	正切函数
public static double aisn(double a)	反正弦函数
public static double acos(double a)	反余弦函数
public static double atan(double a)	反正切函数
public static double toRadians(double a)	将度转换为弧度
public static double toDegrees(double a)	将弧度转换为度
public static double exp(double a)	e^a
public static double log(double a)	自然对数
public static double sqrt(double a)	开平方
public static double IEEEremainder(double f1,double f2)	两个数相除的余数
public static double ceil(double a)	获取不小于 a 的最小 double 型整数
public static double floor(double a)	获取不大于 a 的最大 double 型整数
public static double rint(double a)	获取最接近 a 的 double 型整数
public static double atan2(double y,double x)	获取纵坐标 y 比横坐标 x 的反正切
public static double pow(double a,double b)	a^b
public static int round(float a)	将 flaot 型 a 四舍五入取整为 int 型
public static long round(double a)	将 doublet 型 a 四舍五入取整为 long 型
public static double random(double a)	获取界于 0.0～1.0 之间的 double 型随机数

方　　法	描　　述
public static int abs(int a)	取 a 的绝对值
public static long abs(long a)	取 a 的绝对值
public static float abs(float a)	取 a 的绝对值
public static double abs(double a)	取 a 的绝对值
public static int max(int a,int b)	获取 a 与 b 中较大值
public static long max(long a,long b)	获取 a 与 b 中较大值
public static float max(float a,float b)	获取 a 与 b 中较大值
public static double max(double a,double b)	获取 a 与 b 中较大值
public static int min(int a,int b)	获取 a 与 b 中较小值
public static long min(long a,long b)	获取 a 与 b 中较小值
public static float min(float a,float b)	获取 a 与 b 中较小值
public static double min(double a,double b)	获取 a 与 b 中较小值

从表 2-13 可以看出,所有的函数方法都是 public static,因此,可以按照下列语法格式直接调用:

Math. methodName(arglist)

其中,Math 是包含函数方法的类名,methodName 是需要调用的函数方法名,arglist 是参数表。例如:

```
double d,value;
d＝Math. toRadians(27);              //将 27 度转换成弧度
value＝Math. cos(d);                 //计算 d 弧度的余弦值
value＝Math. sqrt(d);                //计算 d 的开平方值
value＝Math. pow(10,d);             //计算 10ᵈ
```

2.9　流程控制语句

在 Java 语言中,同样提供了 3 种结构的流程控制语句,其中大部分与 C 语言或 C++ 语言中的语句对应,但也有一些独特之处。在表 2-14 中列出了 Java 语言中的所有语句及简要说明,随后将简略地说明各语句的使用方法,并着重阐述与 C 语言或 C++ 语言的不同之处。

表 2-14　Java 流程控制语句

语　　句	简　要　说　明
空语句	不进行任何操作
标号语句	在语句前加一个标识符和冒号(:),常用于配合 break 和 continue 语句使用
表达式语句	有些表达式可以通过在后面加一个分号(;)变成一条语句,这样可以避免忽略表达式计算中可能产生的副作用
复合语句	将语句组用一对花括号({…})括起来,在语法上解释成一条语句。这样可以在只能出现一条语句的地方放置多条语句

语 句	简 要 说 明	
分支语句	if-then 语句	分支语句
	if-then-else 语句	分支语句
	switch 语句	多分支语句
循环语句	while 循环语句	循环语句
	do 循环语句	循环语句
	for 循环语句	循环语句
break 语句	应用在 switch、while、do 和 for 语句中实现中断转移	
continue 语句	使用在 while、do 和 for 语句中,可以随时中断本次的循环操作,进入下一次的循环操作	
return 语句	结束方法并返回相应的结果	
throw 语句	抛出异常。有关详细的内容将在第 5 章中阐述	
synchronized 语句	同步语句。为线程的执行加互斥锁,从而避免多个线程同时修改某个对象的状态	
try 语句	处理异常。有关详细的内容将在第 5 章中阐述	

可以看出,Java 语言中的流程控制语句也由 3 种基本结构构成,即顺序结构、分支结构和循环结构。顺序结构的语句包括空语句、表达式语句、复合语句、break 语句、continue 语句、thorw 语句、synchronized 语句和 try 语句,它们的特点是程序依照它们的书写顺序依次执行。分支结构的语句包括 if-then 语句、if-then-else 语句和 switch 语句,这些语句可以根据表达式的计算结果确定将要执行的语句分支。循环结构的语句包括 while 循环语句、do 循环语句和 for 循环语句,它们可以根据给定的条件重复执行一段语句。

1. 空语句

空语句由一个分号(;)构成,其本身不进行任何操作,因此执行任何一条空语句都会正常结束。

2. 标号语句

标号语句就是带有标识的语句,其构成形式为:在语句前面加一个标识符和冒号(:)。需要说明,在 C 语言中,为一条语句加上语句标号的目的往往是用来配合 goto 语句的操作,但 Java 语言没有提供 goto 语句,所以标号语句主要用来配合 break 和 continue 语句的操作。

3. 表达式语句

有一些表达式,在计算的过程中会修改表达式中某些变量的内容,将此称为表达式计算带来的"副作用"。为了避免人们忽视这种"副作用",更好地控制程序中所有内容的更改过程,可以将这类表达式转变成语句单独地执行。它们包括赋值、自增和自减表达式。

将表达式转变成语句的方法很简单,只要在表达式后面添加一个分号(;)即可。例如:

```
value＝100;                        //赋值语句
i＋＋;                             //后缀自增 1
＋＋i;                             //前缀自增 1
j——;                             //后缀自减 1
——j;                             //前缀自减 1
a＋＝20;                           //自增赋值
```

在使用表达式语句时需要注意下面两点:

(1) 如果执行的表达式语句有返回值,则该返回值将被丢弃。

(2) 与 C 语言不同,在 Java 语言中,只有上面所列举的几类特定的表达式和调用方法、创建对象可以变换成语句的形式操作。

4. 复合语句

复合语句又称为块语句,其作用是将一组语句用一对花括号封装起来。这样一来,这组语句在语法上被解释为一条复合语句。当某些位置只允许放置一条语句时,就需要利用这种方式将多条语句组成一条复合语句。

5. if-then 语句

if-then 语句是分支结构语句中最简单的一种。它的语法格式为:

if(Expression)Statement;

其中,Expression 的结果必须为 boolean 类型,否则将出现编译错误;Statement 是一条语句,如果希望此处执行多条语句,需要利用一对花括号将它们组成一条复合语句。

if-then 语句的执行过程是:首先计算 Expression,如果结果为 true,执行 Statement,随后 if-then 语句执行结束;否则不执行任何操作,if-then 语句执行结束。例如:

```
max＝a;
if(b＞a){
  max＝b;
}
```

上面这段语句的执行结果是将 a、b 两个变量中较大的值存入 max 中。就这段程序而言,if-then 语句中的一对花括号可以略去,因为当 Expression 结果为 true 时,只需要执行一条语句,但建议最好还是保留这对括号,以便在今后增加语句时不会出现语法错误。

6. if-then-else 语句

if-then-else 语句的语法格式为:

if(Expression)Statement1 else Statement2;

if-then-else 语句的执行过程是:首先计算 Expression,如果结果为 true,执行 Statement1;否则执行 Statement2;随后结束 if-then 语句的执行。例如:

```
if(x＞＝0){
```

```
        System. out. println("ABS("+x+")="+x);
    }
    else{
        System. out. println("ABS("+x+")="+(−x));
    }
```

上面这条 if-then 语句的功能是输出 x 的绝对值。

在 if-then-else 语句中,Statement1 和 Statement2 可以是任何一种流程控制语句,当然也可以是 if-then 或 if-then-else 语句。例如:

```
if(a==b)
    if(b==c){
        System. out. println("a==c");
    }
    else{
        System. out. println("a<>b");
    }
```

阅读这条语句后,可能会产生这样的疑问:其中的 else 与哪一个 if 相配? 就这个问题而言,Java 语言与 C 语言的解释完全一样,它们都规定 else 应该与最接近它的 if 相配,因此,这条语句中的 else 应该与内层的 if(b==c)相配。这可能与设计者的初衷不相符,若想让 else 与外层的 if 相配,需要按照下面这种格式书写:

```
if(a==b){                                    //内层的 if 语句以复合语句的形式出现
    if(b==c){
        System. out. println("a==b");
    }
}
else{
    System. out. println("a<>b");
}
```

7. switch 语句

switch 语句是一种多分支结构的语句。它可以通过计算给定的表达式,从多个执行分支中选择执行一个分支执行。其语法格式如下:

```
switch  (Expression){
    case value_1: Statements_1;
    case value_2: Statements_2;
    ⋮
    default: Statements_n;
}
```

其中,Expression 的结果必须为 char、byte、short 或 int 类型,否则将出现编译错误;value_1,value_2,…,是常量,其类型必须是上述 4 种类型之一,并且相互之间不允许相同,Statements_1,Statements_2,…,Statements_n 是语句序列。

switch 语句的执行过程是：首先计算 Expression,然后用其结果从前向后依次与每个 case 后面的常量值进行比较。如果不相等,继续比较下一个 case 的常量值,直到将全部 case 的常量比较完。若还没有找到相等的常量值,则执行 default 后面的 Statements_n;若找到与 Expression 计算结果相等的常量值,则从那个常量值后面的语句序列开始执行之后的所有语句序列。与 C 语言中的 switch 语句相同,如果不希望执行后面的所有语句序列,则需要在每一个分支的语句序列最后添加一个 break 语句。例如:

```
switch(score/10){
  case 1：
  case 2：
  case 3：
  case 4：
  case 5：System.out.print("E"); break;
  case 6：System.out.print("D"); break;
  case 7：System.out.print("C"); break;
  case 8：System.out.print("B"); break;
  case 9：
  case 10：System.out.print("A"); break;
  default：System.out.print("Data error."); break;
}
```

这条 switch 语句的功能是:假设 score 为百分制的考试成绩,根据 score/10 计算的结果输出相应的成绩等级。90~100 为 A 级,80~89 分为 B 级,70~79 分为 C 级,60~69 分为 D 级,60 分以下为 E 级。

下面是一个运用 if-then-else 和 switch 语句的综合例子。其功能为:在两个文本框中分别输入年份和月份,计算并显示该年份和该月份的天数。若输入的月份不在 1~12 之间,则给出输入有误的提示,但这个例子没有对年份的输入进行检验。

例 2-5　显示给定某年某月的天数。

```
//file name：IsLeapYear.java
import java.util.*;
public class IsLeapYears
{
    public static void main(String[ ]args)
    {
        int year, month, numDay;
        Scanner in=new Scanner(System.in);

        System.out.print("Enter year, month：");
        year=in.nextInt();                      //输入年份
        month=in.nextInt();                     //输入月份

        switch(month){                          //根据输入的月份获取该月份的天数
         case 1：
         case 3：
```

```
        case 5：
        case 7：
        case 8：
        case 10：
        case 12：numDay=31；break；
        case 4：
        case 6：
        case 9：
        case 11：numDay=30；break；
        case 2：                                    //判是否为闰年
            if(((year%4==0)&&(year%100 !=0))||(year%400==0)){
                numDay=29；
            }
            else{
                numDay=28；
            }
            break；
        default：numDay=-1；break；
    }

    if(numDay==-1){
      System.out.println("输入的月份有误。")；
    }
    else{
      System.out.println(year+" 年 "+month+" 月有 "+numDay+" 天。")；
    }
  }
}
```

运行这个程序后将会在屏幕上看到下列结果。下划线部分是用户输入的内容。

Enter year，month：2008　2
2008 年 2 月有 29 天。

8. while 循环语句

while 循环语句的语法格式为：

```
while(Expression)
    Statement；
```

其中,Expression 表达式的计算结果必须是 boolean 类型,否则将出现编译错误。Statement 是重复执行一条语句,又称为循环体。如果希望循环体包含多条语句,需要将它们组成一条复合语句。

while 循环语句的执行过程是：首先计算 Expression,当结果为 true 时,执行 Statement,然后再一次计算 Expression,当结果又为 true 时,再次执行 Statement,不断重复

这个过程,直到 Expression 的计算结果为 false,while 语句结束执行。例如:

```
int sum=0, i=1;
while(i<=100){
    sum=sum+i;
    i++;
}
```

这个程序段的功能是:计算 1+2+3+…+100 的累加值,并将结果存放在 sum 中。

在使用 while 语句时需要注意以下几点:

(1) Expression 的结果必须是 boolean 类型的值。

(2) 在进入 while 循环语句且第一次计算 Expression 时,若结果为 false,则 Statement 一次也不执行;否则,Statement 至少执行一次。

(3) 无论需要重复执行的语句是一条还是多条,都建议将它们组成一条复合语句,以便提高程序结构的清晰度,避免日后在循环体中增加语句时造成由于忘记添加一对花括号而带来的错误。建议 while 语句按照下列格式书写:

```
while(Expression){
    Statements
}
```

下面是一个应用 while 语句的例子。其功能为:利用 $\frac{\pi}{4}=1-\frac{1}{3}+\frac{1}{5}-\frac{1}{7}+\frac{1}{9}-\cdots$ 公式计算 π 的近似值。要求小数点后保留 6 位。

例 2-6 计算 π 的近似值。

```
//file name：WhileDemo.java。
import java.lang.Math;
public class WhileDemo
{
    public static void main(String[ ]args)
    {
        float PI_value, item;                    //PI_value 累加 π 的近似值,item 存放每项的数值
        int numerator,denominator;               //numerator 分子,denominator 分母

        PI_value=0;
        item=1;
        numerator=1;
        denominator=1;
        while(Math.abs(item)>=1e-6){             //Math.abs(item)返回 item 的绝对值
            PI_value+=item;
            numerator=-numerator;                //改变每项的符号
            denominator+=2;                      //存放每项的分母
            item=(float)numerator/denominator;   //计算每项的值
        }
        PI_value=PI_value * 4;
```

```
        System. out. println("PI="+PI_value);
    }
}
```

运行这个程序后将会在屏幕上看到下列结果。

PI=3.141594

9. do 循环语句

do 循环语句与 while 循环语句都属于循环控制语句,但它们在语法格式以及运行过程上有一些差别。下面首先给出 do 循序语句的语法格式:

```
do
    Statement
while (Expression);
```

其中,Expression 的计算结果必须为 boolean 类型,Statement 是循环体。如果此处希望重复执行多条语句,应将它们组成一条复合语句。

do 循环语句的执行过程是:首先执行 Statement,然后计算 Expression,当结果为 true 时,重复执行 Statement,随后再次计算 Expression,不断地重复这个过程,直到 Expression 的计算结果为 false,do 语句结束。例如:

```
long factorial=1;
int n=1;
do{
    factorial *=n;
    n++;
}while(n<=100);
```

这个程序段的功能是:计算 100!,并将结果存放在 factorial 中。

在使用 do 循环语句时需要注意以下几点:

(1) 同 while 语句一样,Expression 的计算结果必须为 boolean 类型。

(2) 从上面描述的 do 循环语句的执行过程中可以发现,进入 do 循环语句后,首先执行 Statement,然后才计算 Expression 表达式,因此 do 语句中的循环体至少被执行一次。这是 do 语句与 while 语句的主要区别。

(3) 同 while 语句一样,无论循环体包含一条语句还是多条语句,建议按照下面这种格式书写:

```
do{
    Statements
}while(Expression);
```

下面是一个应用 do 循环结构语句的例子。它的主要功能是将从键盘输入的十进制整数以对应的十六进制形式输出。

例 2-7 将十进制整数以十六进制形式输出。

```
//file name：DoDemo.java
import java.util.*;
public class DoDemo
{
    public static void main(String args[ ])
    {
        int value;
        Scanner in＝new Scanner(System.in);

        System.out.print(" Enter a integer：");
        value＝in.nextInt();

        System.out.println(value＋"-->"＋toHexString(value));
    }
    //将十进制数值 data 转换成十六进制字符串形式
    public static String toHexString(int data)
    {
        StringBuffer buf＝new StringBuffer(8);              //创建具有缓冲功能的字符串对象

        do{
            buf.append(Character.forDigit(data&0xF, 16));    //转换
            data＞＞＞＝4;
        }while(data！＝0);
        return buf.reverse().toString();                   //将字符串内容逆置
    }
}
```

运行这个程序后将会在屏幕上看到下列结果。下划线部分是用户输入的内容。

```
Enter a integer：65790
65790-->100fe
```

在该程序的 DoDemo 类中，除 main() 方法外，还定义了一个负责进制转换的 toHexString()成员方法。toHexString()成员方法采用的基本算法是：截取 data 的后 4 位，并转换成对应的十六进制数字字符，随后将 data 右移 4 位，不断重复上述操作，直到 data 等于零为止。其中，截取 data 的后 4 位是通过计算 data&0xF 表达式实现的，将其转换成对应的十六进制数字字符是通过调用 Character.forDigit()方法实现的，之后调用 StringBuffer 类的 append 方法将得到的数字字符追加到字符串中，最后再利用 data＞＞＞4 将 data 右移 4 位。细心的读者可能会发现，由于转换过程是自右向左进行的，所以得到的十六进制字符序列与最终的转换结果的顺序正好相反，因此，在最后还要调用 StringBuffer 类的 reverse()方法将字符串内容逆置。

10. for 循环语句

for 循环语句是 Java 语言提供的另外一种循环结构语句，它具有方便、灵活的特点，因此备受广大程序员青睐。下面是它的语法格式。

```
for(initialization; termination; iteration)
    Statement;
```

其中,initialization 用来初始化与循环有关的变量,通常在此既可以定义局部变量,也可以利用赋值表达式对变量赋值,还可以利用逗号将多个初始化表达式分隔开,以实现为多个变量初始化的目的;termination 必须是一个计算结果为 boolean 类型的表达式,否则将出现编译错误。这个表达式用于决定循环语句是否继续执行,如果该表达式的计算结果为 true,则执行 Statement;否则 for 语句结束执行。iteration 用于更改某些变量的内容,以便使得 termination 经过若干次循环之后能够由 true 变为 false,从而结束 for 循环语句,也可以利用逗号将多个表达式分隔开。

for 循环语句的执行过程是:首先执行 initialization,然后计算 termination,如果结果为 true,则执行 Statement,之后执行 iteration;然后再计算 termination,如果结果为 true,则再次执行 Statement,直到 termination 的计算结果为 false 为止,for 循环语句结束。

例如:

```
for(int i=1; i<=100; i++){            //输出 1~100 之间的整数,每行只输出 5 个数值
    System. out. print("  "+i);
    if(i%5==0){
        System. out. println();
    }
}
```

在使用 for 循环语句时需要注意以下几点:

(1) initialization 只在进入 for 语句时执行一次;

(2) initialization、termination 和 iteration 都可以省略,但相应的位置必须保留,即分号不能缺少;

(3) 无论希望重复执行一条语句还是多条语句,建议按照下面这种格式书写:

```
for(initialization; termination; iteration){
    Statements
}
```

通过前面的介绍,可以看出 Java 语言中提供的 3 种循环控制语句与 C 语言对应的语句不论是语法格式上,还是执行过程上都有着很多相似之处。需要强调的是:在 Java 语言中,决定循环是否继续重复执行的表达式必须为 boolean 类型,否则将会出现编译错误。

在程序设计中,为了实现各种各样的功能经常需要将上面 3 种循环语句以相互嵌套或相互并列的方式组合起来使用。

11. break 语句

break 语句可以应用在 switch 和 3 种循环结构的语句中,用来控制程序执行流程的转移。它的语法格式有以下两种格式。

格式 1:

```
break;
```

格式 2:

break Identifier;

其中,Identifier 为语句标识。

第 1 种格式又称为无语句标识的 break 语句。在例 2-5 中已经看到了它的应用。下面再列举一个例子说明它在循环结构语句中的使用方法。

```
public boolean isPrime(int number)
{
    boolean prime＝true;
    int limit＝(int)Math.ceil(Math.sqrt(number));

    for(int i＝2; i<limit; i++){
        if(number%i==0){
            prime＝false;
            break;
        }
    }
    return prime;
}
```

这个方法的基本功能是判断给定的数值是否为质数。如果是质数,返回 true;否则返回 false。其中 Math.sqrt(number) 将返回 number 的开平方值,Math.ceil(…)将参数表带入的 double 型数值取整。具体的判断算法是:用 number 依次除以 2～limit 之间的每个整数值,一旦发现 number 能够整除以其中的某个数值,就说明它不是质数,将 prime 修改为 false 之后,利用 break 语句立即结束 for 循环语句。

将无语句标识的 break 语句应用在 switch 语句中可以实现每一种情形只执行一个分支的设想;应用在循环结构的语句中可以提前终止循环语句的执行。

第 2 种格式的 break 语句带一个语句标识,可以应用在循环语句中终止嵌套在深层的循环语句,并向外跳出若干层。例如:

```
for(int i＝0; i<count; i++){
    ⋮
    for(int j＝0; j<count; j++){
        ⋮
        for(int k＝0; k<count; k++){
            ⋮
            break outside;
            ⋮
        }
        ⋮
    }
    ⋮
}
outside:
    ⋮
```

当执行到 break outside 语句时,立即转跳至 outside 处,继续执行最外层的循环,因此,达到了从内层循环直接跳出的目的,这是无标号 break 无法直接实现的。

在使用这种格式的 break 语句时需要注意,该语句与所指出的语句标识定义必须出现在同一个方法中,否则将出现编译错误。

12. continue 语句

在循环语句中,使用 break 语句的主要目的是立即结束整个循环语句的执行,而 continue 语句则是用来立即结束本次循环,转而开始执行该循环语句的下一次循环。与 break 类似,这个语句也含有两个格式。

格式 1:

continue;

格式 2:

continue Identifier;

下面列举两个应用 continue 语句的程序段。

```
for(int i=1; i<1000; i++){
    if(i%3 !=0)continue;
    System.out.print(i);
}
```

这个程序段的功能是输出 1~1000 之间所有能被 3 整除的数值。它的执行过程是:用 1~1000 之间的每一个数值与 3 取余,如果结果不等于 0,说明该数值不能被 3 整除,利用 continue 语句立即结束本次循环,即不执行 System.out.print(i)语句,转而开始检测下一个数值。

在使用 continue 语句时,要注意以下几点:

(1) 当在 while 循环语句中执行时,控制流程将转去计算 while 语句括号中的逻辑表达式,如果结果为 true,继续执行循环体中的语句。

(2) 当在 do 循环语句中执行时,控制流程将转去计算 do 语句结尾处的位于 while 后面括号中的逻辑表达式,如果结果为 true,继续执行循环体中的语句。

(3) 当在 for 循环语句中执行时,控制流程将转去计算 for 语句括号中的 iteration,然后再计算 termination,如果结果为 true,继续执行循环体的内容。

与 break 类似,带语句标识的 continue 语句可以实现从内层循环跳到外层循环,并直接执行外层循环语句的下一次循环。下面是一个应用带语句标识的 continue 语句的例子。

例 2-8 输出阶乘。

```
//file name: Factorial.java
import java.io. * ;
public class Factorial
{
    public static void main(String args[ ])
    {
```

```
    outside：
    for(int i＝1；i＜100；i＋＋){
      long factorialValue＝1；
      for(int j＝2；j＜＝i；j＋＋){                    //计算 i!
        //判断计算的阶乘值是否将要超出 long 类型可以表示的数值范围
        if(factorialValue＞Long. MAX_VALUE/j){
          i＝100；                              //如果超出 long 数值范围,将 i 置成100,结束循环
          continue outside；
        }
        factorialValue＝factorialValue ＊ j；      //累乘
      }
      System. out. println(i＋" ! ＝"＋factorialValue)；    //输出 i! 的结果
    }
  }
}
```

这个程序的功能是：从 1 开始，计算并输出每个数值的阶乘值，直到结果超出 long 类型的数值范围为止。这个程序所采用的算法并不高效，但却是一个应用带语句标识的 continue 语句的例子。在程序中有两层 for 循环，外层循环负责控制整体操作重复 100 次，内层循环负责计算每个数值的阶乘。在计算阶乘的过程中，首先判断用当前的累乘值 factorial 再乘上一个 j 值是否会超出 long 类型的取值范围 Long. MAX_VALUE，如果超出这个取值范围，就将 i 修改为 100，并利用 continue outside 语句结束本层循环，转而直接跳到 outside 指示的外层循环处继续执行 for 括号内的增量表达式 i＋＋，然后再判断括号内的 i＜100，由于此时 i 等于 101，导致该表达式的计算结果为 false，所以外层循环也将结束。

运行这个程序后将会在屏幕上看到下列结果。

```
1!＝1
2!＝2
3!＝6
⋮
19!＝121 645 100 408 832 000
20!＝2 432 902 008 176 640 000
```

13. return 语句

return 语句可以终止方法的执行并返回到调用该方法的位置。如果该方法需要返回一个值，将通过它把返回值带出。return 有两种格式。

格式 1：

```
return；
```

格式 2：

```
return Expression；
```

第 1 种格式只能用在返回类型为 void 的成员方法中，否则将出现编译错误。下面是一

个应用 return 语句的例子。

```
void printTriangle(int line)
{
    if(line<=0)return;
    for(int row=1; row<=line; row++){
        for(int j=1; j<=line+10-row; j++){
            System.out.print(" ");
        }
        for(int k=1; k<=row; k++){
            System.out.print(" * ");
        }
        System.out.println();
    }
}
```

这个方法的功能是：打印 line 行三角形。为了使该方法在带入的参数 line 小于或等于 0 时也能够正常结束,首先判断 line,如果小于或等于 0,则利用 return 语句立即结束方法的执行并返回到调用这个方法的位置。

第 2 种格式应用在返回类型不是 void 的所有方法中。它要求必须返回一个与方法定义的返回类型一致的值,而这个值只能通过 return Expression 返回。下面是几个在 java. lang. Math 中定义的标准函数,它们都使用了 return Expression。

```
public static double toDegrees(double angrad)        //将度数 angrad 转换成弧度
{
    return angrad * 180.0/PI;
}
public static int round(float a)                     //将 float 类型的 a 四舍五入取整
{
    return(int)floor(a+0.5f);
}
public static long abs(long a)                        //返回 a 的绝对值
{
    return(a<0)? -a: a;
}
```

在使用这种格式的 return 语句时,需要注意下面几点:

（1）方法的返回类型可以是 Java 语言提供的 8 种基本类型、数组类型和类。在 return 语句中的 Expression 必须是变量或表达式且与方法声明的返回类型赋值相容,否则将出现编译错误;

（2）在一个方法中可以出现多个 return Expression 语句,但必须保证在任何情况下,都能够以其中的某一个 return Expression 结束,否则将出现编译错误;

（3）如果带返回值的方法返回后没有立即将结果保存起来,将自动丢失。

2.10 一 维 数 组

在 Java 语言中,数组是一个动态创建且属于 Array 的类对象,因此它属于引用类型。一个数组中可以包含多个元素,所含的元素数目称为数组的长度,数组中也可以没有任何元素,此时称为空数组。实际上,数组中的每个元素都是用属于同一种数据类型的变量表示的,只是这种变量没有自己的名字,因此,在引用它们时,需要借助于数组型变量名和一个非负整数的下标值。

在 Java 语言中,数组的使用需要经历声明、创建、初始化和访问 4 个阶段。下面分别介绍这 4 个阶段的操作方式。

2.10.1 一维数组的声明与创建

所谓一维数组就是每个元素由一个下标值唯一确定的数组。下面介绍一维数组的声明和创建。

1. 数组的声明

声明数组型变量的语法格式为:

elementType[ ]arrayName;

或者

elementType arrayName[ ];

其中,elementType 为数组的元素类型,arrayName 为数组型变量名称。建议使用第一种格式。例如:

int[ ]intArray;

或者

int intArray[ ];

float[ ]floatArray;

或者

float floatArray[ ];

String[ ]stringArray;

或者

String stringArray[ ];

需要说明,上面声明的只是数组型引用,并没有为数组元素分配存储空间,因此,不需要(Java 语法也不允许)给出数组所含有的元素数目。

2. 数组的创建

声明数组型引用之后,就可以利用 new 运算符为数组元素动态地分配相应的存储空间,真正地实现创建数组的目的。显然,在此时需要指出组成数组的元素数目。

使用 new 创建数组的语法格式为:

new elementType[number]

其中,elementType 为数组元素的类型,number 为数组元素的数目,要求 number≥0。例如:

```
intArray＝new int[100];              //intArray 由 100 个 int 类型的元素组成
floatArray＝new float[50];           //floatArray 由 50 个 float 类型的元素组成
stringArray＝new String[10];         //stringArray 由 10 个 String 类型的元素组成
```

也可以将数组的声明与创建合二为一。例如:

```
char[ ]name＝new char[30];
double[ ]doubleData＝new double[10];
```

2.10.2　一维数组的初始化

如果使用 new 创建数组型变量,则每个元素的初值为默认值。即整数类型为 0,浮点类型为 0.0,字符类型为'\u0000',布尔类型为 false,引用类型为 null。

除此之外,还可以在创建数组对象时,直接赋予初始值。例如:

```
int [] intArray＝{10,20,30,40,50,60,70,80,90,100};
```

这条语句的操作过程是:首先为 intArray 数组分配 10 个 int 型元素占用的存储空间,然后将初始值 10、20、30、40、50、60、70、80、90、100 依次赋给 intArray[0]～intArray[9]。

```
String [] name＝{"zhang", "wang", "li", "zhao"};
```

由于在 Java 语言中,字符串属于 String 类对象,所以这条语句的操作过程要稍复杂一些。首先要为 4 个 String 型引用分配存储空间,然后再根据 4 个初值为 4 个字符串分配存储空间,最后将初始值"zhang","wang","li","zhao" 的引用依次赋给 name[0]～name[3]。

Java 语言规定,利用这种方式初始化数组时,不需要事先创建数组,也不允许在方括号中指出数组元素的数目,而是由赋值号右侧花括号中的初值数目决定。

2.10.3　一维数组元素的访问

创建数组后,就可以通过访问数组元素对数组进行操作了。在 Java 语言中,数组元素的下标从 0 开始。例如:

```
int intArray[]＝new int[20];
```

表示 intArray 数组共有 20 个元素,下标从 0 开始,到 19 为止。

与 C 和 C++ 语言相同,Java 访问数组元素的格式为:

```
arrayName[indexExpression]
```

其中,arrayName 为数组型变量名,indexExpression 为下标表达式,它的结果值应该介于该数组的下标取值范围内。

intArray[0]、intArray[1]……intArray[18]、intArray[19]就是 intArray 数组的元素访问格式。在程序执行时,Java 语言会严格检查每个下标表达式的取值范围,一旦发生越界现象,就会抛出 ArrayIndexOutOfBoundsException 异常。

在对数组进行操作时,除了访问数组元素外,Java 标准类 Array 中还封装了 length 属性,可以通过它获取数组的元素数目。下面这个程序段将完成对 data 数组中的元素值按从小到大的顺序重新排列的任务,其中访问了数组元素和 length 属性。

```
int elements[ ]={10,9,40,20,12,8,9};          //创建数组并初始化
for(int i=0; i<elements.length-1; i++){
    index=i;                                   //存放最小值下标
    for(int j=i+1; j<elements.length; j++)     //寻找从 i 到最后一个元素之间的最小值
        if(elements[j]<elements[index])index=j;
    if(index！=i){                             //将 i 与 index 位置的元素交换
        temp=elements[index];
        elements[index]=elements[i];
        elements[i]=temp;
    }
}
```

另外,在 JDK 5.0 版本中增加了一个专门用于操作数据集合中元素的循环结构语句 foreach,其功能更加强大、书写更加简洁。这种语句的书写格式为:

```
for(variable：collection)
    Statement;
```

其中,variable 是一个与数据集合元素同类型的变量,collection 是一个表示数据集合的对象引用。例如,将上述排序结果输出的语句可以写成:

```
for(int value：elements){
    System.out.printf("%4d", value);
}
```

这条语句的执行过程可以描述为:循环访问 elements 数组中的每一个元素并将其内容显示输出。

2.10.4　一维数组的复制

在 Java 语言中,数组型变量可以实现两种形式的复制操作。

第一种复制操作称为引用复制。下面通过一个例子说明一下这种复制操作的方式。

```
int[ ]first_Array={10,20,30,40,50,60};
int[ ]second_Array;
second_Array=first_Array;
```

上面这条赋值语句的功能是将 first_Array 数组的引用赋给 second_Array。也就是说,

系统并没有为 second_Array 引用的数组重新分配存储空间,而是将 first_Array 的引用赋给了 second_Array,因此 first_Array 与 second_Array 引用的是同一个数组。如果执行一条 second_Array[1]＝100 语句,再分别利用两个数组名输出数组的元素内容,得到的结果完全一样。

第二种复制操作称为数组的复制。可以利用 System 类提供的 arraycopy 方法实现这个功能。定义形式为:

void arraycopy(Object src, int srcPos, Object dest, int destPos, int length)

其中,src 为需要复制的原始数组,srcPos 为原始数组中将要复制的数组元素的起始位置,dest 为目标数组,destPos 为复制到目标数组中后放置数组元素的起始位置,length 为复制的数组元素数目。

使用这个方法可以将数组 src 中,从下标 srcPos 开始的 length 数组元素复制到数组 dest 中。在 dest 中,这些数组元素从下标 destPos 开始放置。即将数组 src 中,srcPos～srcPos＋length－1 之间的数组元素复制到数组 dest 的 destPos～destPos＋length－1 位置上。与前面引用复制不同的是,src 与 dest 是两个不同的数组引用,各自在内存中享有不同的存储区域。该方法的执行过程是按照给定的参数,将 src 数组中的元素值依次复制到 dest 数组对应的数组元素中。例如,定义两个数组 array_src 和 array_dest。

int[ ]array_src＝{5,10,15,20,25,30,35,40,45,50};
int[ ]array_dest＝new int[10];

执行 arraycopy(array_src, 0, array_dest, 0, 10) 后,两个数组的状态变化如图 2-10 所示。

执行arraycopy方法前两个数组的状态:

| array_src: | 5 | 10 | 15 | 20 | 25 | 30 | 35 | 40 | 45 | 50 |

| array_dest: | | | | | | | | | | |

执行arraycopy方法后两个数组的状态:

| array_src: | 5 | 10 | 15 | 20 | 25 | 30 | 35 | 40 | 45 | 50 |

| array_dest: | 5 | 10 | 15 | 20 | 25 | 30 | 35 | 40 | 45 | 50 |

图 2-10 执行复制操作后两个数组的状态变化情况

为了测试两个数组是不同的引用,可以试着修改其中某个数组的某个元素值,然后,再分别显示两个数组的内容,它们的结果一定不相同。

需要注意,在调用 arraycopy 方法时,可能会根据所出现的状态抛出相应的异常信息。这时需要程序员对出现异常的可能性作出准确判断,以便及时纠正错误。下面是可能产生异常的主要状态:

• 如果 dest 为 null,抛出 NullPointerException 异常。
• 如果 src 为 null,抛出 NullPointerException 异常,且 dest 保持不变。
• 如果 src 或 dest 引入的不是数组,或两个数组的元素属于不同的基本数据类型,抛出 ArrayStoreException 异常。

- 如果两个数组型参数,一个引入的元素类型属于基本数据类型,而另一个引用的元素类型属于引用型数据类型,抛出 ArrayStoreException 异常。
- 如果 srcPos、destPos 和 length 所带入的参数,使得操作过程中出现数组下标越界的现象,抛出 IndexOutOfBoundsException 异常。

2.10.5 Arrays 类的应用

Ayyays 是 Java 类库提供的一个位于 java.util 包中的标准类,其中包含了很多用于操作数组的静态方法。在表 2-15 中列出了几个常用的方法。使用它们可以简化程序的书写,优化程序的执行效率。

表 2-15　Arrays 类中的几个常用方法

方　　法	功 能 描 述
static elementType copyOf (elementType [ ] original, int newLength)	复制数组 original 的内容
static void sort(elementType[ ] a)	采用优化的快速排序算法对数组 a 进行排序
static int binarySearch(elementType[ ] a, elementType v)	采用二分查找算法在数组 a 中搜索 v
static int binarySearch (elementType [ ] a, int start, int end, elementType v)	采用二分查找算法在数组 a 中从 start 开始到 end 为止搜索 v
static void fill(elementType[ ] a, elementType v)	用 v 填充数组 a 的每个元素
static boolean equals(elementType[ ] a, elementType[ ] b)	判断两个数组 a、b 是否相等,即两个数组长度相同,对应下标的元素都相等

下面列举一个例子,说明 Arrays 类中常用方法的使用方式。

例 2-9　Arrays 类提供的常用方法的应用。

```
//file name：ArraysDemo.java
import java.util.*;
public class ArraysDemo
{
    public static void main(String[ ]args)
    {
        int length, key, index;
        int[ ]array;

        Scanner in=new Scanner(System.in);
        System.out.print("Enter length of array："); //输入数组长度
        length=in.nextInt();
        array=new int[length];

        for(int i=0; i<array.length; i++){            //产生 length 个随机数
            array[i]=(int)(Math.random() * 1000);
        }
```

```
    for(int element：array){                         //显示原始的数组内容
        System.out.printf("%6d", element);
    }
    System.out.println();

    Arrays.sort(array);                              //将数组内容重新排序
    for(int element：array){                         //显示排序后的数组内容
        System.out.printf("%6d", element);
    }
    System.out.println();

    System.out.print("Enter a key：");               //输入希望查找的数值
    key=in.nextInt();

    index=Arrays.binarySearch(array, key);           //二分查找
    if(index>=0){                                    //显示结果
        System.out.printf("%6d at%d after sorted.\n", key, index);
    }
    else{
        System.out.printf("%6d isn't exist. ",key);
    }
    }
}
```

运行这个程序后将会在屏幕上看到下列结果。下划线部分是用户输入的内容。

Enter length of array：<u>12</u>

68	3	714	542	874	38	859	827	197	624	727	714
3	38	68	197	542	624	714	714	727	827	859	874

Enter a key：<u>624</u>

624 at 5 after sorted.

这个程序的功能是：根据用户输入的数组长度 length 创建包含 length 个元素的数组，并产生 length 个小于 1000 整数，排序后再利用二分查找算法搜索给定数值 key。在这个程序中，由于使用了 Arrays 类中提供的方法，所以简化了编写程序的工作量，缩短了程序代码的篇幅。值得一提的是，程序中用到了 Math 类中的 Math.random()方法，它的功能是随机产生一个 0～1 之间的 double 型随机数，再乘以 1000 后取整就可以得到 0～1000 之间的整数，这种产生指定范围内数值的方法在编写程序中经常会使用。

2.10.6　一维数组的应用举例

一维数组是一种使用非常频繁的数据类型，正确地应用数组类型，对于编写出高质量的应用程序至关重要，下面列举几个具有一定代表性的例子。

例 2-10　计算 Fibonacci 数列前 30 项。

```
//file name：Fibonacci.java。
public class Fibonacci
```

```java
{
  public static void main(String[ ]args)
  {
    int[ ]fib=new int[30];                          //存放 Fibonacci 前 30 项的一维数组
    fibValue(fib);
    displayFib(fib);

  }
  public static void fibValue(int[ ]fib)            //计算 Fibonacci 数列
  {
    fib[0]=0;
    fib[1]=1;

    for(int i=2; i<fib.length; i++){
      fib[i]=fib[i-2]+fib[i-1];
    }
  }
  public static void displayFib(int[ ]fib)          //显示 Fibonacci 数列
  {
    for(int i=0; i<fib.length; i++){
      if  (i%10==0){
        System.out.println();
      }
      System.out.printf("%8d", fib[i]);
    }
  }
}
```

运行这个程序后将会在屏幕上看到下列结果。

0	1	1	2	3	5	8	13	21	34
55	89	144	233	377	610	987	1597	2584	4181
6765	10946	17711	28657	46368	75025	121393	196418	317811	514229

在这个程序的 Fibonacci 类中,定义了 3 个成员方法。main()是主方法,负责创建数组,并调用 fibValue()方法和 displayFib()方法;fibValue ()方法负责计算 Fibonacci 数列的前 30 项,并将它们放入一维数组 fib 中;displayFib()方法负责显示结果。

例 2-11 随机产生若干个整数,并采用冒泡排序算法按照从小到大的顺序重新排列这些整数。为了展示数组的应用,在这个程序中,自行定义排序方法。

```java
//file name：Bubble_Sort.java
public class Bubble_Sort
{
  public static final int ARRAY_MAX_LENGTH=10;              //数组元素个数

  public static void main(String[ ]args)
```

```
        {
            int[ ]data=new int[ARRAY_MAX_LENGTH];        //创建 data 数组

            for(int i=0; i<data.length; i++){            //产生 data.length 个随机整数
                data[i]=(int)(Math.random() * 100);
            }

            System.out.println();                        //输出排序前的整数序列
            for(int element; data){
                System.out.printf("%4d", element);
            }

            sort(data);                                  //调用 Sort 方法排序
            System.out.println();                        //输出排序结果
            for(int element; data){
                System.out.printf("%4d", element);
            }
        }

        public static void sort(int[ ]data)              //冒泡排序
        {
            for(int i=0; i<data.length-1; i++){
            for(int j=data.length-1; j>i; j--){
                if(data[j]<data[j-1]){
                    int   temp=data[j];
                        data[j]=data[j-1];
                        data[j-1]=temp;
                }
            }
            }
        }
}
```

运行这个程序后将会在屏幕上看到下列结果。第一行为排序前的整数序列,第二行为排序后的整数序列。

```
1  81  75  98  32  73  22  33  54  27
1  22  27  32  33  54  73  75  81  98
```

在这个程序的 Bubble_Sort 类中定义了两个成员方法。一个是 main()方法,它负责创建数组、产生随机数、调用 sort()方法和输出结果;sort()方法将利用冒泡排序法对数组进行排序。

例 2-12   在 Java 语言中,long 类型的最大值为 9 223 372 036 854 775 807,要想编写一个程序能够将任意给定的一个 long 值转换成二进制,可以借助一维数组将转换后的每一位二进制数值保存起来。

```java
//file name：DecimaltoBinary.java
public class DecimaltoBinary
{
    public static void main(String[ ]args)
    {
        byte[ ]binary;                                    //声明数组
        long data;

        for(int d=1; d<=5; d++){
            data=(long)(Math.random() * 1000000000000000L);  //随机产生整数
            System.out.print("("+data+")=>");             //输出要转换的数值
            binary=toBinary(data);                        //调用 toBinary()转换
            printBinary(binary);                          //输出转换后的二进制数值
        }
    }

    public static byte[ ]toBinary(long data)              //将 data 转换成二进制并存入数组中
    {
        byte[ ]b=new byte[64];

        for(int i=0; data !=0; i++){
            b[i]=(byte)(data%2);
            data=data/2;
        }
        return b;
    }
    public static void printBinary(byte[ ]b)              //显示转换后的二进制数值
    {
        int i=b.length-1;

        while((i>=0)&&(b[i]==0))i--;

        for(; i>=0; i--){
            System.out.print(b[i]);
        }
        System.out.println();
    }

}
```

运行这个程序后将会在屏幕上看到类似下列结果。

```
(916579318079374)=>1101000001100111111100000010101001100111111000011110
(571377009221703)=>1000000111101010100001001110101010111000000001000111
(122086490671862)=>110111100001001011110011111010001000101011110110
(454288857544754)=>11001110100101100010111011111101010101110000011100010
```

(488443628059191)==>1101111000011110010100100111100010111101000110111

在这个程序的 DecimaltoBinary 类中,定义了 3 个成员方法。main()方法负责产生要转换的 long 整数,并调用 toBinary()方法和 printBinary()实现转换和输出功能;toBinary()负责将参数带入的 data 转换成二进制并将结果以字符串的形式存入 b 数组中,b 是这个方法中定义的局部数组型变量,它由 64 个元素组成,这是因为 Java 表示 long 类型的数值就是用二进制 64 位;printBinary()负责输出转换后的二进制数值。需要说明,这里看到的二进制数值实际上是用字符串形式表示的。

2.11　二　维　数　组

在 Java 语言中,一维数组的元素可以属于任意类型,包括基本数据类型和引用数据类型。也就是说,一维数组的元素又可以是数组类型,这就支持了多维数组的概念。下面以二维数组为例阐述 Java 语言中多维数组的使用方法及特点。

2.11.1　二维数组的声明与创建

在使用二维数组时,同样要经历声明、创建、初始化和访问 4 个阶段。

1. 二维数组的声明

二维数组的声明格式为:

elementType[ ][ ] arrayName;

或者

elementType arrayName[ ][ ];

或者

elementType[ ] arrayName[ ];

其中,elementType 为二维数组的元素类型,arrayName 为二维数组型变量名称。例如:

```
int[ ][ ] int_array;
float float_array[ ][ ];
double[ ] double_array[ ];                    //清晰度较差,不提倡使用
```

上面声明的几个二维数组变量的含义是:int_array 是一个一维数组型变量的引用,所引用的数组元素为 int 类型;float_array 是一个一维数组型变量的引用,所引用的数组元素为 float 类型;double_array 是一个一维数组型变量的引用,所引用的数组元素为 double 类型。

2. 二维数组的创建

二维数组由两个下标唯一地确定一个元素。可以将二维数组元素排列成一个阵列的形式,用第一个下标标识行,第二个下标标识列。

与一维数组类似,二维数组型变量也需要利用运算符 new 创建,其语法格式为:

```
new elementType[number1][number2];
```

其中,elementType 为二维数组元素的类型,number1 为行数,number2 为列数。例如:

```
int_array=new int[10][5];
float_array=new float[3][4];
```

上述创建结果可以解释为:int_array 所引用的数组含有 10 个元素,每个元素是一个含有 5 个 int 型元素的一维数组型引用;float_array 所引用的数组含有 3 个元素,每个元素是一个含有 4 个 float 型元素的一维数组型引用。

与一维数组一样,数组型变量的声明与创建也可以合并在一起,例如:

```
int[ ][ ] int_array=new int[10][5];
String str_array[ ][ ]=new String[3][4];
```

由于 Java 语言中的二维数组型变量是一个含有若干个一维数组型变量的引用,因此也可以先创建行元素,再创建列元素。例如:

```
int_array=new int[10][ ];
for(int i=0; i<10; i++){
    int_array[i]=new int[5];
}
```

这个创建过程与使用 new int[10][5]创建的表面效果完全一样,但在内存中,这 50 个 int 元素所占用的存储单元有可能不连续。

可以看出,在 Java 语言中,声明的二维数组的元素只是指向同类型数组的引用,并没有要求每个元素所对应的一维数组的长度一定相同,因此,可以利用上述形式创建不定长的数组元素。例如:

```
float_array=new float[5][ ];
for(int i=0; i<5; i++){
    float_array[i]=new float[i+1];
}
```

这样创建后,存储单元分配的情况如图 2-11 所示。

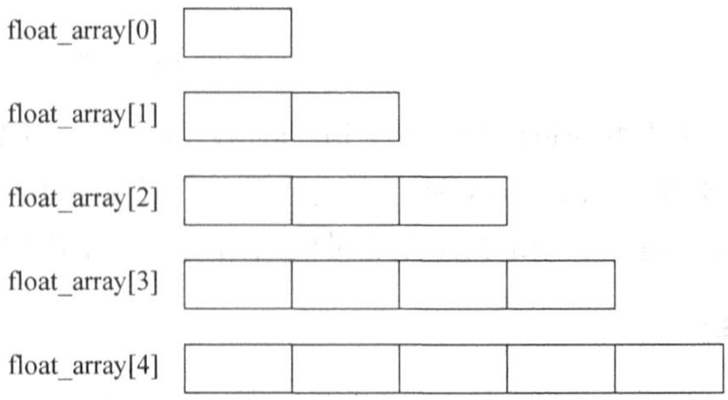

图 2-11 二维数组存储单元的分配

2.11.2 二维数组的初始化

二维数组创建后,同样需要进行初始化。由于二维数组中的元素可以排列成一个二维阵列,所以初始化时要表明每个初始值的行列关系。

与一维数组一样,如果使用 new 创建数组型变量,则每个元素的初值为默认值。即整数类型为 0,浮点类型为 0.0,字符类型为'\u0000',布尔类型为 false;引用类型为 null。

如果希望为数组元素赋予其他初始值,可以使用下列方法实现。

int[ ][ ] int_array={{1,2,3,4}, {5,6,7,8}, {9, 10, 11,12}};

这条语句的执行效果是:为二维数组 int_arrray 分配 3×4 个 int 类型的数组元素占用的存储空间,然后,分别将初始值依次赋给每个数组元素。数组元素的最初状态如图 2-12 所示。

利用这种方式初始化二维数组时不需要事先创建数组型变量,也不允许在方括号中指出数组元素的数目,而是由赋值号右侧花括号中所包含的花括号数目确定二维数组的行数,每个花括号中的初值数目决定每一行的列数。

1	2	3	4
5	6	7	8
9	10	11	12

图 2-12 数组元素的最初状态

2.11.3 二维数组元素的访问

创建二维数组型变量后,就可以通过访问二维数组元素对数组进行操作了。顾名思义,二维数组必须用两个下标才能够唯一地确定一个元素,第一个下标为行下标,第二个下标为列下标,它们都从 0 开始。例如:

int int_array[ ]=new int[5][4];

这个数组共有 20 个元素,它们的下标分别为[0][0]~[4][3]。元素排列顺序为:

```
int_array[0][0]  int_array[0][1]  int_array[0][2]  int_array[0][3]
int_array[1][0]  int_array[1][1]  int_array[1][2]  int_array[1][3]
int_array[2][0]  int_array[2][1]  int_array[2][2]  int_array[2][3]
int_array[3][0]  int_array[3][1]  int_array[3][2]  int_array[3][3]
int_array[4][0]  int_array[4][1]  int_array[4][2]  int_array[4][3]
```

可以利用下面这个语句段以阵列的形式输出二维数组的每个元素。

```
for(int i=0; i<int_array.length; i++){
  for(int j=0; j<int_array[i].length; j++){
    System.out.print(int_array[i][j]);
  }
  System.out.println();
}
```

其中,int_array.length 为 int_array 数组所含的一维数组的数量,即二维数组的行数,int_array[i].length 为每行所含的列数。

在运行程序时,Java 语言会严格地检查每个下标表达式的取值范围,一旦发生越界现象,就会产生 ArrayIndexOutOfBoundsException 异常。

2.11.4 二维数组的应用举例

例 2-13 打印"魔方阵"。所谓"魔方阵"是指每一行、每一列和对角线之和均相等的方

8	1	6
3	5	7
4	9	2

图 2-13 魔方阵举例

阵。图 2-13 就是一个"魔方阵"。

可以应用下面描述的算法求解这个问题。

(1) 首先将 1 放入第 1 行中间的位置。

(2) 从 2 开始到 N^2 为止,按照下列规则放置每个数值:

如果上一个数值所放置的位置的右上方为空(数组元素为 0 表示该位置还没有放置数组,即为空),则当前数值放置在上一个数值的右上方;否则放置在上一个数值的正下方。

下面是实现这个算法的程序。

```java
//file name：Magic.java
public class Magic
{
  public static final int N=5;
  public static void main(String[ ]args)
  {
    int m[ ][ ]=new int[N][N];          //放置魔方阵的二维数组
    int i, j, number;

    i=0;
    j=N/2;
    m[i][j]=1;                          //将 1 放置在第 1 行的中间
    for(number=2; number<=N*N; number++){   //从 2～N² 按下列规则放置
      if(m[(i-1+N)%N][(j+1)%N]==0){      //判断右上方是否为空
        i=(i-1+N)%N;                     //计算右上方位置
        j=(j+1)%N;
      }else{
        i=(i+1)%N;                       //计算正下方位置
      }
      m[i][j]=number;                    //将当前数值放置在 m[i][j]
    }

    for(i=0; i<N; i++){                  //输出魔方阵
      for(j=0; j<N; j++)
        System.out.printf("%4d", m[i][j]);
      System.out.println();
    }
  }
}
```

运行这个程序将会在屏幕上看到下列结果。

17	24	1	8	15
23	5	7	14	16
4	6	13	20	22
10	12	19	21	3
11	18	25	2	9

例 2-14 利用二维数组计算"杨辉三角形"。图 2-14 是"杨辉三角形"前 10 行的结果。

```
1
1   1
1   2   1
1   3   3   1
1   4   6   4   1
1   5   10  10  5   1
1   6   15  20  15  6   1
1   7   21  35  35  21  7   1
1   8   28  56  70  56  28  8   1
1   9   36  84  126 126 84  86  9   1
```

图 2-14 "杨辉三角形"前 10 行

在"杨辉三角形"中,第 1 行有一个数值,第 2 行有两个数值,以此类推,第 10 行有 10 个数值。在 Java 程序中,可以根据每行数值的个数创建包含不同个数元素的行数组。下面就是实现计算"杨辉三角形"的程序。

```java
//file name：YangHui.java
public class YangHui
{
  public static void main(String args[ ])
  {
    int[ ][ ]data＝new int[10][ ];              //创建具有 10 个引用型变量的一维数组

    for(int i＝0;i＜10;i＋＋){
      data[i]＝new int[i+1];                   //创建 data 中每个元素引用的一维数组
    }

    data[0][0]＝1;                             //计算第 1 行的数值
    for(int i＝1;i＜10; i＋＋){
      data[i][0]＝1;                           //每行的第一个 1
      for(int j＝1;j＜i;j＋＋){
        data[i][j]＝data[i−1][j−1]+data[i−1][j]; //计算中间的数值
      }
      data[i][i]＝1;                           //每行的最后一个 1
    }

    for(int i＝0;i＜10;i＋＋){                    //输出"杨辉三角形"
      for(int j＝0;j＜＝i;j＋＋){
        System.out.printf("%4d", data[i][j]);
```

```
        }
    System. out. println();
    }
  }
}
```

运行这个程序将会在屏幕上看到如图 2-14 所示的结果。

2.12 字符串常量 String

在应用程序中,像标题、名字、地址或产品说明这类信息都使用字符串描述。在 Java 语言中提供了两个类别的字符串:一类是字符串常量,用 String 标准类实现的;另一类是可编辑修改的字符串,用 StringBuffer 标准类实现。这里首先介绍 String 类的定义和使用,StringBuffer 类将在第 3 章中阐述。

1. 字符串直接量

与 C 语言一样,Java 语言中的字符串直接量使用双引号将字符序列括在其中。例如:

"this is a string literal!"

这样书写的直接量将属于 String 类。如果在字符串直接量中包含一些不能直接通过键盘输入或有特殊意义的字符,例如,双引号、回车等,可以使用转义序列。

2. String 类对象

除了直接书写字符串直接量以外,还可以定义 String 类的对象。String 类定义在 java. lang 包中,其中包含了许多对字符串常量操作的方法。

使用 String 类字符串需要经过声明、创建、初始化和访问几个阶段。

声明一个 String 类对象的语法格式为:

String stringVarName;

其中,String 为类名,stringVarName 为对象名。与定义基本类型变量不同,这里声明的对象实际上只是一个引用,需要使用下列格式创建及初始化。

stringVarName=stringValue;

或

stringVarName=new String(stringValue);

stringVarName 为 String 类对象,stringValue 为字符串直接量或另外一个 String 类对象。例如:

```
String s1,s2,s3;
s1="This is a string";
s2=new String("This is a string");
s3=s1;
```

如果有下列语句：

s1="This is other string";

则 s1 将丢弃旧字符串直接量的引用，改为引用新的字符串直接量。

也可以将声明、创建与初始化 3 个过程合并在一起。例如：

String str="This ia Java program. ";

在使用 Sting 类对象时，需要注意下面几点：

- 在 Java 语言中，字符串直接量中的每个字符占用两个字节。
- 如果声明 String 类对象后，该对象没有引用任何一个字符串，就应该赋予 null。
- String 类对象所引用的字符串不能修改。

String 类提供了很多方法，可以通过这些方法更加方便、灵活地使用字符串。表 2-16 列出了其中的一些方法。

表 2-16　String 类的主要方法

方　　　法	描　　　述
int length()	返回字符串的长度
char charAt(int index)	返回指定位置的字符
boolean equals(Object anObject)	字符串与参数带入的 Java 对象进行比较。如果 anObject 不是 String 类对象，返回 false；如果 anObject 是 String 类对象，且两个字符串内容相等，返回 true；否则，返回 false
int compareTo(String anotherString)	将字符串与参数带入的另一个字符串 anotherString 比较。如果字符串小于 anotherString，返回负整数；相等，返回 0；大于，返回正整数
int indexOf(int ch)	返回字符 ch 在字符串中的位置
int indexOf(String str)	返回字符串 str 在字符串中的位置
int lastIndexOf(int ch)	与 int indexOf(String str) 方法功能相同，但从后向前搜索
String substring(int beginIndex)	返回从 beginIndex 开始到字符串结束处的子串
String concat(String str)	将当前字符串与 str 相连接，并将连接后的字符串返回
String replace(char oldChar, char newChar)	将字符串中的 oldChar 替换为 newChar，并将替换后的新字符串返回
String toLowerCase()	将字符串中所有的大写字母转换成小写字母
String toUpperCase()	将字符串中所有的小写字母转换成大写字母
char[] toCharArray()	将字符串转换成字符串数组
String valueOf(char data[])	将字符型数组转换成字符串
String valueOf(Object obj) String valueOf(boolean b) String valueOf(char c) String valueOf(int i) String valueOf(long l) String valueOf(float f) String valueOf(double d)	将各种类型的值转换成字符串

下面是一个应用 String 的例子,它的功能是对任意输入的字符串判断是否为回文。所谓回文是指将字符串逆置后与原字符串一样。例如,ABCDCBA 逆置后还是 ABCDCBA,这个字符串是回文;但 Java 逆置后是 avaJ,与原字符串不相同,这个字符串不是回文。

例 2-15 判给定字符串是否为回文。

```java
//file name: Palindrome. java
import java. util. * ;
public class Palindrome
{
  public static void main(String[ ]args)
  {
    String str;
    Scanner in＝new Scanner(System. in);

    System. out. print("Enter a string: ");
    str＝in. nextLine();

    System. out. println("You've entered string: "+str);    //输出用户输入的字符串
    if(isPalindrome(str)){                                   //调用 isPalindrome()方法判 str 是否为回文
      System. out. println("\""+str+"\" is a palindrome. ");
    }
    else{
      System. out. println("\""+str+"\" isn't a palindrome. ");
    }
  }

  public static boolean isPalindrome(String str)            //判断 str 是否为回文
  {
    int len＝str. length();                                  //返回字符串长度

    for(int index＝0; index<len/2-1; index++){
      if(str. charAt(index)! ＝str. charAt(len-index-1))     //对称的两个字符比较
        return false;
    }
    return true;
  }
}
```

运行这个程序后将会在屏幕上看到下列结果。下划线部分是用户输入的内容。

Enter a string: ABCDCBA
You've entered string: ABCDCBA
"ABCDCBA" is a palindrome.

在这个程序中,使用了 String 类提供的两个方法,一个是 length(),它可以返回字符串的长度,在对字符串操作时,经常需要知道这个信息;另一个是 charAt(),它将返回字符串中给定位置的字符。以上的所有操作只是获取字符串的信息,而没有对字符串进行任何修改,这是因为 String 类对象表示的是字符串常量。

本 章 小 结

本章主要介绍了 Java 程序设计语言的发展过程、基本特征、运行环境和语言基础知识,其中包括了 Java 程序结构、基本数据类型、基本语句结构、数组类型及字符串常量 String 等,这些都是编写 Java 程序必备的知识。

课 后 习 题

1. 基本概念

(1) 简述 Java 程序设计语言的基本特征。

(2) 简述 Java 程序的运行过程。

(3) 阐述 Java 语言提供的 8 种基本数据类型的主要特征,并说明与 C 语言相比较存在哪些主要区别。

(4) 在 Java 语言中,浮点数值采用的是 IEEE 754 标准。对于浮点数值的各种运算,Java 虚拟机永远不会抛出异常,它将如何表示发生了"上溢"或"下溢"现象?

(5) 阐述 Java 语言中"短路与"、"短路或"与"非短路与"、"非短路或"操作的区别。

2. 编程题

(1) 编写一个 Java 程序,从键盘输入一元二次方程的 3 个系数 a,b 和 c,输出这个方程的解。

(2) 编写一个 Java 程序程序,从键盘输入 x,利用下列台劳公式计算 $\cos(x)$ 的值,并输出之。台劳公式为:

$$\cos x = 1 - \frac{x^2}{2!} + \frac{x^4}{4!} - \frac{x^6}{6!} + \frac{x^8}{8!} - \cdots$$

(3) 已知一个含有 20 个数值的整数序列,编写一个 Java 程序,将这个数列中的所有质数交换到前面,非质数交换在后面,并输出处理后的结果。

(4) 编写一个 Java 应用程序,从键盘输入 n 个由＋和－符号组成的字符序列,输出相应的符号三角形。假如输入的字符序列为:－－＋－＋＋－＋,则符号三角形应该为:

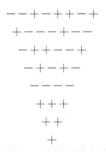

(5) 编写一个 Java 程序,从键盘输入两个字符序列,第一个字符序列给 string1,第二个字符序列给 string2,查找在 string1 中是否存在 string2,并输出相应的信息。

3. 思考题

(1) 为什么 Java 程序的运行采用了虚拟机机制?

(2) 在 Java 中,字符串用两个类描述,一个是 String 类描述字符串常量,另一个是 StringBuffer 类描述可编辑修改的字符串。这样处理会有什么好处?

4. 知识扩展

(1) Unicode 是 Java 语言选用的字符集。JDK 1.1 版本使用的是 Unicode 1.1.5, JDK 1.4 版本使用的是 Unicode 3.0,JDK 5.0 版本使用的是 Unicode 4.0。可以看出 Unicode 编码规则的发展速度相当可观。了解 Unicode 编码规则有益于理解 Java 程序的字符处理。建议读者到网站 http://www.unicode.org 上了解有关 Unicode 的相关信息。

(2) 本章介绍了 Arrays 类和 String 类,其中 Arrays 类位于 java.util 包中,String 类位于 java.lang 包中,建议读者自行阅读 Java 提供的 API 文档,进一步了解这两个类提供的其他功能。

上机实践题

1. 实践题 1

【目的】 通过这道上机实践题的训练,可以熟悉 Java 程序的运行环境,掌握 Java 程序的基本结构和输入输出方式。

【题目】 编写一个 Java 程序,从键盘输入一行文本,分别输出每个单词以及包含的单词数目。假设文本行中只含有字母和空格,每个单词由若干个字母组成,单词之间由空格分隔。

【要求】 每行显示一个单词。

【提示】 注意:单词之间可能包含多个空格。

【扩展】 将程序的处理功能扩展为:分隔单词的字符不仅有空格,还有标点符号。

2. 实践题 2

【目的】 通过这道上机实践题的训练,可以掌握 Java 语言的控制结构语句及格式化输出程序的方式。

【题目】 编写一个 Java 程序,显示本年中给定月份的月历。

【要求】 按照周格式输出。例如,2008 年 7 月的月历应该为:

SUN	MON	TUE	WED	THU	FRI	SAT
		1	2	3	4	5
6	7	8	9	10	11	12
13	14	15	16	17	18	19
20	21	22	23	24	25	26
27	28	29	30	31		

【提示】 假设已知本年 1 月 1 日是星期几,利用这个信息计算出将要输出的月份的第 1 天是星期几。

【扩展】 将程序的处理功能扩展为:输出本年的年历。

第 3 章

抽象与封装

抽象与封装是面向对象程序设计方法解决问题的两大法宝。所谓抽象是指从众多事物中舍弃个别的、非本质的属性,抽取共同的、本质的属性的过程,它是面向对象程序设计的核心概念;封装是面向对象程序设计实现软件系统的基本手段,它将对象的属性及行为包装在一起,用户通过提供的外部接口对对象进行操作,从而达到更高层次的模块化,使最终的软件系统具有更高的可靠性、安全性、可维护性、可重用性和可扩充性。

任何一种面向对象的程序设计语言都应该提供支持抽象和封装概念的机制,只有这样才有可能在程序设计过程中贯彻面向对象方法的宗旨,实现真正的面向对象程序设计。Java 语言在这方面做得很好,它提供了类和对象机制,用来实现抽象和封装技术。

3.1 抽象与封装的实现技术

抽象是人们解决问题的必要手段。对于任何需要解决的实际问题,首先要利用抽象技术对问题域出现的所有实体特性进行分析,归纳总结出共性的东西形成一类实体的基础特征。这些特征包括属性和行为,将它们包装在一起,构成一个描述实体特性的封装体,这是面向对象程序设计方法实现软件系统所使用的核心技术。在 Java 语言中,用类和对象共同实现这种抽象和封装的处理机制。

在 Java 语言中,一个对象包含了若干个成员变量和成员方法,它是现实世界中特定实体在程序中的具体体现,是刻画实体状态的封装体。其中,成员变量描述实体的属性状态,成员方法描述实体具有的行为能力,这些内容的规格描述将由类承担,类是对具有类似特征的对象的抽象说明,对象是类的实例。

在一个对象中,成员变量是核心,成员方法起着维护成员变量的作用。例如,在屏幕上绘制的直线是一种形式最简单的图元,它应该包含起点(start)、终点(end)、线型(type)、粗细(width)、颜色(color)等属性,还有诸如画线(drawLine)、设置各属性值(set)、获取各属性值(get)等一系列行为能力。在程序中,需要创建一个对象表示一根具体的线段,其中的成员变量描述了这根线段的属性状态,成员方法描述了这根线段可以实施的行为能力,其构成如图 3-1 所示。

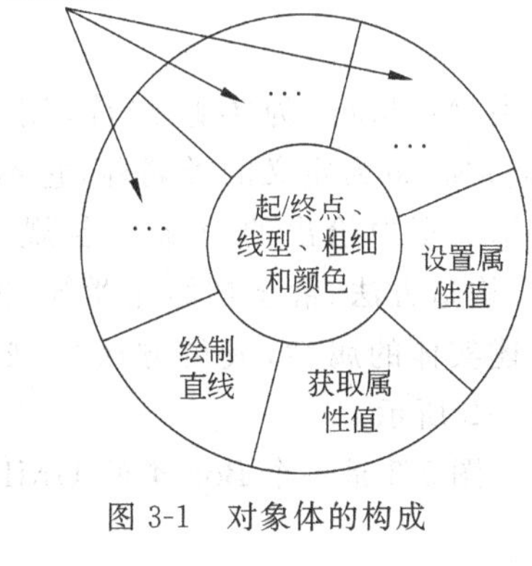

图 3-1 对象体的构成

可以看出,这是面向对象程序设计方法倡导的对象构成形式,即将描述属性的成员变量作为对象的内核,外层包围着可以对属性实施操作的成员方法。外界只能通过这些对外开放的成员方法对其内部的成员变量进行操作,这些成员方法充当着外部接口的角色,起到了保护属性合法性的作用。例如,在图形用户界面中经常使用的按钮组件用一个 Button 类对象表示。在 Button 类中封装了按钮的所有属性和行为,它们分别用成员变量和成员方法描述。当用户对按钮实施操作时,可以调用相应的成员方法完成特定的操作。假设要更改按钮上显示的文字,可以调用成员方法 setText() 达到这个目的。因此,Java 程序设计的主要工作是设计类、创建对象,以便用此映射现实世界中的实体,真正实现软件系统对现实世界的直接模拟。

3.2 类

在 Java 语言中,类是一种引用型数据类型。它是对现实世界实体抽象的结果,主要包含对实体属性及作用在这些属性上的行为描述。在编写程序时,要首先对描述各种实体的类进行定义。

3.2.1 类的定义

在 Java 语言中,类主要有两个来源途径。一个是 Java 类库中提供的标准类。这些类大部分是由专业人士设计、开发的,具有很强的通用性、可靠性,应该尽可能地使用它们,以便提高软件开发的效率,改善应用程序的性能;另一个是用户自定义类。用户可以根据特定的需求,自定义一个全新的类或通过继承已有的类,定义一个更加符合自己需求的类。本节只介绍如何定义一个全新的类,有关通过继承定义类的方法将在第 4 章中阐述。

需要说明的是,在 Java 程序中,所有的类都是 Object 类的子类。如果在自己定义类时没有写明父类,则默认的父类为 Object,所谓的全新类就是这种类。从严格意义上讲,在 Java 程序中,定义的所有类都是子类。只不过一部分类的直接父类是 Object,不必显式地指明,另一部分类的直接父类是其他类。

在 Java 语言中,最简单的类定义格式为:

```
[Modifiers]class ClassName
{
    ClassBody                //类体
}
```

其中,Modifiers 为类修饰符,用于控制类的被访问权限和类的类别;class 为关键字,ClassName 为定义的类名称,它不但要符合 Java 语言的标识符命名规则,还应该提倡遵守在第 2 章中给出的 Java 命名规范。ClassBody 为类体,包含成员变量、成员方法、类、接口、构造方法、静态初始化器等,但其中最主要的是成员变量和成员方法。成员变量用来描述实体的属性,成员方法用来描述实体所具备的行为能力。一个类的 UML 表示如图 3-2 所示。

图 3-3 是一个 Box 类的 UML 表示。

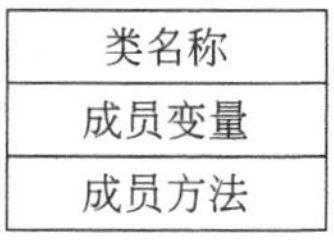

图 3-2　类的 UML 表示

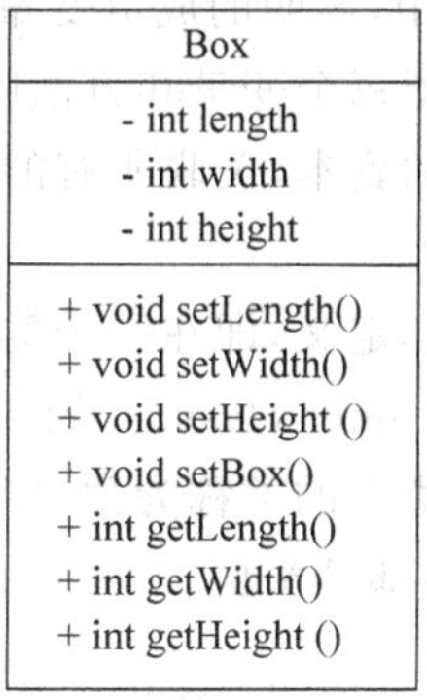

图 3-3　Box 类的 UML 表示

下面是图 3-3 对应的 Box 类的定义。

```
//file name：Box.java
public class Box
{
    private int length                      //长
    private int width;                      //宽
    private int height;                     //高

    public void setLength(int lengthValue){length＝lengthValue;}
    public void setWidth(int widthValue){width＝widthValue;}
    public void setHeight(int heightValue){height＝heightValue;}
    public void setBox(int lengthValue, int widthValue, int heightValue)
    {
        length＝lengthValue;
        width＝widthValue;
        height＝heightValue;
    }
    public int getLength(){return length;}
    public int getWidth(){return width;}
    public int getHeight(){return height;}
}
```

可以将这个类定义存储为一个独立的文件中,其文件名为 Box.java。

从上面的 UML 表示和类定义中可以看出,Box 类包含了 3 个属性,分别描述长、宽和高。因此,在 Box 类中,声明了 3 个成员变量 length、width 和 height。除此之外,还声明了 7 个成员方法,前 4 个成员方法用来为 3 个成员变量赋值,又称为更改器;后 3 个成员方法用来获取 3 个成员变量的当前值,又称为获取器。

通常,在类体中包含的成员变量和成员方法有两种形式。一种称为实例变量和实例方法;另一种称为类变量和类方法。它们的区别主要表现在归属不同、创建时机不同、存储管理方式不同等几个方面。这里只讨论实例变量和实例方法。有关类变量和类方法的相关内容将在稍后介绍。

在 Box 类中,声明的成员变量和成员方法都属于实例变量和实例方法。所谓实例变量和实例方法是指每个变量和方法唯一与一个对象相关联,即在创建对象时,同时为对象创建所有实例变量的副本,关联所有的实例方法。这使得每个对象拥有一套自己独享的实例变量副本。

类可以嵌套定义,即在一个类定义中,还可以嵌套另外一个类的定义。被嵌套在内部的类称为内部类(Inner class)。如果需要,在一个内部类中还可以继续嵌套其他类定义。没有嵌套在任何类中的类称为顶层类(Top level class)。

例 3-1 内部类举例。

```
//file name：TestInClass.java
public class TestInClass                                //用于测试内部类应用的类
{
    public static void main(String[ ]args)
    {
        OutClass outObj＝new OutClass();                  //创建外部类对象
        outObj.createInObject();                         //调用创建内部类的成员方法
        OutClass.InClass inObj＝outObj.new InClass();     //在外部创建内部类对象
        inObj.printConut();
    }
}


class OutClass                                          //顶层类
{
    int conut；

    class InClass                                       //内部类
    {
        void printConut(){System.out.println("conut："+(++conut));}
    }
    void createInObject()
    {
        InClass in＝new InClass();                        //引用内部类
        in.printConut();
    }
}
```

运行这个程序后将会在屏幕上看到下列结果。

```
conut：  1
conut：  2
```

从这个例子中可以看出下面几点：

(1) OutClass 是顶层类,在其中包含了一个内部类 InClass。需要注意,如果内部类没有被声明为静态(static)的,则不能包含静态的成员。

(2) 在 OutClass 类的成员方法中,可以直接地引用 InClass 名称创建类对象。但如果在这个类之外,即使拥有访问 InClass 的权限,也要首先创建一个 OutClass 类对象,再借助这个对象创建 InClass 类对象。

(3) 内部类也是一种类成员。如果内部类没有声明为 private,就可以在类的外部引用它,但需要给出完整的类名称。例如,OutClass.InClass。

通常,应用内部类主要鉴于下面 3 点考虑:

① 内部类中的成员方法可以访问该类所在作用域中的任何内容,包括私有内容。

② 将某个类定义为内部类可以达到将其隐藏的目的。

③ 使用匿名内部类可以简化程序代码的书写量。

然而,随意地将一个类嵌套在另外一个类中是一种不明智的做法。

Java 语言允许每个文件包含一个或多个类定义,但其中最多只有一个类能够被声明为 public,因此上面这个例子可以有两种存储方式:一种是将两个类定义存放在一个文件中,由于 TestInClass 类被声明为 public,所以文件名应该为 TestInClass.java;另一种是将两个类分别存放在两个不同的文件中,一个文件名为 TestInClass.java,一个为 OutClass.java。无论哪种存储方式,编译后都将一个类生成一个字节码文件,且文件名的前缀为类名,后缀为 .class。

在类定义中,成员变量的类型可以是 Java 语言提供的所有基本数据类型和引用类型。在前面的例子中,成员变量均为基本数据类型或数组类型,下面是一个成员变量属于引用类型的典型例子。Date 是描述日期的类,Book 是描述书籍的类。在 Book 类中,包含一个表示出版日期的成员变量,它属于 Date 类。

下面先定义 Date 类。在这个类中,设有 3 个成员变量 year、month、day,它们分别用于描述年、月、日,4 个用于设置日期的更改器方法,3 个用于获取日期的获取器方法。

```java
public class Date
{
    private int year;                         //年
    private int month;                        //月
    private int day;                          //日

    public void setYear(int y){year=y;}
    public void setMonth(int m){month=m;}
    public void setDay(int d){day=d;}
    public void setDate(int y, int m, int d)
    {
        year=y;
        month=m;
        day=d;
    }
    public int getYear(){return year;}
    public int getMonth(){return month;}
    public int getDay(){return day;}
}
```

下面是 Book 类的定义。在这个类中,声明了 4 个成员变量 name、author、publishDate

和 price,分别用来描述书名、作者、出版日期和价格。实际上,书籍包含的描述信息还有很多,若需要可以再增加声明一些成员变量和成员方法,以便更加完整地描述其属性和行为特性,鉴于篇幅有限,在此就将内容简化了。

```
public class Book                          //书籍类
{
    private String name;
    private String author;
    private Date publishDate;
    private float price;
    ...                                    //其他成员变量
    ...                                    //成员方法
}
```

可以将这两个类看成具有"整体-部分"的聚合关系。即 Book 类由 Date 类对象和一些其他类型的成员变量组合而成,它们共同反应了书籍信息。描述这种关系的 UML 图形符号如图 3-4 所示。

图 3-4 UML 的"聚合"关系符号

在 Book 中声明的 publishDate 成员变量是 Date 类的引用,因此,要想真正对其进行操作,还需要先创建成员对象。这项任务既可以在声明成员变量时完成,也可以在某个成员方法中完成,建议在类的构造方法中完成。构造方法是创建类对象之后系统自动调用的第一个成员方法。有关构造方法的详细内容将在稍后阐述。

3.2.2 成员变量的声明与初始化

前面已经讲过,类中的成员变量是用来描述实体属性的。在程序中,对对象的操作主要是更改对象属性的状态值、获取对象属性的当前状态值。Java 语言的成员变量有两种形式,一种是静态(static)的,称为类变量;另一种是非静态的,称为实例变量。本节主要阐述实例变量的声明和初始化。

如果在声明成员变量时,没有使用 static 修饰符说明就属于实例变量。声明格式为:

[Modifiers] DataType MemberName;

其中,Modifiers 是修饰符,它决定了成员变量的访问权限和存储方式。DataType 是成员变量的类型,它既可以是 Java 语言提供的 8 种基本数据类型,也可以是数组或类这样的引用类型。MemberName 是成员变量的名称,其命名不但要符合 Java 标识符的定义规则,还建议遵循 Java 的命名规范。

初始化实例变量主要有 5 个途径。

(1) 每个数据类型有默认的初始值。例如,byte、short、int 和 long 类型为 0;float 和 double 为 0.0;boolean 为 false;char 为'\u0000';引用类型为 null。例如,

```
public class Point                          //坐标点类
{
    private int x;                          //描述坐标点(x、y)的成员变量,默认初始值为 0
    private int y;
```

```
        public void setXY(int dx, int dy){x=dx; y=dy;}
        public int getX(){return x;}
        public int getY(){return y;}
}
```

（2）如果希望将实例变量初始化为其他的值，就可以在声明的同时赋予相应的初值。
例如：

```
public class Circle                                  //圆形图元类
{
    private Point position=new Point();              //描述圆心坐标的成员变量
    private float radius=10.0f;                       //描述圆的半径的成员变量

    public void setPosition(Point p){position.setXY(p.x,p.y);}
    public float getRadius(){return radius;}
    public float area(float r){return r*r*3.14159f;}
    …;                                                //其他的成员方法
}
```

在 Circle 类中，radius 在声明的同时被初始化为 10.0f，position 是 Point 类的引用，在
声明时利用 new 运算符创建了相应的对象。但在 Point 类中没有为 x 和 y 赋初始值，因此，
此时它们的初始值为 0。如果需要，可以调用 setPosition 成员方法为它们赋予新值。利用
上面这两种方式初始化将使得创建的每一个该类的对象的初始值都是一样的。如果希望在
创建每个对象时拥有不同的初始值，可以使用成员方法或构造方法。

（3）在成员方法中，为每个实例变量赋值。Point 类中的 setXY 成员方法就具有这种功
能。但使用这种方式赋初值，需要在程序中显式地调用赋初值的成员方法。一旦遗忘就有
可能造成成员变量无初始值的状况。

（4）在类的构造方法中实现初始化实例变量的操作，建议使用这种初始化的方式。

（5）利用初始化块对成员变量进行初始化。在 Java 的类定义中可以包含任意数量的
初始化块。只要创建了这个类的对象，就会在调用构造方法之前执行这些初始化块，因此，
可以利用这些初始化块对成员变量初始化。初始化块是位于类声明中且用一对花括号括起
来的语句组。

下面就是一个应用初始化块和构造方法来初始化成员变量的例子。

```
public class Point
{
    private int x;
    private int y;

    {                                                //初始化块
        x=10;
        y=20;
    }
    public Point(){};                                //无参数的构造方法
```

```
        public Point(int dx, int dy)                        //带两个参数的构造方法
        {
            x=dx;
            y=dy;
        }
    }
```

在 Point 类中有两个成员变量 x、y 和两个与类名相同的成员方法,这两个方法就是在前面提到的构造方法,还有一个初始化块。因此,在这个类中,既可以通过初始化块进行初始化,也可以利用构造方法初始化。当创建 Point 对象时,系统将会首先调用初始化块,然后再调用构造方法。

3.2.3　成员方法的声明

成员方法主要承担外部操作对象的接口任务。在一个类中,至少应该包含对类中的每个成员变量赋值,获取每个成员变量的当前值等功能的一系列成员方法。面向对象程序设计方法反复强调:在设计类时,应该将描述对象属性的成员变量隐藏起来,用实现操作行为的成员方法作为对象之间相互操作的外部接口。因此,设计一套更加合理的成员方法,对于类对象的可操作性至关重要。同成员变量一样,成员方法也包含静态(static)和非静态两种形式,分别称为类方法和实例方法。本节介绍实例方法,有关类方法的内容将在稍后阐述。

实例方法的声明格式为:

```
[Modifiers]ResultType    MethodName(parameterList)[throws exceptions]
{
        MethodBody
}
```

其中,Modifiers 是修饰符,它决定了成员方法的访问权限,ResultType 是成员方法的返回结果类型,MethodName 是成员方法的名称,其命名不但要符合 Java 标识符的定义规则,还建议遵循 Java 的命名规范。parameterList 是参数列表,这里给出了调用这个成员方法时需要提供的参数格式。在 Java 语言中,成员方法具有抛出异常的能力,throws exceptions 列出了该成员方法能够抛出的异常种类,有关异常处理将在第 5 章中介绍。下面是一个时间类 Time 的定义,其中声明了多个实例方法。

```
        public class Time                                   //时间类
        {
            private int hour;                               //小时
            private int minute;                             //分钟
            private int second;                             //秒

            public void setTime(int h, int m, int s)        //设置时间
            {
                hour=(h<0)？0：h%24;
                minute=(m<0)：0：m%60;
                second=(s<0)：0：s%60;
```

```
    }
    public int getHour(){return hour;}            //返回小时
    public int getMinute(){return minute;}        //返回分钟
    public int getSecond(){return second;}        //返回秒
}
```

在 Time 类中,声明了 3 个记录时间属性的成员变量,4 个成员方法。利用这些成员方法可以设置时间或读取当前的时间。

在一个成员方法中,处理的数据主要来源于下面几个途径:

- 传递给成员方法的参数。
- 类中的成员变量,包括实例变量和类变量。
- 在成员方法中定义的局部变量。
- 在成员方法中调用其他成员方法所得到的返回值。

在 Java 语言中,使用成员方法需要注意下面几点:

- 如果成员方法没有参数,参数列表是空的,即只有一对圆括号。
- 如果成员方法的返回类型不是 void,则结束成员方法执行的最后一条可执行语句一定是 return,并通过它返回一个与返回类型匹配的值。
- 调用成员方法时,实际参数表中的参数个数、类型及次序都要与形式参数表一致。所谓类型一致是指实际参数向形式参数传递时,需要符合赋值相容的类型规则。在调用成员方法时,Java 语言将对提供的参数进行严格的类型检查,如果不符合要求将给出编译错误。

3.2.4　成员方法的重载

所谓成员方法的重载是指在一个类中,同一个名称的成员方法可以被定义多次的现象。下面是一个成员方法重载的例子。在 Time 类中,增加了一个设置时间的成员方法,但这个成员方法的参数类型为 String 类,时间将以 12：04：35 的形式传递给成员方法。

例 3-2　定义 Time 类。

```
//file name：Time. java
public class Time
{
    private int hour;
    private int minute;
    private int second;

    public void setTime(int h, int m, int s)      //参数为 3 个 int 变量
    {
        hour=(h<0)? 0：h%24;
        jinute=(m<0)? 0：m%60;
        second=(s<0)? 0：s%60;
    }
    public void setTime(String time)              //参数为一个 String 类对象
    {
```

```
            hour＝Integer. parseInt(time. substring(0,1));
            hour＝hour<0? 0: hour%24;
            minute＝Integer. parseInt(time. substring(3,4));
            minute＝minute<0? 0: minute%60;
            second＝Integer. parseInt(time. substring(6,7));
            second＝second<0? 0: second%60;
        }
        public int getHour(){return hour;}
        public int getMinute(){return minute;}
        public int getSecond(){return second;}
}


//file name：TestTime. java
public class TestTime                            //测试类
{
    public static void main(String[ ]args)
    {
        Time t＝new Time();                       //创建 Time 对象
        t. setTime("13：04：20");                 //调用参数为 String 型的 setTime()方法
        System. out. println(t. getHour()＋"："＋t. getMinute()＋"："＋t. getSecond());
        t. setTime(20,30,38);                    //调用参数为 3 个 int 型的 setTime()方法
        System. out. println(t. getHour()＋"："＋t. getMinute()＋"："＋t. getSecond());
    }
}
```

将上面定义的两个类分别保存在名为 Time. java 和 TestTime. java 的文件中。经过编译，如果没有出现错误,将生成两个字节码文件,其文件名分别为 Time. class 和 TestTime. class。

运行这个程序后将会在屏幕上看到下列结果。

```
13：4：20
20：30：38
```

在 C 语言中,调用哪个函数是以函数名为依据的,因此,在程序中的同一个作用域内不允许出现两个同名的函数。在 Java 语言中,可以有若干个同名的成员方法,仅依靠成员方法的名称不能唯一地标识成员方法,Java 语言如何解决这个问题呢?

为了支持成员方法的重载,在 Java 程序中,调用哪个成员方法不单纯以成员方法的名称为依据,而是利用成员方法的名称和参数表共同唯一地确定。成员方法的名称和参数表统称为成员方法的签名。也就是说,在 Java 语言中,每个成员方法是由签名唯一地标识。因此,在同一个作用域中,不能出现两个签名完全相同的成员方法,否则将产生编译错误。如果在一个类中,有多个同名的成员方法,调用规则为：先在类定义中寻找签名完全匹配的成员方法,如果没有,继续寻找通过类型的隐式转换可以匹配的成员方法,否则,此次调用失败。例如,如果在一个类中,只有一个成员方法 void setTime(double h, double m, double s);则 setTime(12, 34, 40) 将调用这个方法,但如果还有一个成员方法 void setTime(int h, int m, int s),则将会调用后面这个成员方法。

3.2.5 构造方法

顾名思义,构造方法是在构造类对象时使用的一种特殊的成员方法,其主要作用是初始化成员变量。下面介绍它的声明和使用方式。

构造方法属于实例成员方法,它的主要作用是初始化实例变量,而不需要返回任何的值,因此,Java 语言规定,构造方法不允许定义返回类型。

构造方法的声明格式为:

［Modifiers］ClassName(parameterList)

其中,Modifiers 是控制访问权限的修饰符;ClassName 是类名称;parameterList 是参数表。可以看出,构造方法的名称与类的名称相同,并且没有返回类型,甚至在 ClassName 前面也不能写 void。每个构造方法将默认地返回一个引用自身对象的引用。下面是一个简单的例子。

```
public class Point
{
    private int x;
    private int y;

    public Point(int dx,int dy){x=dx; y=dy;}
    …                                              //其他的成员方法
}
```

在这个类中,构造方法 Point(int dx, int dy) 仅对两个成员变量 x 和 y 赋予了初值。在利用 new 运算符创建 Point 类对象时,系统会自动地调用这个构造方法,完成对实例变量初始化的任务,而不需要用户显式地调用它。与利用默认值或初始化块初始化实例变量相比较,利用构造方法进行初始化的优点是:在创建对象时,可以通过带入不同的参数值,为每个对象赋予不同的初始值。

与普通的成员方法一样,类中的构造方法也可以重载,即有多个参数表不同的构造方法。这样可以在创建对象时,给予用户更大的灵活性、便捷性。例如,下面的 Time 类就包含多个构造方法。

```
public class Time
{
    private int hour;
    private int minute;
    private int second;

    public Time(int h, int m, int s){…}        //含有 3 个 int 类型参数的构造方法
    public Time(long time){…}                    //含有 1 个 long 类型参数的构造方法
    public Time(String time){…}                  //含有 1 个 String 类参数的构造方法
    public void setTime(int h,int m,int s){…}
    public int getHour(){…}
    public int getMinute(){…}
```

```
        public int getSecond(){…}
}
```

在这个类中,有 3 个构造方法,它们的参数表均不相同。这样,就可以用 3 种不同形式的参数创建并初始化对象。

如果在声明类时没有声明任何构造方法,系统将提供一个参数表为空的默认构造方法。在这个默认构造方法的方法体中,只有一个调用父类无参数构造方法的语句 super()。例如:

```
public class Point
{
    private int x;
    private int y;
    …;                              //其他的成员方法
}
```

等价于

```
public class Point
{
    private int x;
    private int y;
    public Point(){super();}
    …;                              //其他的成员方法
}
```

需要注意,只要类中声明了构造方法,系统就不再提供默认的构造方法。如果此时没有自己声明无参数的构造方法,而又采用无参数的格式创建对象,就会产生编译错误。因此,建议在声明有参数的构造方法时,同时声明一个无参数的构造方法。

3.3 对　　象

对象是对现实世界中实体进行抽象的结果,现实世界中的任何实体都可以映射成对象,而解决问题的过程就是对对象进行分析和处理的过程。从面向对象程序设计的观点看,程序是由有限个对象构成的,对象是程序操作的基本单位。所谓程序运行就是对象之间不断地发送消息及响应消息的过程。因此,定义类之后,需要通过对类实例化来构造对象。在 Java 语言中,对象属于引用型变量,需要经历声明、创建、初始化、使用和清除几个阶段。

3.3.1　对象的创建

对象的声明、创建和初始化几个阶段,既可以分别实现,也可以合并在一起实现。
声明对象的语法格式为:

[Modifiers] ClassName objectName [, objectName];

例如：

Date dateObject;
Time timeObject1，timeObject2；

上面只声明了对象的引用，需要用 Java 语言提供的 new 运算符创建对象，即真正地为对象分配存储空间。创建对象的格式为：

new ClassName(parameterList)

其中，ClassName 是对象所属的类名称，parameterList 是创建对象时提供的参数，参数的格式取决于类定义中声明的构造方法参数形式。例如：

timeObject1＝new Time(10,20,30)；
timeObject2＝new Time("08：25：15")；

由于在 Time 类中没有提供无参数的构造方法，所以，

timeObject1＝new Time()；

将会产生编译错误。

如果将声明和创建对象合并在一起，可以这样书写：

Time timeObject3＝new Time("14：50：24")；
Time timeObject4＝new Time(09,20,45)；

new 运算符主要完成两项操作。一是为对象分配存储空间。从严格意义上讲，它是为类中每个实例变量分配空间。尽管在逻辑上，每个对象也应该有一套实例方法，但由于同一个类的不同对象所拥有的成员方法的代码都一样，所以为了节省存储空间，所有对象共享一个成员方法的代码副本，每个对象只保留代码区的地址，Java 语言本身提供了解决不同对象调用相同代码段的技术；二是根据提供的参数格式调用与之匹配的构造方法，完成初始化成员变量的任务，然后返回本对象的引用。

上述两条语句的执行结果如图 3-5 所示。

为了能够正确地创建对象，必须清楚对象所属类提供的构造方法的参数格式。

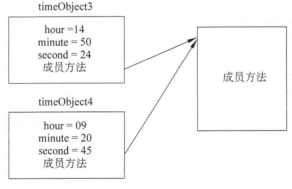

图 3-5　创建对象示意图

3.3.2 对象成员的使用

对象创建后,就可以在对象之间相互发送及响应消息,以便驱动程序的运作。在 Java 语言中,所谓对象发送消息就是发出调用其他对象成员方法的命令,所谓对象响应消息就是具体地执行上述的调用命令。例如,对于类对象 timeObject3,如果某个对象希望获取 timeObject3 对象的当前时间,就可以分别利用 timeObject3. getHour()、timeObject3. getMinute()、timeObject3. getSecond()向 timeObject3 对象发出请求操作的消息,其中, timeObject3 标识接收这个消息的对象,成员方法名称标识向 timeObject3 发送的消息名称,参数表标识响应这个消息时需要提供的参数。当 timeObject3 接收到这个消息后,就会调用与消息同名的成员方法对该消息做出响应。

在对对象操作时,可能会引用成员变量或调用成员方法。下面是引用成员变量和调用成员方法的语法格式。

```
objectName. memberVariableName
objectName. memberMethodName(parameterList)
```

例如,引用 timeObject3 对象的成员变量:timeObject3. hour、timeObject3. minute、 timeObject3. second;调用 timeObject3 对象的成员方法:timeObject3. setTime(07,20, 35)、timeObject3. getHour()、timeObject3. getMinute()、timeObject3. getSecond()。正像上面所述,调用对象的成员方法就是向该对象发送请求操作的消息。

对象可以作为数组的元素、类的成员,也可以出现在成员方法的参数表和方法体中。下面分别列举一些例子,说明它们的使用方法。

例 3-3 对象作为数组元素。

这个例子定义了两个类。一个是考试成绩类 ScoreClass,鉴于简化问题的考虑,将每个学生的成绩用两个成员变量描述,分别是学号(No)和成绩(score)。为了便于对这两个成员变量的操作,声明了 5 个成员方法,其中有两个构造方法,一个设置成绩的更改器,两个获取学号和成绩的获取器。另一个是测试类 ScoreTest。在 main 方法中,声明一个一维数组 student,用来存放 10 个学生的成绩。这个程序的功能很简单,只是利用 Math 类中的 random()方法随机地生成每个学生的成绩,并按学号的顺序输出。

```java
//file name：ScoreClass. java
public class ScoreClass                          //成绩类
{
    private int No；                             //学号
    private int score；                          //成绩

    public ScoreClass()                          //无参数的构造方法
    {
        No＝1000；
        score＝0；
    }
    public ScoreClass(int n,int s)               //有两个参数的构造方法
    {
```

```
                    No=n；
                    score=s；
            }
    public void setInfo(int n,int s)                              //设置成绩
    {
                    No=n；
                    score=s；
            }
    public int getNo(){return No；}                               //获取学号
    public int getScore(){return Score；}                         //获取成绩
}


//file name：ScoreTest.java
public class ScoreTest                                            //测试类
{
    public static void main(String[ ]args)
    {
            ScoreClass[ ]student=new ScoreClass[10]；                //声明并创建一维数组
            for(int i=0；i<10；i++){
                student[i]=new ScoreClass(1000+i,(int)(Math.random() * 100))；     //创建对象
            }
            for(int i=0；i<10；i++){
                System.out.println(student[i].getNo()+"\t"+student[i].getScore())；
            }
    }
}
```

运行这个程序后将会在屏幕上看到类似下列的结果。

```
1000    61
1001    87
1002    66
1003    82
1004    10
1005    12
1006    93
1007    30
1008    89
1009    72
```

从这个例子可以看出,如果数组元素为对象,需要经过下面几个操作步骤:

• 首先利用 new 运算符创建数组。此时,每个数组元素为 null 引用。

• 再利用循环结构,为每个数组元素创建对象。

• 通过引用成员变量或调用成员方法对数组中对象进行操作。引用格式为:

arrayVariable[index].memberVariableName
arrayVariable[index].memberMethodName(parameterList)

例 3-4 类中成员变量为对象。

在这个例子中,定义了 3 个类。Point 类描述点坐标;Rect 类描述矩形,其中 leftTop 为矩形左上角坐标,rightBottom 为右下角坐标,因此,这两个成员变量属于 Point;RectTest 是应用这两个类的测试类。

```java
//file name: Point.java
public class Point                                    //点坐标
{
    private int x;                                    //x、y 坐标
    private int y;

    public Point(){x=0; y=0;}
    public Point(int dx, int dy){x=dx; y=dy;}
    public void setXY(int dx,int dy){x=dx; y=dy;}     //设置 x、y
    public int getX(){return x;}                      //返回 x
    public int getY(){return y;}                      //返回 y
    public String toString()                          //将坐标信息转换成 String 形式
    {   return "("+x+","+y+")" ;}
}
```

```java
//file name: Rect.java
public class Rect                                     //矩形类
{
    private Point leftTop;                            //矩形左上角坐标、右下角坐标
    private Point rightBottom;

    public Rect()
    {
        leftTop=new Point();
        rightBottom=new Point();
    }
    public Rect(int x1, int y1, int x2, int y2)
    {
        leftTop=new Point(x1,y1);
        rightBottom=new Point(x2,y2);
    }
    public Rect(Point lefttop, Point rightbottom)
    {
        leftTop=lefttop;
        rightBottom=rightbottom;
    }
    public Point getLeftTop(){return leftTop;}        //返回左上角坐标
    public Point getRightBottom(){return rightBottom;} //返回右下角坐标
    public void setLeftTop(int x, int y){leftTop.setXY(x, y);} //设置左上角坐标
    public void setRightBottom(int x,int y)           //设置右下角坐标
```

```
        {rightBottom. setXY(x, y);}
        public String toString()
        {return leftTop. toString()＋rightBottom. toString();}
}
```

```
//file name：RectTest. java
public class RectTest                                    //测试类
{
        public static void main(String[ ]args)
        {
            Rect   r1, r2;
            Point   p1, p2;
            r1＝new Rect(10,20,30,40);
            p1＝new Point();
            p2＝new Point(100,100);
            r2＝new Rect(p1,p2);
            System. out. println("r1："＋r1);
            System. out. println("r2："＋r2);
        }
}
```

运行这个程序后将会在屏幕上看到下列结果。

r1：(10,20)(30,40)
r2：(0,0)(100,100)

通过这个例子可以看出,对于含有成员对象的类,首先要创建每个成员对象,然后才能对其进行操作。建议最好在构造方法中完成创建成员对象的任务。

3.3.3　对象的清除

创建对象的主要任务是为对象分配存储空间,而清除对象的主要任务是回收存储空间。为了提高系统资源的利用率,Java 语言提供了"自动回收垃圾"机制。即在 Java 程序的运行过程中,系统会周期地监控对象是否还被引用,如果发现某个对象不再被引用,就自动地回收为其分配的存储空间。

"自动回收垃圾"具体操作的过程是：在 Java 语言中,有一个用软件实现的"垃圾回收器"。当一个对象处于被引用状态时,Java 运行系统会将其对应的存储空间做一个标记;当对象使用结束时,自动地取消这个标记。Java 的"垃圾回收器"周期性地扫描程序中所有对象的引用标记,没有标记的对象就应该列入清除的行列。待系统空闲或需要存储空间时将其存储空间回收。

finialize()是回收对象存储空间前系统自动调用的最后一个成员方法,这是 java. lang. Object 类中的一个成员方法。由于在 Java 程序中,任何类都是 Object 类的直接或间接的子类,所以,这个成员方法也被继承到每个类中。如果需要在清除对象前做一些特别的处理,就需要重写这个成员方法。

3.4 访问属性控制

为了便于理解,在前面讨论类定义和对象的创建时候,没有提到访问属性的概念。实际上,定义的每一个类和接口,以及其中的每一个成员变量和成员方法都存在是否可以被他人访问的访问属性。不同的访问属性,标识着不同的可访问性。所谓可访问性是一种在编译时确定的静态特性。在 Java 语言中,正是利用访问属性实现数据隐藏,限制用户对不同包和类的访问权限。

在 Java 语言中,提供了 4 种访问属性。它们分别是默认(包)访问属性、public(公有)访问属性、private(私有)访问属性和 protected(保护)访问属性。在定义类、接口、成员变量和成员方法时只需将 public、private 或 protected 关键字写在最前面就可以达到指定访问属性的目的。正因为如此,又将它们称为访问属性修饰符。在指定访问属性修饰符时需要注意以下几点:

- 如果没有指定任何访问属性修饰符,则为默认访问属性。
- protected 和 private 只能应用于内部类,不能应用于顶层类。
- 如果在定义类、接口、成员变量和成员方法时,出现多个访问属性修饰符,则属于编译错误,在编译时会给出错误提示。

下面分别讨论各种访问属性的访问规则。

3.4.1 默认访问属性

如果在定义类、接口、成员变量和成员方法时没有指定访问属性修饰符,它们的访问属性就为默认访问属性。具有默认访问属性的类、接口、成员变量和成员方法,只能被本类和同一个包中的其他类、接口及成员方法访问。因此,又将默认访问属性称为包访问属性,它可以阻止其他包的任何类、接口或成员方法的访问。包是类和接口的集合,有关包的详细内容将在稍后阐述。

3.4.2 public 访问属性

拥有 public 访问属性的类、接口、成员变量、成员方法可以被本类和其他任何类及成员方法访问。这些类及成员方法既可以位于同一个包中,也可以位于不同包中。下面是一个位于不同包中的类的访问例子。

例 3-5 不同包之间的类访问。

下面定义的 3 个类 Point、Line 和 Test 分别放在两个不同的包中。其定义如下:

```
//file name: Point.java
package PointPackage;              //将 Point 和 Line 类放入 PointPackage 包
public class Point                 //点坐标类
{
    public int x;
    public int y;
```

```
        public Point(){x=0; y=0;}
        public Point(int dx, int dy){x=dx; y=dy;}
        public void move(int dx, int dy){x+=dx; y+=dy;}
        //其他的成员方法
        …;


}

class Line                          //线段类
{
    Point start;                    //线段的起始点
    Point end;                      //线段的终止点

    Line()
    {
        start=new Point();
        end=new Point();
    }
    public setLine(Point p1, Point p2){…}
    //其他的成员方法
  …;
}
```

下面是测试类 Test 的定义代码。

```
//file name: Test.java
package PointsUser;                 //将 Test 类放入 PointsUser 包
import PointPackage. *;             //加载 PointPackage 包中的 Point 和 Line 类
public class Test
{
    public static void main(String[ ]args)
    {
        Point p=new Point();
        System. out. println(p. x+" "+p. y);
    }
}
```

由于在 PointPackage 包中，Point 类、成员变量和成员方法均声明为 public 访问属性，所以在另一个包中的 Test 类只要利用 import 将 PoinPackages 包加载进来就可以访问它们。如果 Point 类中的成员变量 x 和 y 为默认访问属性，不在同一个包中的 Test 尽管可以访问 Point 类，但却不能直接访问 x 和 y。同样，由于 Line 类及成员变量都为默认访问属性，所以，它们只能被本类和同一个包中的其他类或成员方法访问，Test 类不能访问它们。注意，虽然 Line 类中的 setLine 成员方法被指定为 public 访问属性，但 Test 类也不能访问它，这是由于 Test 没有访问 Line 类的权限，所以在 Test 类中无法声明和创建 Line 类对象，当然也就无法访问 Line 类的成员方法。

public 访问属性最具有开放性,通常用来作为提供给大家使用的公共类和作为操作接口的所有成员方法的访问属性,而成员变量最好不要指定为 public 访问属性。

3.4.3　private 访问属性

数据隐藏是面向对象的程序设计倡导的设计思想。将数据与其操作封装在一起,并将数据的组织隐藏起来,利用成员方法作为对外的操作接口,这样不但可以提高程序的安全性、可靠性,还有益于日后的维护、扩展和重用。将类中的数据成员指定为 private 访问属性是实现数据隐藏机制的最佳方式。

private 访问属性可以应用于类中的成员,包括成员变量、成员方法和内部类或内部接口。具有 private 访问属性的成员只能被本类直接访问。

例 3-6　private 成员的访问。

在这个例子中定义了一个名片类 Card,为了将数据隐藏起来,将所有的成员变量指定为 private 访问属性。这样其他类就不能够直接访问这些私有成员变量,只能通过具有默认或 public 访问属性的成员方法对它们进行访问。

```java
//file name：Card.java
public class Card                              //卡片类
{
    private String name;                       //姓名
    private String appellation;                //称呼
    private String department;                 //工作单位
    private String tel;                        //电话号码
    private String email;                      //电子邮箱

    public Card(){}
    public Card(String n, String a, String d, String t, String e)
    {
        name＝new String(n);
        appellation＝new String(a);
        department＝new String(d);
        tel＝new String(t);
        email＝new String(e);
    }
    public void setInfo(String n, String a, String d, String t, String e)
    {
        name＝new String(n);
        appellation＝new String(a);
        department＝new String(d);
        tel＝new String(t);
        email＝new String(e);
    }
```

```java
    public String getName(){return name;}                      //返回姓名
    public String getAppellation(){return appellation;}        //返回称呼
    public String getDepartment(){return department;}          //返回部门
    public String getTel(){return tel;}                        //返回电话
    public String getEmail(){return email;}                    //返回电子邮箱
    public String toString()                                   //将卡片信息转换成 String 形式
    {
        return department+"\n\t"+name+"\t"+appellation+"\n\n"
            +"\tTel："+tel+"\n\t 手机："+"\n\tEmail："+email;
    }
}


//file name：Test.java
public class Test                                              //测试类
{
    public static void main(String[ ]args)
    {
        Card card＝new Card("王军","先生",
            "软件公司","800900","xx@163.com");
        System.out.println("----------------------------------");
        System.out.println(card.toString());
        System.out.println("----------------------------------");
    }
}
```

运行这个程序后将会在屏幕上看到下列结果。

```
-------------------------------------------
软件公司
        王军        先生


        Tel：800900
        Email：xx@163.com
-------------------------------------------
```

　　如果在 Test 类中直接以 card.Name、card.Department 形式访问具有 private 访问属性的成员变量,将会产生编译错误。

　　这个例子体现了一个类的基本设计要求。即在通常情况下,除了将所有的成员变量指定为 private 访问属性外,应该至少包含下面几个类别的成员方法:

- 构造方法。其功能是初始化成员变量。构造方法的参数设计应该符合人们的使用习惯。无论如何,至少应该有一个不带参数的构造方法,一个带全部参数的构造方法。
- 更改器。更改成员变量的值。
- 获取器。获取成员变量的值。
- 转换格式。将类对象的内容转换成字符串形式。这是通过覆盖 Object 类中的

toString()成员方法实现。在 Object 类中,这个成员方法以字符串形式返回对象所属的类名和对象的唯一标识码。如果在定义类时将其覆盖,就可以将当前对象属性值以字符串形式呈现。这样一来,在需要显示对象内容时,可以直接调用类对象的 toString()成员方法,将返回的字符串显示输出。

3.4.4　protected 访问属性

具有 protected 访问属性的类成员可以被本类、本包中的其他类和其他包中的子类访问。它的可访问性介于默认和 public 之间。如果希望只对本包及其他包中的子类开放,就应该将其指定为 protected 访问属性。有关子类和 protected 更加详细地讨论将在第 4 章中阐述。

归纳上述 4 种不同的访问属性,各种访问属性的可访问权限如表 3-1 中所示。

表 3-1　Java 语言提供的访问属性

	同一个类	同一个包	不同包中的子类	不同包中的非子类
private(私有)	√	×	×	×
默认(包)	√	√	×	×
protected(保护)	√	√	√	×
public(公有)	√	√	√	√

注：√ 表示可以访问；× 标识不可访问。

3.5　静 态 成 员

在 Java 语言中,类成员有两种形式。一种是静态(static)的,称为静态成员,包括类变量和类方法;另一种是非静态的,称为实例成员,包括实例变量和实例方法。有关实例变量和实例方法的创建和处理已经在前面阐述过,本节主要讨论类变量和类方法的声明和使用。

3.5.1　类变量的声明及初始化

在类中声明成员变量时,如果在访问属性修饰符之后紧跟关键字 static 就属于类变量。例如:

```
public static int staticMember;
```

类变量只在加载类时创建一个副本,无论未来创建多少个该类的对象都将共享这一个副本,因此,类变量与类共存亡,而与具体的对象无关,这就是将其称为类变量的缘故。

例 3-7　类变量的应用。

在这个例子中,定义了两个类,一个是 Employee(雇员)类,一个是测试类 StaticTest。在 Employee 类中声明了 4 个成员变量,其中 name、salary 和 id 是实例变量,对于这 3 个成员变量,每创建一个对象就生成一个新的副本。而 nextId 是类变量,无论创建多少该类的对象,都只有一个副本,并由该类的所有对象共享。利用它可以实现在每次创建对象时获得一个新编号的目的。

```
//file name：Employee .java
```

```
public class Employee                            //雇员类
{
    private String name;                         //姓名
    private double salary;                       //工资
    private int id;                              //编号
    private static int nextId=1;                 //类变量,记录雇员编号

    public Employee(String n, double s)          //含有两个参数的构造方法
    {
        name=n;
        salary=s;
        id=nextId++;
    }
    public String getName(){return name;}        //返回姓名
    public double getSalary(){return salary;}    //返回工资
    public int getId(){return id;}               //返回编号
    public static int getNextId()                //类方法,返回下一个新编号
    {return nextId;   }
}
```

在 StaticTest 类中的 main 方法中定义了一个含有 3 个元素的数组,这个数组的元素类型为 Employee 对象的引用。

```
//file name：StaticTest.java
public class StaticTest                          //测试类
{
    public static void main(String[ ]args)
    {
        Employee staff[ ]=new Employee[3];

        staff[0]=new Employee("Zhang lin",4000.0);
        staff[1]=new Employee("Wang liang",6000.0);
        staff[2]=new Employee("Li li",5000.0);

        for(int i=0; i<staff.length; i++)
            System.out.println(staff[i].getId()
                +"\t"+staff[i].getName()+"\t"+staff[i].getSalary());
    }
}
```

运行这个程序后将会在屏幕上看到下列的结果。

```
1   Zhang lin   4000.0
2   Wang liang  6000.0
3   Li  li  5000.0
```

下面说明运行这个程序时创建对象的基本过程。

首先,加载 Employee 类和 StaticTest 类,并为类变量 nextId 分配空间并初始化,然后执行 StaticTest 类中的 main 方法。在 main 方法中,首先创建 staff 数组,然后分别创建数组中每个元素所引用的 Employee 对象,其结果如图 3-6 所示。

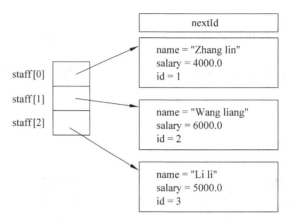

图 3-6　运行例 3-7 的空间分配示意图

可以看出,类变量 nextId 只有一个副本,由所有这个类的对象共享。也就是说,不管是通过 staff[0]访问 nextId,还是通过 staff[1]或 staff[2]访问 nextId,访问的都是同一个副本。但对于实例变量 name、salary 和 id 来说,每个对象均有一个独立的副本,它们彼此位于不同的存储位置,可以有相互不同的值。当通过对象访问这些实例变量时,对应的是该对象自身拥有的实例变量副本内容。

访问类变量有两种形式:

ClassName. memberName

或

objectName. memberName

其中,ClassName 是类名,objectName 是对象名,memberName 是类变量名。由于类被加载后就立即创建类变量,所以即使在该类没有创建一个对象时,类变量也已经存在。若在此时访问类变量,就只能用类名作为前缀。如果创建了该类的对象,既可以通过类名访问类变量,也可以通过对象名访问类变量。例如,staff[0]. nextId、staff[1]. nextId、staff[2]. nextId 或 Employee. nextId 访问的都是同一个类变量。

与实例变量一样,如果在定义类时没有提供初始值,它们的初始值将就为所属数据类型的默认值。但如果不希望使用这些初始值,就需要利用类变量的初始化器。类变量初始化器位于类定义中,其语法格式为:

```
static{
    ...                    //类变量初始化
}
```

将上面的 Employee 类增加一个记录雇员最低工资的成员,由于所有雇员的最低工资值都一样,所以应该将该成员指定为 static。在这个类中利用类变量初始化器对两个类变量

nextId 和 minSalary 进行初始化。

```
public class Employee                        //雇员类
{
private String name;                         //雇员姓名
private double salary;                       //雇员工资
private int id;                              //雇员编号

static int nextId;                           //下一个雇员编号
static double   minSalary;                   //雇员最低工资
static{                                      //类变量初始化器
    minSalary=250;
    nextId=1000;
}
Employee(){…}
…                                            //其他成员方法
}
```

注意：类变量不能在构造方法中初始化，其原因在于构造方法只有在创建对象时才被调用，而类变量在没有创建对象之前就已经存在，并可以被访问；另外，每创建一个对象，构造方法就被调用一次，而类变量只需要被初始化一次。

概括起来，构造方法与类变量初始化器，除了基本功能都是初始化外，有以下几点区别：

（1）构造方法用来初始化对象的实例变量，而类变量初始化器用来初始化类变量。

（2）构造方法在创建对象，即执行 new 运算时由系统自动地调用，而类变量初始化器是在加载类时被自动地执行。

（3）构造方法是一种特殊的成员方法，而类变量初始化器不是方法。

3.5.2 类方法

顾名思义，类方法也属于类。在类方法中，只能对该方法中的局部变量或类变量进行操作，而不能访问实例变量或调用实例方法。道理很简单，由于实例变量和实例方法只有创建对象后才存在，而类变量和类方法加载类后就存在，此时可能没有创建任何对象，但已经可以调用类方法。

如果希望将一个成员方法声明为类方法，就在访问属性修饰符之后加上 static 修饰符。例如，public static int getMember(){return staticMember;}。

将一个成员方法声明为类方法的唯一目的就是要利用这个方法对类变量实施操作。例如，在前面给出的 Employee 类中，有一个类方法 getNextId()，其内容只是返回类变量 nextId 的值。

在前面已经使用过大量的数学函数。在 Java 语言中，这些函数都被封装在一个称为 Math 的类中。例如，sin()、cos()、sqrt()、random()…，并没有创建任何 Math 类的对象就可以通过 Math. sin()、Math. cos()、Math. sqrt()、Math. random()的形式使用它们，这是因为它们在 Math 类中都被声明为类方法。

3.6 对 象 拷 贝

在 Java 语言中,拷贝可以通过赋值语句来实现,但对于不同的数据类型,赋值操作的执行效果不尽相同。对于基本数据类型的变量,赋值操作的含义是将赋值号右侧表达式的计算结果赋给赋值号左侧的变量。然而,当参与赋值操作的变量为引用类型时,所得到的结果是将赋值号右侧的引用赋给赋值号左侧的引用型变量,从而导致两个引用型变量同时引用一个对象。例如:

```
Employee e1,e2;
e1=new Employee("Zhang",3000);
e2=e1;
```

其中,e1 是引用型变量,其内容为 Employee 类对象的引用,而不是对象本身,因此,赋值操作 e2=e1 是将 e1 的对象引用赋给 e2,使得 e1 和 e2 引用同一个对象。其执行过程如图 3-7 所示。

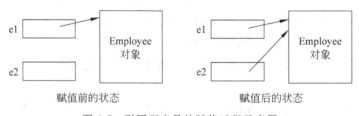

图 3-7 引用型变量的赋值过程示意图

随后通过 e1 和 e2 操作的对象是一个副本。弄清这点,对于正确地编写 Java 程序十分必要。

在很多情况下需要的不是对象引用的拷贝,而是对象本身内容的拷贝。在 Java 程序中,提供了一种创建对象拷贝的机制,称为克隆(cloning),它主要有两种方式:浅拷贝和深拷贝。所谓浅拷贝是指按照二进制位串进行对象拷贝,新创建的对象严格地复制原对象的全部内容。如果原对象的某个成员变量引用另外一个对象,将会原样复制这个引用,这样就会导致一个对象被多个引用型变量所引用。例如,如果首先创建 r2 引用的对象,然后再执行浅拷贝操作 r3=r2,结果如图 3-8 所示。两个对象的 leftTop 和 rightBottom 分别引用同一个 Point 对象副本。

有时候可能不希望这种拷贝效果,因为这样会带来一些操作的副作用,即修改一个对象的内容将会影响另一个对象,从而增加了对象管理的复杂度。

所谓深拷贝是指对象的完全拷贝。如果对象的某个成员变量引用其他的对象,需要对所指的子对象依次进行拷贝,使得拷贝后的对象双方各自拥有不同的副

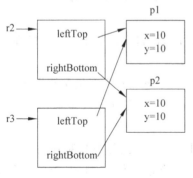

图 3-8 浅拷贝的执行效果

本,只是内容相同而已,如图 3-9 所示。

在 Java 语言中,提供了一个 Cloneable 接口用来支持浅拷贝和深拷贝方式的对象克隆。如果希望某个类对象具有克隆功能,就应该让这个类实现 Cloneable 接口,并对标准类 Object 的 clone 方法进行覆盖。实现 Cloneable 接口只是通知 Java 编译器该类对象可以被拷贝,而具体实现过程由 Object. clone() 成员方法完成。默认的 Object. clone() 成员方法只提供对象的浅拷贝。如果希望实现深拷贝,需要覆盖 Object 类中的 clone() 成员方法,在其中首先调用父类的成员方法 clone() 来完成对象的浅拷贝,然后再依次创建子对象部分来完成子对象的深拷贝。如果所有的子对象都实

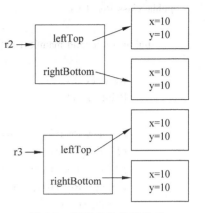

图 3-9　深拷贝的执行效果

现了 Cloneable 接口,只要简单地调用 clone() 成员方法就可以实现对象的克隆。对于需要深拷贝的对象,建议其子对象都实现 Cloneable 接口。

下面是将例 3-4 改写,以便支持深拷贝的程序代码。鉴于缩短篇幅,部分重复内容被省略。

例 3-8　对象深拷贝的应用。

```
//file name：Point. java
public class Point implements Cloneable
{
    ...                                              //参见例 3-4
    public Point clone()throws CloneNotSupportedException
    {
        return(Point)super. clone()；
    }
}


//file name：Rect. java
public class Rect implements Cloneable
{
    ...                                              //参见例 3-4
    public Rect clone()throws CloneNotSupportedException
    {
        Rect rect＝(Rect)super. clone()；

        rect. leftTop＝(Point)leftTop. clone()；
        rect. rightBottom＝(Point)rightBottom. clone()；
        return rect；
    }
}

//file name：RectTest. java
```

```java
public class RectTest
{
    public static void main(String[ ]args)throws CloneNotSupportedException
    {
        Rect r1, r2, r3;
        Point p1, p2;

        r1＝new Rect(10,20,30,40);
        p1＝new Point();
        p2＝new Point(100,100);
        r2＝new Rect(p1,p2);
        r3＝r2.clone();
        System.out.println("r1："+r1);
        System.out.println("r2："+r2);
        System.out.println("r3："+r3);

        r3.setLeftTop(60,40);
        r3.setRightBottom(300，380);

        System.out.println("r2："+r2);
        System.out.println("r3："+r3);
    }
}
```

运行这个程序后将会在屏幕上看到下列结果。

```
r1：(10,20)(30,40)
r2：(0,0)(100,100)
r3：(0,0)(100,100)
r2：(0,0)(100,100)
r3：(60,40)(300,380)
```

在这个输出结果中,r2 和 r3 第一次显示的内容完全一样,当修改 r3 的坐标点之后,两个坐标点不一样了,这说明 r2 并没有随 r3 的变化而变化,即两个对象引用的子对象是各自独立的副本。

总之,对象拷贝有 3 种形式:对象引用的拷贝、浅拷贝和深拷贝。选择哪种拷贝形式需要根据具体需求而定。通常,如果对象中的成员变量都是基本数据类型,浅拷贝就可以了;否则,为了拷贝后的对象拥有各自独立的副本需要实现深拷贝。建议弄清引用拷贝、浅拷贝和深拷贝的关系,这对于编写程序十分必要。

3.7　几个 Java API 中的标准类

在 Java API 中包含很多支撑 Java 程序运行的标准类,按照功能它们被分装在不同包中,例如,java.awt、java.io、java.lang、java.net、java.util、java.math、java.beans 和 javax.swing,表 3-2 列出了这些包的划分情况。如果需要使用其中的某个类,需要使用 import 将相应的包或类加载到程序中。

表 3-2 Java 主要包描述

包	描　述
java.awt	包含了所有与图形用户界面及事件处理有关的类
javax.swing	包含了所有与图形用户界面及事件处理有关的类
java.beans	包含了所有与 JavaBeans 组件模型有关的类,它用于可复用及可嵌入的软件组件
java.io	包含了与输入输出有关的类和接口
java.lang	包含了 Java 语言的核心类
java.math	包含了支持高精度整数和浮点数运算的类
java.net	包含了实现网络连接的类和接口
java.util	包含了大量实用工具类和接口,例如 Date、Array、Random、Timer、Vector 和 TreeSet

　　学习使用这些标准类是掌握 Java 程序设计的主要内容之一。在编写程序时,充分地利用这些标准类是面向对象程序设计一贯倡导的理念,这样既可以提高软件开发的效率,又可以保证软件的质量。下面介绍几个常用有代表性的标准类。

3.7.1 随机数类 Random

　　生成随机数是许多程序设计语言提供的一种功能。在前面的例子中,已经使用过 Math 类中提供的生成随机数的成员方法 random(),它可以产生介于 0.0~1.0 之间的 double 型数值。除此之外,Java 语言还提供了一个功能更加强大的 Random 类,它位于 java.util 包中。使用它可以根据需求创建不同类型的随机数发生器。

　　在 Random 类中,有一个 private 的 long 类型的成员变量 seed,它记录了每个对象对应的随机数发生器的"种子","种子"决定了随机数发生器产生随机数时所采用的算法。不同的"种子"值将产生不同的随机数序列。

　　Random 类提供了两个构造方法。一个是不带参数的默认型构造方法,它将以计算机时钟的当前时间作为"种子"值来创建随机数发生器对象;另一个带有一个 long 类型的参数作为"种子"值,使用这个构造方法可以显式地为随机数发生器指定"种子"值。

　　除此之外,在这个类中还声明了一些公有的成员方法,以便能够对随机数序列进行必要的操作。在表 3-3 中给出了它们的功能描述。

表 3-3 Random 类中的部分成员方法

成员方法	描　述
nextInt()	返回一个 int 类型的随机数,每次调用这个方法返回的数值将均匀地分布在 int 类型的取值范围内
nextInt(int limit)	返回一个大于或等于 0 且小于 limit 的 int 类型的随机数。每次调用这个方法返回的数值将均匀地分布在大于或等于 0,小于 limit 的取值范围内
nextLong()	返回一个 long 类型的随机数。每次调用这个方法返回的数值将均匀地分布在 long 类型的取值范围内
nextFloat()	返回一个 float 类型的随机数。每次调用这个方法返回的数值将均匀地分布在大于或等于 0.0f,小于 1.0f 的取值范围内

成 员 方 法	描 述
nextDouble()	返回一个 double 类型的随机数。每次调用这个方法返回的数值将均匀地分布在大于或等于 0.0,小于 1.0 的取值范围内
nextBoolean()	返回 true 或 false
nextByte(byte[] bytes)	产生随机数序列,并依次放入数组 bytes 中
setSeed(long seed)	将"种子"设置为 seed

下面是一个利用 Random 类创建随机数发生器来模拟掷骰子的游戏。

例 3-9　掷骰子游戏。

这个游戏的玩法是:掷两个骰子,如果投掷的结果都为 6,则输出 You win!!,并结束应用程序的执行;如果连续投掷 6 次还没有取得上述结果,就输出 Sorry,you lost……

在这个程序中,由于使用默认的构造方法创建 Random 对象,随机数发生器会用当前的系统时间作为"种子"值,而每次运行程序时的系统时间不会相同,所以产生的随机数序列也不会相同。下面是这个程序的代码。

```java
//file name：Simulator.java
import java.util.Random;
public class Simulator
{

    public static void main(String[ ]args)
    {
        Random diceValues＝new Random();                     //创建随机数发生器

        String[ ]theThrow＝{"First", "Second", "Third", "Fourth", "Fifth", "Sixth"};
        int die1＝0;
        int die2＝0;
        System.out.println("You have six throws of a pair of dice.\n"＋
            "The objective is to get a double six. Here goes…\n");
        for(int i＝0; i＜6; i＋＋){                          //最多掷6次
            die1＝1＋diceValues.nextInt(6);                 //掷第一个骰子
            die2＝1＋diceValues.nextInt(6);                 //掷第二个骰子
            System.out.println(theThrow[i]＋"throw："＋die1＋", "＋die2);
            if(die1＋die2＝＝12){                            //如果两个骰子均为6,输出成功信息
                System.out.println("You win!!");
                return;
            }
        }
        System.out.println("Sorry,you lost…");
        return;
    }
}
```

运行这个程序后将会在屏幕上看到类似下列结果。

You have six throws of a pair of dice.
The objective is to get a double six. Here goes⋯

First throw：1，4
Second throw：6，5
Third throw：6，5
Fourth throw：6，6
　　You win!!

需要注意，由于两个骰子均掷为 6 的几率只有 36：1，因此平均需要运行这个程序 6 次才成功一次。

3.7.2　字符串类 StringBuffer

在前面的应用例子中使用过 String 类。由于 String 类描述的是字符串常量，所以不能对 String 类对象表示的字符串实施插入字符、删除字符和更改字符这些编辑操作。下面介绍 Java 类库中提供的另外一个字符串标准类 StringBuffer。它与 String 类的区别在于可以对 StringBuffer 类对象表示的字符串进行编辑，由此称为可编辑字符串。在程序中，当需要对字符串进行编辑时必须选用 StringBuffer 类。

StringBuffer 类定义在 java.lang 包中。其中含有下面 3 个 private 成员变量。

private char value[]：用来存放字符串的缓冲区。

private int count：缓冲区中存放字符的个数。

private boolean shared：缓冲区是否共享的标志。

另外，还提供了 3 个构造方法。它们分别是：

public StringBuffer()无参的构造方法。默认缓冲区的大小为 16 个字符。

public StringBuffer(int length)缓冲区的大小为 length 个字符。

public StringBuffer(String str)缓冲区的大小为字符串 str 的长度加上 16，并将 str 存入缓冲区中。

这 3 个构造方法将 shared 初始化为 false。

表 3-4 中列出了 StringBuffer 类提供的部分公有的成员方法，利用它们可以方便地对字符串实施各种编辑操作。

表 3-4　**StringBuffer 类的部分成员方法**

方　　法	功　能　描　述
int length()	返回当前字符串的长度
int capacity()	返回当前缓冲区的大小
char charAt(int index)	返回下标为 index 的字符。如果 index 非法将抛出 IndexOutOfBoundsException 异常
void getChars（int srcBegin， int srcEnd, char dst[], int dstBegin)	将获取从 srcBegin 至 srcEnd 的子串，并存入 dst 数组中，在 dst 中的起始位置是 dstBegin。如果 srcBegin 或 srcEnd 非法将抛出 StringIndexOutOfBoundsException 异常

方 法	功 能 描 述
void setCharAt(int index, char ch)	将字符串中下标为 index 的字符设置为 ch。如果 index 非法将抛出 StringIndexOutOfBoundsException 异常
StringBuffer append(obj)	利用 String 类中的 valueOf()方法,将 obj 转换成字符串描述形式,并将这些字符追加在缓冲区尾部。这里的 obj 可以是 Object 对象,也可以是各种基本数据类型的数值
StringBuffer delete(int start, int end)	删除缓冲区中从 start 至 end 的所有字符。如果 start 或 end 非法将抛出 StringIndexOutOfBoundsException 异常
StringBuffer replace(int start, int end, String str)	用 str 字符串替换从 start 至 end 的子字符串
String substring(int start, int end)	返回从 start 至 end 的子串
StringBuffer insert(int index, char str[], int offset, int len)	将 str 数组,从 offset 开始,长度为 len 的字符串插入缓冲区从 index 起始的位置处
StringBuffer insert(int offset, Object obj)	将 obj 字符串插入缓冲区偏移量为 offset 的位置处。这里的 obj 可以是 Object 对象,也可以是各种基本数据类型的数值
int indexOf(String str, int fromIndex)	返回字符串 str 在缓冲区中从 fromIndex 下标开始,第一次出现的首字符下标
String toString()	将 StringBuffer 的内容转换成 String 型描述形式

下面列举一个 StringBuffer 类的应用例子。这个例子的功能是:从键盘上输入一行文本,并将其存储到创建的 StringBuffer 类对象中,然后利用 code()成员方法对这行文本进行加密。加密算法是将其中的每个字母替换为 Unicode 编码加 13 后对应的字符,非字母字符不变。

例 3-10　StringBuffer 类的应用。

```
//file name：TryStringBuffer. java
import java. io. * ;

public class TryStringBuffer
{
    public static void main(String[ ]args)throws IOException
    {
        BufferedReader in＝new BufferedReader(new InputStreamReader(System. in));
        System. out. print("\n＞");
        String line＝in. readLine();                        //从键盘输入一行文本

        StringBuffer buf＝new StringBuffer(line);           //创建 StringBuffer 对象
        for(int i＝0; i＜buf. length(); i＋＋){
            buf. setCharAt(i, code(buf. charAt(i)));        //加密
        }
        System. out. println(buf);                          //输出加密后的结果
    }
```

```java
    public static char code(char c)                    //加密算法
    {
        if((c>='A')&&(c<='Z')||(c>='a')&&(c<='z')){
            c+=13;
        }
        return c;
    }
}
```

运行这个程序后将会在屏幕上看到下列结果。下划线部分是用户输入的文本行内容。

This is a Java program.
auv? v? n Wn? n}|t nz.

3.7.3 高精度数值类 BigInteger /BigDecimal

从第 2 章中介绍的 Java 基本数据类型可以看到：每个整型和浮点型都有取值范围和精度的限制。如果这些数据类型不能满足精度需求可以使用 java. math 包中提供的 BigInteger 类和 BigDecimal 类。BigInteger 类实现了任意大小的整数运算，BigDecimal 类实现了任意精度的浮点数运算。在使用这两个类时需要注意下面几点：

- 不允许修改这两个类对象包含的值，通常将两个值的运算结果用一个新对象表示。
- 这两个类对象表示的数值没有运算溢出问题。
- 由于这两个类对象表示的数值被封装在对象中，所以不能直接使用人们熟悉的运算符＋、—、＊、/等书写运算过程，必须调用相应的成员方法。

表 3-5 列出了 BigInteger 类和 BigDecimal 类中的部分成员方法。

表 3-5 BigInteger 类和 BigDecimal 类的部分成员方法

成 员 方 法	描 述
BigInteger value(long x) BigDecimal value(long x)	将 x 转换为 BigInteger 或 BigDecimal 对象
BigInteger add(BigInteger other) BigDecimal add(BigDecimal other)	将两个 BigInteger 或 BigDecimal 对象相加
BigInteger subtract(BigInteger other) BigDecimal subtract (BigDecimal other)	将两个 BigInteger 或 BigDecimal 对象相减
BigInteger mutiply(BigInteger other) BigDecimal mutiply (BigDecimal other)	将两个 BigInteger 或 BigDecimal 对象相乘
BigInteger divide(BigInteger other) BigDecimal divide (BigDecimal other)	将两个 BigInteger 或 BigDecimal 对象相除
int compareTo(BigInteger other) int compareTo (BigDecimal other)	将两个 BigInteger 或 BigDecimal 对象比较大小

22！＝51 090 942 171 709 440 000，而 long 类型的最大值为 9 223 372 036 854 775 807，已经超出了 long 类型的取值范围。如果想要计算更大整数值的阶乘就必须借助 BigInteger 类。下面利用 BigInteger 类计算 50！。

例 3-11 BigInteger 类计算 50！。

```
//file name：TryBigInteger.java
import java.math.*；
public class TryBigInteger
{
    public static void main(String[ ]args)
    {
        BigInteger value，result；

        result＝BigInteger.valueOf(1)；
        for(long i＝2；i＜50；i++){
            value＝BigInteger.valueOf(i)；
            result＝result.multiply(value)；
        }
        System.out.println("50！ ＝"＋result)；
    }
}
```

运行这个程序后将会在屏幕上看到下列结果。

50！ ＝60828186403426756087225216332129537688755283137921024000000000000

3.8　应用举例

在面向对象程序设计中,核心的问题是根据实际需求设计出尽可能合理的类,并理顺类与类之间的关系。这些类可以直接来源于 Java 类库提供的标准类;也可以将标准类作为基类,进一步构造更加能够描述特定问题的子类。设计类应该掌握下面几个基本原则。

- 封装:将描述实体特征的所有内容封装在一起,包括表示实体属性的成员变量和表示实体行为能力的成员方法。
- 信息隐藏:将描述实体属性的成员变量设定为 private 访问属性,使其对外屏蔽起来,外界只能通过类提供的公共接口进行操作。
- 接口清晰:接口是外界与类对象沟通的渠道。接口设计既要清楚简洁又要符合人们的使用习惯。
- 通用性:可重用性是面向对象程序设计希望达到的主要目标之一,而通用性是保证可重用性的关键要素。
- 可扩展性:任何事物都是不断发展的,软件产品也应该能够随着用户需求的变化而加以扩展,这是软件设计必须要考虑的问题。

下面举一个例子说明面向对象程序设计的基本思路。

例 3-12　八皇后问题。

所谓八皇后问题是指将 8 个皇后棋子放置在 8×8 的国际象棋棋盘中,要求 8 个棋子放置的位置不会出现同行、同列和同对角线的现象,从而保证 8 个皇后不会相互吃掉。

采用面向对象程序设计方法解决这个问题时,首先需要分析其中包含的实体,这里应该有棋盘和棋子。棋盘含有描述棋盘大小和棋盘每个单元状态的属性及相关行为;棋子含有用于区分每个棋子的编号和棋子在棋盘中所处位置的属性及相关行为,两个类具有相互依存的关系。图 3-10 是这两个类的 UML 类图。

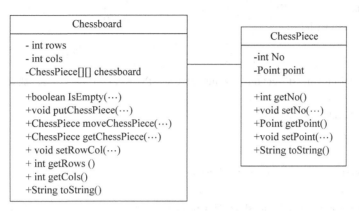

图 3-10　Chessboard 和 ChessPiece 类图

随后根据类图编写定义类的程序代码。下面是定义类 Chessboard 的程序代码。

```java
//file name：Chessboard.java
import java.awt.*;
public class Chessboard                                    //棋盘类
{
    private int rows, cols;                                //棋盘大小
    private ChessPiece[][]chessboard;                      //棋盘

    public Chessboard(int rows, int cols)                 //初始化棋盘
    {
        this.rows=rows;
        this.cols=cols;
        chessboard=new ChessPiece[rows][cols];
        for(int i=0; i<rows; i++){
            for(int j=0; j<cols; j++){
                chessboard[i][j]=null;
            }
        }
    }
    public boolean IsEmpty(int x, int y)                  //判断给定位置是否空
    {
        if(chessboard[x][y]==null){
            return true;
        }else{
            return false;
        }
    }
    public boolean IsEmpty(Point point)                  //判断给定位置是否空
    {
```

```
        if(chessboard[(int)point.getX()][(int)point.getY()]==null){
            return true;
        }else{
            return false;
        }
    }
    public void putChessPiece(int row,int col,ChessPiece chessPiece)        //放置棋子
    {
        if(chessPiece==null){
            return;
        }
        chessboard[row][col]=chessPiece;
    }
    public ChessPiece moveChessPiece(int row, int col)                      //移走棋子
    {
        ChessPiece chessPiece=chessboard[row][col];
        chessboard[row][col]=null;
        return chessPiece;
    }
    public ChessPiece getChessPiece(int row, int col)                       //返回给定位置的棋子
    {
        return chessboard[row][col];
    }
    public void setRowCol(int rows, int cols)                               //设置棋盘大小
    {
        this.rows=rows;
        this.cols=cols;
    }
    public int getRows()                                                    //返回棋盘行数
    {
        return rows;
    }
    public int getCols()                                                    //返回棋盘列数
    {
        return cols;
    }
    public String toString()
    {
        String str;
        str="";
        for(int i=0; i<rows; i++){
            for(int j=0; j<cols; j++){
                if(IsEmpty(i, j)){
                    str+="-";
                }else{
```

```
                        str+="@";
                    }
                }
                str+="\n";
            }
            return str;
        }
}
```

在这个类中,成员变量 rows 和 cols 分别用来描述棋盘的行数和列数,Chessboard 是一个用来描述棋盘的二维数组。将这个数组的元素类型声明为 ChessPiece 类的原因是更加便于获取每个位置所放棋子的具体信息。另外,类中的成员方法也紧紧围绕着属性的设计,包含负责初始化的构造方法、获取内容的 get 方法、更改内容的 set 方法以及为显示结果用来将棋盘信息转换为字符串的 toString 方法。

下面是定义类 ChessPiece 的程序代码。

```java
//file name：ChessPiece. java
import java. awt. * ;
public class ChessPiece                          //棋子类
{
    private int No;                              //棋子编号
    private Point point;                         //棋子在棋盘中的位置

    public ChessPiece()
    {
        No=0;
        point=new Point(0, 0);
    }
    public ChessPiece(int No)
    {
        this. No=No;
        point=null;
    }
    public ChessPiece(int No, int x, int y)
    {
        this. No=No;
        point=new Point(x, y);
    }
    public ChessPiece(int No, Point p)
    {
        this. No=No;
        point=p;
    }
    public int getNo()
    {
```

```
        return No；
    }
    public void setNo(int No)
    {
        this. No＝No；
    }
    public Point getPoint()
    {
        return point；
    }
    public void setPoint(Point point)
    {
        this. point＝point；
    }
    public String toString()
    {
        return "("＋point. getX()＋"，"＋point. getY()＋")"；
    }
}
```

在这个类中,包含了为辨别不同棋子设置的编号 No 和用来记录棋子在棋盘中位置的 point,其余成员方法都是围绕着初始化、获取内容和更改内容而设计。类中的 point 使用的是类库中提供的 Point 类,这个类位于 java. awt 包中,有关这个标准类的详细内容可以参阅 Java API 文档。

下面是为了求解八皇后问题设计的类。在这个类中,包含了初始化棋盘与棋子、求解八皇后问题和输出结果几个成员方法。其中最核心的是求解八皇后问题的 play 成员方法。求解八皇后问题是一个典型的回溯算法,其中利用栈记录求解过程,以便在必要时确定回溯路径。在这里没有自定义栈类,而是直接使用 Java 类库提供的 Stack 类,这个类的定义位于 java. util 中。这是值得提倡的程序设计方法。

```
//file name：EightQueen. java
import java. util. ＊；
import java. awt. ＊；

public class EightQueen
{
    public final static int NUM＝8；
    private Chessboard chessboard；
    private ChessPiece[ ]chessPiece；

    public EightQueen()                              //初始化棋盘和棋子
    {
        chessboard＝new Chessboard(NUM，NUM)；
        chessPiece＝new ChessPiece[NUM]；
        for(int i＝0；i＜NUM；i＋＋){
```

```
        chessPiece[i]＝new ChessPiece(i＋1);
    }
}

public ChessPiece getAt(int i)                    //返回第 i 个棋子
{
    if(i<0||i>=NUM){
        return null;
    }
    return chessPiece[i];
}

public void play()                                //求解八皇后问题
{
    Stack<ChessPiece>stack;                       //保存结果的栈
    int i, j, k, x, y;
    stack＝new Stack<ChessPiece>();

    //将第 1 个棋子放置在(0,0)
    chessboard.putChessPiece(0, 0, chessPiece[0]);
    chessPiece[0].setPoint(new Point(0, 0));
    stack.push(chessPiece[0]);

    i＝1;
    j＝0;
    while(i<NUM){

        for(k＝0; k<i; k++){                        //检测是否可以将棋子放在(i,j)
            x＝(int)chessPiece[k].getPoint().getX();
            y＝(int)chessPiece[k].getPoint().getY();
            if((j==y)||(Math.abs(x-i)==Math.abs(y-j))){
                break;

            }
        }

        if(k==i){                                   //可以将棋子放在(i,j)
            chessboard.putChessPiece(i, j, chessPiece[i]);
            chessPiece[i].setPoint(new Point(i, j));
            stack.push(chessPiece[i]);
            i++;
            j＝0;
        }else{                                      //不可以
            if(j<NUM－1){
                j++;                                //换一列
            }else{
                while(! stack.empty()){             //退栈
```

```
                    ChessPiece c=stack. pop();
                    i=(int)c. getPoint(). getX();
                    j=(int)c. getPoint(). getY();
                    chessboard. moveChessPiece(i, j);
                    if(j<NUM-1){
                        j++;
                        break;
                    }
                }
            }
        }
    }

    public String result()                          //输出结果
    {
        return chessboard. toString();
    }

    public static void main(String[ ]args)
    {
        EightQueen eightQueen=new EightQueen();
        eightQueen. play();
        System. out. println(eightQueen. result());
    }
}
```

运行这个程序后将会在屏幕上看到下列结果。

```
@  -  -  -  -  -  -  -
-  -  -  -  @  -  -  -
-  -  -  -  -  -  -  @
-  -  -  -  @  -  -  -
-  -  @  -  -  -  -  -
-  -  -  -  -  @  -  -
-  @  -  -  -  -  -  -
-  -  -  @  -  -  -  -
```

在设计过程中，需要对定义的每个类进行测试，然后再将它们根据需求集成起来。在 NetBeans 环境中提供了功能很强的测试工具。建议参考相关技术手册学会测试工具的基本使用方法。

本 章 小 结

本章主要阐述了面向对象的抽象性和封装性在 Java 程序中的实现技术，其中包括类的定义、对象的创建与访问、类成员的访问权限控制，并给出了成员变量、成员方法、构造方法、静态成员以及对象拷贝等一系列概念的应用。最后介绍了几个常用的标准类，讲述了八皇后问题的求解方法，这是一个在程序设计和算法设计中的经典问题，这里展示了利用面向对象程序设计方法求解此问题的基本思路。

课 后 习 题

1. 基本概念

（1）阐述 Java 语言是如何支持面向对象的抽象和封装概念？

（2）在 Java 程序中可以通过哪几个途径对成员变量初始化？

（3）阐述默认访问属性、public 访问属性、private 访问属性和 protected 访问属性的应用场合。

（4）什么是静态成员？如何对类变量初始化？如何对类变量进行操作？举例说明在什么情况下选择使用静态成员？

（5）举例说明什么是浅拷贝？什么是深拷贝？阐述如何实现对象的拷贝。

2. 编程题

（1）设计一个一元二次方程类 Equation，然后再编写一个 Java 应用程序，对该类对象表示的一元二次方程进行创建、显示和求解等操作。

（2）设计一个身份证类，其中包含姓名、性别、民族、出生年月日、住址、身份证编码、签发机关和有效期限。

（3）设计一个集合类 Set，然后再编写一个 Java 应用程序，创建两个 Set 对象，并利用 Math. random（）产生这两个集合中的元素，最后对它们实施"交"、"并"操作。

（4）设计一个记录某门课程的所有同学的考试成绩的成绩单类 ScoreReport，其中除了应该包含课程编码、课程名称、考试日期、教师姓名以及每个学生的学号、姓名、成绩等信息外，还应该包含与之相关的所有行为方法。

（5）设计一个日历类，其中应该包含日历的所有属性描述和操作行为描述。

3. 思考题

（1）在通常情况下，每个类至少应该包含哪些成员方法？

（2）按照类设计的基本原则进行设计会带来什么好处？

4. 知识扩展

（1）在 NetBeans 开发环境中提供了功能很强的调试工具，参阅 NetBeans 在线帮助学习它们的使用方法，并养成利用它们调试代码的习惯。

（2）在例 3-12 中使用了类库提供的 Point 类和 Stack 类，自行阅读 Java API 文档，了解这两个类为用户提供的公共接口，体会它们的设计理念。

上机实践题

1. 实践题 1

【目的】 通过这道上机实践题的训练，可以熟悉设计类的基本过程，掌握 Java 类的编辑、编译和调试的基本方法。

【题目】 设计一个有理数类，应该包含加、减、乘和除运算。

【要求】 编写一个 Java 程序，对从键盘输入的有理数进行各种基本运算。

【提示】 注意：输入输出格式及正负数的处理。

【扩展】 将有理数约分到最简。

2. 实践题 2

【目的】 通过这道上机实践题的训练，可以体会类之间的依赖关系，并学会运行多个类的基本方法。

【题目】 设计一个课程和教材管理系统。其中应该包含课程类和教材类。课程类包括课程编号、名称、学时、性质、授课教师、使用教材等属性和相关行为的描述等；教材包括书号、书名、作者、价格等属性和相关行为的描述。

【要求】 编写一个 Java 程序，检测为某门课程指定教材、查看课程信息、查看教材信息等操作。

【提示】 先画出 UML 类图，再根据类图编写程序代码，需要仔细考虑每个类应该包含哪些成员方法？

【扩展】 每门课程可能指定多本参考书。

第 4 章

继承与多态

抽象性、封装性、继承性和多态性是面向对象程序设计的核心特性,任何一种面向对象的程序设计语言都应该提供某种技术对这 4 个特性给予支持。在第 3 章中已经看到,Java语言利用提供声明类和创建对象来支持抽象性和封装性。本章将阐述 Java 语言对继承性和多态性的实现技术。

4.1 继承与多态的实现技术

继承机制是实现软件可重用的基石,是提高软件系统的可扩展性和可维护性的主要途径。所谓继承是指一个类的定义可以基于另外一个已经存在的类,即子类基于父类,从而实现父类代码的重用。两个类之间的这种继承关系可以用 UML 图形符号表示为图 4-1 所示的形式。

父类与子类相比较,涵盖了更加共性的内容,更具有一般性,而子类所添加的内容更具有个性,是一般性之外的特殊内容,因此,这种类的继承关系充分地反映了类之间的"一般-特殊"关系。类的继承具有传递性,即子类还可以再派生子类,最终形成一个类层次结构。如图 4-2 所示就是一个类层次结构的简单例子。从这个例子可以看出,位于上层的概念更加抽象,位于下层的概念更加具体。所以说,从下往上看是逐步抽象的过程,从上往下看是逐步分类的过程。实际上,解决问题的过程就是不断抽象和分类的过程。

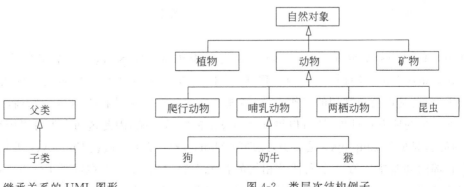

图 4-1　继承关系的 UML 图形　　　　图 4-2　类层次结构例子
　　　　　符号表示法

在 Java 语言中,通过定义子类支持继承性。不仅如此,Java 还提供了抽象类和接口,以便使类层次得到更高级别的抽象。

多态性是面向对象程序设计的又一个核心概念,它有助于增加软件系统的可扩展性、自然性和可维护性。所谓多态是指不同类的对象收到同一个消息可以产生完全不同的响应效果的现象。利用多态机制,用户可以发送一个通用的消息给各个类对象,而实现细节由接收对象自行决定,这样同一个消息可能会导致调用不同的方法。

多态概念的应用相当广泛。例如,人们常说,打开电视机,打开收音机,打开箱子,打开排水系统等,尽管都使用"打开"一词,但开启的对象却大不相同,导致效果也截然不同。

在面向对象的程序设计中,不同类的对象之间的多态性依托于继承性实现,即在利用继承机制形成的类层次中,将通用功能的消息放在高层次,具体的实现放在低层次。在这些较低层次上生成的对象能够通过对通用消息做出不同的响应。

在 Java 语言中,主要利用子类覆盖父类的成员方法的方式支持多态性。

4.2 类 的 继 承

在 Java 语言中,采用定义子类的方式实现面向对象程序设计的继承性。但它只允许每个子类拥有一个直接父类,即单继承。如果某个子类需要继承多个父类的内容,只能借助于接口实现行为的多继承。下面介绍声明子类的格式、子类中构造方法的书写规则以及引用父类中成员的方式。

4.2.1 定义子类

在 Java 语言中,子类是通过在定义类时利用关键字 extends 指出父类实现的,其语法格式为:

```
[Modifiers]class ClassName extends SuperClassName
{
    ClassBody                              //类体
}
```

其中,Modifiers 是修饰符,ClassName 是子类的名称,extends 是指出父类的关键字,SuperClassName 是直接父类的名称,ClassBody 是所有子类成员的定义。例如,在一个公司中,雇员是该公司聘用的工作人员,经理是管理公司的一种特殊雇员,这类雇员不但拥有普通雇员的所有特征外,还可以得到公司发给的特殊津贴,因此这两个类可以用继承关系进行描述,雇员类 Employee 是父类,经理类 Manager 是子类。假设 Employee 类只包含姓名、所在部门和基本工资 3 个属性及相关的行为方法,Manager 类在继承 Employee 类所有内容的基础上,还需要附加一个描述特殊津贴的属性及相关的行为方法。图 4-3 是这两个类的 UML 表示。

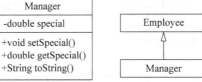

(a) Employee类图　　　(b) Manager类图　　(c) 两个类之间的关系

图 4-3　UML 类图

下面是定义这两个类的程序代码。

```
public class Employee                    //雇员类
{
    private String name;                 //姓名
    private double salary;               //工资
    private String department；          //部门

    public Employee()
    {
      name="";
      salary=0.0;
      department="";
    }

    public Employee(String name, double salary, String department)
    {
      this. name=new String(name);
      this. salary=salary;
      this. department=new String(department);
    }

    public void setName(String name){this. name=new String(name);}
    public void setSalary(double salary){this. salary=salary;}
    public void setDepartment(String department)
    {
      this. department=new String(department);
    }

    public String getName(){return name;}
    public double getSalary(){return salary;}
    public String getDeparyment(){return department;}

    public String toString()
```

```
        {
            return "name: "+name+"\nsalary: "+salary+"\ndepartment: "+department;
        }
    }

public Manager extends Employee                    //经理类
{
    private double special;                         //特殊津贴

    public Manager(){super();special=0.0;}
    public Manager(String name, double salary, String department, double special)
    {
        super(name, salary, department);
        this.special=special;
    }
    public void setSpecial(double special){this.special=special;}
    public double getSpecial(){return special;}
    public String toString()
    {
        return super.toString()+"\nspecial: "+special;
    }
}
```

在 Manager 类中包含 4 个成员变量,除 special 外,其余 3 个成员变量 name、salary 和 department 都是由 Employee 类继承而来的,由于它们均被声明为 private 访问属性,所以在 Manager 类中不能对它们直接进行访问,需要通过 Employee 类中提供的公有成员方法达到操作它们的目的。另外,由于在 Employee 类中声明的成员方法都是 public 访问属性,所以继承到 Manager 类之后就如同本类声明的成员方法一样使用。

下面介绍一个具有继承关系的经典例子——几何图元问题。

例 4-1　几何图元类层次的设计例子。

几何图元是指可以绘制的基本几何图形,例如矩形、正方形等。假设任何一个几何图元都有颜色和显示位置这两个属性。矩形还应该有长(length)、宽(width)两个属性,正方形是一种特殊的矩形,它的特殊性在于长和宽相等。这 3 个类之间的关系可以用图 4-4 所示的 UML 类图描述。为了能够更清晰地反映类之间的关系,图中只写出了类名称,没有写出每个类中声明的成员变量和成员方法。

从 UML 图可以看出,Shape 类是几何图元的通用类;矩形是一种特定的几何图元,因此,Rectangle 类应该是 Shape 的子类;正方形又是一种特殊的矩形,所以 Square 类应该是 Rectangle 类的子类。

首先讨论一下 Shape 类。在 Shape 类中需要设定两个属性:一个是几何图元的颜色,三基色法是用来度量颜色的一种常用方法,即用红、绿、蓝三色的不同量度确定某一种特定的颜色,因此需要定义一个 Color 类,图 4-5 是这个类的 UML 表示;另一个是几何图元的显示位置,可以直接使用 Java 类库提供的 Point 类。

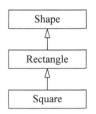

Color
-int red
-int green
-int blue
+void setColor()
+int getRed()
+int getGreen()
+int getBlue()
+String toString()

图 4-4　几何图形类关系图　　　　图 4-5　Color 类的 UML 类图

下面是定义 Color 类的程序代码。

```java
//file name：Color.java
public class Color                                 //Color 类定义
{
    private int red;                               //红色
    private int green;                             //绿色
    private int blue;                              //蓝色

    public Color(){red＝0；green＝0；blue＝0;}       //构造方法
    public Color(int red，int green，int blue)      //构造方法
    {
      if(red＜0||red＞255)this.red＝0；
      else this.red＝red；
      if(green＜0||green＞255)this.green＝0；
      else this.green＝green；
      if(blue＜0||blue＞255)this.blue＝0；
      else this.blue＝blue；
    }
    public void setColor(int red，int green，int blue)   //设置颜色
    {
      if(red＜0||red＞255)this.red＝0；
      else this.red＝red；
      if(green＜0||green＞255)this.green＝0；
      else this.green＝green；
      if(blue＜0||blue＞255)this.blue＝0；
      else this.blue＝blue；
    }
    public int getRed(){return red;}               //获取红色
    public int getGreen(){return green;}           //获取绿色
    public int getBlue(){return blue;}             //获取蓝色
    public String toString()                       //将颜色信息转换成字符串描述形式
    {
      return "Red："＋red＋","Green："＋green"＋",Blue："＋blue；
    }
}
```

图 4-6 是 Shape 类的 UML 类图。在这个类中包含两个成员变量,一个是几何图元的颜色 color,另一个是几何图元的显示位置 place。

下面是定义 Shape 类的程序代码。

```java
//file name：Shape.java
import java.util.＊;
public class Shape                          //Shape 类
{
    private Color color;                    //颜色属性
    private Point place;                    //原点属性
    public Shape()
    {
        color＝new Color();
        place＝new Point();
    }
    public Shape(Color color，Point place)
    {
        this.color＝color;
        this.place＝place;
    }
    public void setColor(Color color){this.color＝color;}
    public void setPlace(Point place){this.place＝place;}
    public Color getColor(){return color;}
    public Point getPlace(){return place;}
    public String toString()
    {
        return color.toString()＋"\n"＋place.toString();
    }
}
```

前面已经说过,矩形是一种几何图元,因此可以通过继承 Shape 类来声明 Rectangle 类。图 4-7 是 Rectangle 类的 UML 类图以及它与 Shape 类之间的关系图。

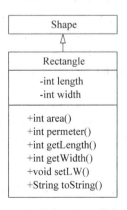

图 4-6　Shape 类的 UML 类图　　　　图 4-7　Rectangle 类与 Shape 类之间的关系图

下面是定义 Rectangle 类的程序代码。

```java
//file name：Rectangle.java
public class Rectangle extends Shape                        //Rectangle 类
{
    private int length;                                     //长
    private int width;                                      //宽

    public Rectangle()
    {
        super();
        length=0;
        width=0;
    }
    public Rectangle(Color color, Point place, int length, int width)
    {
        super(color, place);
        this.length=length;
        this.width=width;
    }
    public int area(){return length * width;}               //计算矩形面积
    public int permeter(){return 2 * (length * width);}     //计算矩形周长
    public int getLength(){return length;}
    public int getWidth(){return width;}
    public void setLW(int length, int width)
    {
        this.length=length;
        this.width=width;
    }
    public String toString()
    {
        return "length："+length+" width："+width;
    }
}
```

图 4-8 是 Square 类图及与 Rectangle 类之间的关系图。当矩形的长与宽相等时就是正方形,因此,Square 类不需要增加新的成员变量,只重新声明一些适用于正方形操作接口的成员方法。例如,将 Rectangle 类中需要带入长和宽的成员方法改写成只带入一个边长。这也是一种常见的子类成员方法的声明形式。

下面是定义 Square 类的程序代码。

```java
//file name：Square.java
public class Square extends Rectangle
    //Square 类定义
{
```

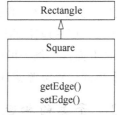

图 4-8 Square 类图及与 Rectangle 类之间的关系图例

```
public Square(){super();}
public Square(Color color, Point place, int edge){super(color, place, edge, edge);}
public int getEdge(){return getLength();}
public void setEdge(int edge){setLW(edge, edge);}
}
```

从上面定义的类可以看出,子类描述的实体是父类概念的一种特例,即父类较子类更加抽象,子类较父类更加具体,所以,很多人经常用"是一种(is a)"来描述类之间的继承关系。例如,矩形是一种几何图元,正方形是一种矩形。实际上,子类是对父类概念的延伸,它不但继承了父类的内容,还扩展了父类的某些功能。在 Java 语言中,子类将继承父类的成员,但子类对象对父类成员的可访问性却由访问属性控制。如果子类与父类在同一个包中,子类可以直接访问父类具有 public、protected 和默认访问属性的成员。如果子类和父类不在同一个包中,子类只能够直接访问父类具有 public、protected 访问属性的成员,而具有 private 和默认访问属性的成员需要通过具有 public 或 protected 访问属性的成员方法实现访问目的。下面用图 4-9 和图 4-10 分别描述在同一个包中和不在同一个包中子类访问父类成员的规则。

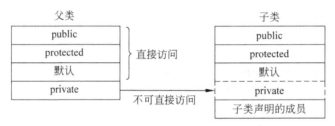

图 4-9　在同一个包中,子类访问父类成员的规则

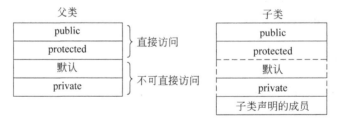

图 4-10　在不同包中,子类访问父类成员的规则

对于子类中不可直接访问的那部分父类成员,并不意味着它们是无用的包袱。很显然,它们也是子类不可缺少的成员,子类对象只是需要通过父类提供的访问接口对它们进行操作,这样可以更好地保证类之间的独立性,提高整个系统的可维护性。

通过上面这个例子可以看到,继承机制为软件重用带来了可能。手中拥有的通用类越多,可重用的代码资源就越多,软件开发的效率就越高。

4.2.2　子类的构造方法

在 Java 程序中,子类不负责调用父类中带参数的构造方法。若要在创建子类对象时希望对从父类继承的成员变量初始化,就要在子类的构造方法中利用 super(…)调用父类的构造方法,并且必须将这条语句放在子类构造方法的第一条语句位置。如果第一条语句没有调用父类构造方法,系统将自动地在这个位置上插入一条调用父类默认构造方法的语句。由于默认的构造方法不带参数,所以,如果父类声明了带参数的构造方法,而没有声明不带参数的构造方法,将会出现编译错误。这也正是建议大家在声明带参数的构造方法的同时,一定要声明一个不带参数的构造方法的主要原因。对于父类中那些带参数的构造方法,子类将不会自动地调用它们,必须人工地将调用它们的语句写入子类的构造方法中。

在4.2.1中定义的雇员类 Employee 和经理类 Manager 就展示了子类构造方法调用父类构造方法的实现过程。在雇员类 Employee 中声明了两个构造方法,一个没有参数,一个有 3 个参数;在经理类 Manager 中也声明了两个构造方法,一个没有参数,一个有 4 个参数。由于在 Manager 类的构造方法中要对从 Employee 类继承过来的 3 个成员变量初始化,所以需要利用 super 调用 Employee 类中的构造方法,这条语句一定要放在构造方法的第一条语句的位置,否则系统将会自动地插入一条调用默认构造方法的语句,在有些情况下,这种做法并不是人们所希望的结果。

调用父类构造方法所使用的 super 是 Java 语言的关键字,用来表示直接父类的引用。前面已经看到,如果在子类中调用父类的构造方法就需要借助于这个关键字。另外,如果在子类中调用父类中被子类覆盖的那些成员也需要使用 super。

4.2.3 通用父类 Object

第 3 章中曾经说过,在 Java 语言中,定义的任何类都是 Object 的直接子类或间接子类。如果在定义类 A 时没有指出父类,则默认的父类就是 Object;否则,如果 A 的父类是 B,而在定义 B 类时没有指出父类,则 B 的父类就是 Object;以此类推,直到某个类没有指出它的父类,这个类的父类就是 Object。

Java 将类层次设计为这种形式会为对象处理带来一些便利。首先,一个 Object 类型的变量可以引用任何类的对象。当在程序中,处理未知类型的对象时这个功能显得尤为重要;其次,可以将成员方法的参数设置为 Object 类型,以便方法能够接收参数传递进来的任何类型的对象;最后,在 Object 类中,提供了所有对象都应该具有的行为方法,这样可以更好地统一这些操作的接口形式。

在 Object 类中,提供了下面 7 个常用的 public 成员方法,任何子类都可以直接调用它们。表 4-1 中列出了这 7 个成员方法的描述。

表 4-1 Object 类的 7 个 public 的成员方法

成员方法	描　　　述
toString()	以 String 类对象的形式返回当前对象的字符串描述。其内容为:类名,后跟@及当前对象的十六进制表示形式。当在程序中利用+号将一个对象与 String 类型的对象连接时,系统自动地调用这个成员方法。建议在定义类时,覆盖这个方法,以便返回更加符合用户需求的对象信息
equals()	通过参数带入一个对象,并将它与当前对象进行比较。如果两个对象是同一个对象的引用,则返回 true;否则,返回 false。通常在子类中覆盖这个方法,以便实现两个通类型对象比较是否相等的操作
getClass()	返回一个 Class 类对象,该对象内部包含了一些能够标识当前对象的信息

成员方法	描 述
hashCode()	计算对象的编码,并将其返回。在运行 Java 程序时会为每个对象分配一个编码,这是对象的唯一标识
notify()	唤醒一个与当前对象关联的线程
notifyAll()	唤醒与当前对象关联的所有线程
wait()	将导致线程等待一个指定的时间间隔或等待另一个线程调用当前对象的 notify() 或 notifyAll() 方法

注意,在 Object 类中有两个 protected 成员方法,它们是 clone() 和 finalize()。这两个成员方法在前面已经介绍过,在此就不重复了。另外,getClass()、notify()、notifyAll() 和 wait() 被声明为 final 成员方法,因此在子类中不能覆盖它们。

关于修饰符 final,在第 2 章中已经介绍过,可以利用它声明常量。实际上,final 可以用来修饰类、方法、成员变量和局部变量。

如果用 final 修饰某个类,意味着这个类不能再作为父类派生其他的子类,因此又将这种类称为终结类。在设计类时,对不希望再被扩展或更改的类应该选用 final 修饰。例如,在 Java 标准类库中提供的 Integer 类和 Double 类分别是 int 类型和 double 类型对应的包装类,它们都是终结类。

如果用 final 修饰某个成员方法,意味着它不能被覆盖,即在子类中不能声明与父类方法签名完全一样的方法。对于操作过程比较规范、严谨的成员方法,如果不希望子类更改操作方式就应该用 final 修饰符声明这个成员方法。

如果用 final 修饰成员变量,意味着它在第一次被赋值后,只能被程序中的其他部分引用,而不得被二次赋值,其作用类似于常量。

如果用 final 修饰局部变量,包括成员方法中定义的变量、方法参数表中的参数以及异常处理中的参数,在第一次被赋值后,也只能被引用,不能被二次赋值。

4.3 类成员的隐藏与重载

在子类继承父类成员的同时,子类自己还可以声明一些新的成员。当子类中声明的新成员变量与父类中某个成员变量的名字相同时,子类会将父类相应的成员变量隐藏起来。当子类中声明的成员方法与父类中某个成员方法的名字相同,但参数表不同时称为成员方法的重载。当子类中声明的成员方法与父类中某个成员方法的签名完全一样时称为成员方法的覆盖。下面分别讨论成员变量和成员方法的重载和覆盖问题。

4.3.1 成员变量的继承与隐藏

前面已经说过,子类将继承父类中所有成员变量,除此之外,子类还可以自行声明一些成员变量,其中一些用来扩展父类的描述细节,一些用来将父类中的某个成员变量隐藏起来,使之更加适于描述特定的对象类型。在程序设计中,这种子类隐藏父类成员变量的形式使用得并不多,建议不要这样设计成员变量,避免造成降低程序的可读性,增加系统的资源开销。

4.3.2　成员方法的继承、重载与覆盖

同样,子类将继承父类的所有成员方法,除此之外,子类还可以自行声明一些成员方法,其中主要包括下列几种形式:

(1) 在父类中没有的、全新的成员方法。这些成员方法用来扩展父类的接口形式,增加子类对象的操作功能。

(2) 子类中声明与父类具有相同签名的成员方法。这些成员方法起到了覆盖父类相应成员方法的作用,因此又称为成员方法的覆盖。如果在子类声明的方法体中,首先调用父类的相应成员方法,再添加一些其他处理,则是对父类相应成员方法功能的补充和增强。如果在子类声明的方法体中,没有调用父类的相应成员方法,而是全新的语句组,则是对父类相应成员方法的单纯覆盖。当子类对象的某项操作与父类对象相应的操作有差异时,常常采取这种方式实现。

(3) 子类中声明的某个成员方法只是与父类中的某个成员方法的名字相同,称为成员方法的重载。重载成员方法的目的主要是扩展父类某项操作的接口形式,使之更加适用于子类对象的操作,提高系统操作的方便性和灵活性。

例 4-2　子类覆盖父类中成员方法的应用。

在 Object 类中提供了一个 equals 成员方法,它的具体代码为:

```java
public boolean equals(Object obj)
{
    return(this==obj);
}
```

可以看出,在 Object 类中,这个成员方法的功能是比较两个对象引用是否同时引用一个对象。如果是返回 true;否则,返回 false。然而人们往往希望它能够实现比较两个同类型对象的内容是否相等,这就需要类设计者在自行声明类时覆盖由 Object 类继承过来的这个成员方法。例如,设计一个复数类,每个复数由一个实部和一个虚部组成。要想让这个复数类具有比较两个复数是否相等的功能,可以如下定义这个类。

```java
//file name：ComplexNumber.java
public class ComplexNumber
{
    private double re;                      //实部
    private double im;                      //虚部

    public ComplexNumber(){re=0.0; im=0.0;}
    public ComplexNumber(double re, double im)
    {
        this.re=re;
        this.im=im;
    }
}
```

```
        public void setRe(double re){this. re=re;}
        public void setIm(double im){this. im=im;}
        public double getRe(){return re;}
        public double getIm(){return im;}
        public boolean equals(Object otherObject)
        {
            if(this==otherObject)return true;                    //是否引用同一个对象
            if(otherObject==null)return false;                   //otherObject 是否为空
            if(getClass()!=otherObject. getClass())              //是否属于同一个类型
                return false;

            ComplexNumber other=(ComplexNumber)otherObject;
            if((re==other. re)&&(im==other. im))return true;     //比较实部和虚部
            else return false;
        }
        public String toString()
        {
            String str="";
            if(re !=0)str+=re;
            if(im==0)return str;
            if(im<0)str+=im+"i";
            else str+="+"+im+"i";
            return str;

        }

    }
```

在这个类中覆盖了 Object 类中的 equals()成员方法,它实现了对两个复数的内容进行比较。下面是用于测试 ComplexNumber 的类。

```
//file name：TestComplexNumber
public class TestComplexNumber
{
    public static void main(String[ ]args)
    {
        ComplexNumber c1,c2；

        c1=new ComplexNumber(2,3)；
        c2=new ComplexNumber(2,-3. 4)；
        if(c1. equals(c2)){
            System. out. println("("+c1+")==("+c2+")")；
        }
        else{
            System. out. println("("+c1+")<>("+c2+")")；
        }
    }

}
```

运行这个程序后将会在屏幕上看到下列结果。

$(2.0+3.0i)<>(2.0-3.4i)$

只要定义的类需要在未来的操作中进行内容是否相等的判断就应该覆盖 Object 类中的 equals() 成员方法。这样可以统一这种操作的执行接口,使得未来编写的程序更加规范、更加易读、更加人性化。

4.4　多态性的实现

类的继承性可以使得在定义新类时充分利用已存在的类,即将新类作为子类,已存在的类作为父类,形成子类继承父类的结构,从而实现父类代码的重用,提高软件开发的效率。不仅如此,还可以在子类与父类之间利用多态性增加系统的灵活性、可理解性和可扩展性。

对于同一个消息,不同的类的对象做出不同反映的现象称为多态性。在 Java 程序中,多态性是指不同类的对象调用同一个签名的成员方法时将执行不同代码段的现象。即让指向父类对象的引用指向其子类对象,当在调用成员方法时,根据实际引用的对象类型确定最终调用哪个成员方法。由于直到程序执行时才会得知引用的对象类型,所以究竟执行哪个成员方法在程序执行时才能够动态地确定,而不是在程序编译时确定,这种连接机制称为动态联编。可以看出,要想实现多态性,需要具备下面两个条件。

(1) 多态性作用于子类,它是依赖于类层次结构中的一项新功能。在 Java 语言中,提供了一个指向父类对象的引用可以用来指向其任何子类对象的能力,这是实现多态性的先决条件,因此需要先声明一个指向父类的引用,然后,根据需要在程序的运行过程中让它引用其子类的对象,并根据当前引用的对象类型调用相应的成员方法。

(2) 若得到多态性的操作,相应的成员方法必须同时包含在父类和子类中,且对应的成员方法签名完全一样。

下面是一个实现多态性的例子。

例 4-3　实现多态性的应用。

在学校的人事管理系统中,应该包含对教师和学生的基本信息管理。其中有些信息教师和学生共同都拥有,例如编号、姓名、性别、出生日期等;有些信息是教师或学生特有的。例如教师应该包含所在部门、职称、工资等;学生应该包含高考分数、所学专业等。为此将共同拥有的部分抽象成人员类 PersonClass,并在此基础上定义教师类 TeacherClass 和学生类 StudentClass。这几个类之间的关系用如图 4-11 所示的 UML 类图描述。

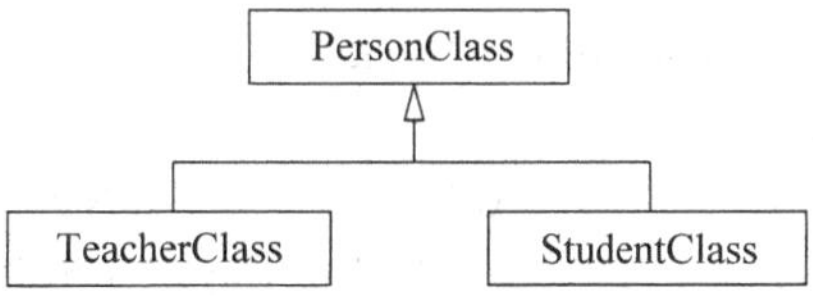

下面是定义 PersonClass 类的程序代码。

图 4-11　PersonClass、TeacherClass 和 StudentClass 类关系的 UML 类图

```
//file name：PersonClass.java
import java.util.*;
public class PersonClass
{
    private int            No;                    //编号
```

```
        private String        name;                           //姓名
        private boolean        sex;                            //性别
        private Date           birthday;                       //出生日期

        public PersonClass(){}
        public PersonClass(int No, String name, boolean sex, int year, int month, int day)
        {
            this. No=No;
            this. name=new String(name);
            this. sex=sex;
            this. birthday=new Date(year, month-1, day);
        }

        public void setNo(int No){this. No=No;}
        public void setName(String name){this. name=new String(name);}
        public void setSex(boolean sex){this. sex=sex;}
        public void setBirthday(int year, int month, int day)
        {
            this. birthday=new Date(year, month-1, day);
        }
        public int getNo(){return No;}
        public String getName(){return name;}
        public boolean getSex(){return sex;}
        public Date getBirthday(){return birthday;}
        public boolean equals(Object otherObject)
        {
            if(this==otherObject)return true;               //是否引用同一个对象
            if(otherObject==null)return false;              //otherObject 是否为空
            if(getClass()!=otherObject. getClass())         //是否属于同一个类型
                return false;

            PersonClass other=(PersonClass)otherObject;
            if(No==other. No)return true;                   //比较编号
            else return false;
        }
        public String toString()
        {
            return "\nNo: "+No+"\nName: "+name+"\nSex: "+sex
                +"\nBrithday: "+String. format("%tF",birthday);
        }
    }
```

在 PersonClass 类中声明了所有人员拥有的 4 个属性,以及构造方法、更改 4 个属性值的成员方法和获取 4 个属性值的成员方法,并覆盖了 Object 类中的两个成员方法,一个是用于比较两个对象是否相等的成员方法 equals();另一个是将对象的属性值转化成字符串形式的成员方法 toString()。假设两个对象相等的判断条件是同类型且编号相同,这样只需要在 PersonClass 类中覆盖 equals()方法就可以了。在 toString()方法中出现的 String.format("％tF",birthday)可以实现将出生日期按照年-月-日的格式转换为字符串。

下面是定义 TeacherClass 类的程序代码。

```java
//file name：TeacherClass .java
public class TeacherClass extends PersonClass
{
    private String department;            //所在部门
    private String duty;                  //职称
    private double salary;                //工资

    publicTeacherClass() {super();department="";duty="";salary=0;}
    public TeacherClass(int No, String name, boolean sex, int year,
            int month, int day,String department,String duty, double salary)
    {
        super(No, name, sex, year, month, day);
        this. department=new String(department);
        this. duty=new String(duty);
        this. salary=salary;
    }
    public void setDepartment(String department)
    {
        this. department=new String(department);
    }
    public void setDuty(String duty)
    {
        this. duty=new String(duty);
    }
    public void setSalary(double salary)
    {
        this. salary=salary;
    }
    public String getDepartment(){return department;}
    public String getDuty(){return duty;}
    public double getSalary(){return salary;}
    public String toString()
    {
        return super. toString()+"\nDepartment："+department
                +"\nDuty："+duty+"\nSalary："+salary;
    }
}
```

在这个类中,增加了教师特有的 3 个属性,以及构造方法、更改 3 个属性值的成员方法和获取 3 个属性值的成员方法。注意：在这里再次覆盖了 toString() 成员方法，其目的是将该类中增加的 3 个属性值追加在父类中 4 个属性值的后面，因此在拼接字符串时，先利用 super 调用父类的 toString() 方法得到父类中 4 个属性值的字符串形式，再将该类的 3 个属性值追加再后面。

下面是定义 StudentClass 类的程序代码。

```java
//file name：StudentClass.java
import java.util. * ;
public class StudentClass extends PersonClass
{
    private String major;                               //所学专业
    private int score;                                  //高考成绩

    publicStudentClass(){super();major="";score=0;}
    public StudentClass(int No, String name, boolean sex,
            int year, int month, int day,String major, int score)
    {
        super(No,name,sex,year,month,day);
        this. major=new String(major);
        this. score=score;
    }
    public void setMajor(String major)
    {
        this. major=new String(major);
    }
    public void setScore(int score)
    {
        this. score=score;
    }
    public String getMajor(){return major;}
    public int getScore(){return score;}
    public String toString()
    {
        return super. toString()+"\nMajor："+major+"\nScore："+score;
    }
}
```

在这个类中，增加了学生特有的两个属性，以及构造方法、更改两个属性值的成员方法和获取两个属性值的成员方法。同样，在这里也再次覆盖了 toString() 成员方法，其目的是将该类中增加的两个属性值追加在父类中 4 个属性值的后面。

在这 3 个类中，两个子类都覆盖了父类中的成员方法 toString()，所以这个成员方法具有多态性特征。下面通过一个例子检测多态性实现的效果。

```java
//file name：TestPersonInfo.java
public class TestPersonInfo
```

```
{
    public static void main(String[ ]agrs)
    {
        PersonClass[ ]info＝new PersonClass[3];

        info[0]＝new PersonClass(1,"Wang",true,88,10,2);
        info[1]＝new TeacherClass(2,"Zhang",true,70,8,12,"software","professor",5000.0);
        info[2]＝new StudentClass(3,"Sun",false,87,3,22,"Compter",610);

        for(int i＝0; i＜info.length; i＋＋){
            System.out.println(info[i]);
        }
    }
}
```

运行这个程序后将会在屏幕上看到下列结果。

No：1
Name：Wang
Sex：true
Brithday：1988-10-02

No：2
Name：Zhang
Sex：true
Brithday：1970-08-12
Department：software
Duty：professor
Salary：5000.0

No：3
Name：Sun
Sex：false
Brithday：1987-03-22
Major：Computer
Score：610

下面解释这段程序的执行过程。在 main()方法中,首先定义了一个元素类型为
PersonClass 的一维数组,这个数组中的元素可以引用其子类对象。在这段程序中,让
info[0]引用一个 PersonClass 类对象,info[1]引用一个 TeacherClass 类对象,info[2]引用
一个 StudentClass 类对象。当执行显示每个对象内容的语句时,将会自动调用对象所属类
中的 toString()方法,即显示 info[0]引用的对象时调用 PersonClass 类中的 toString(),显
示 info[1]引用的对象时调用 TeacherClass 类中的 toString(),info[2]引用的对象时调用
StudentClass 类中的 toString()。这一点完全可以从运行结果中看出,每个对象的显示项
目不一样。这种调用相同签名的成员方法,执行不同程序块的现象就是多态性。

多态性是面向对象程序设计的一个主要特性。在 Java 语言中,它是在父类与子类的类层次结构中,利用父类对象引用子类对象,并调用某个在父类和子类中同时声明的成员方法来实现的。多态性提高了程序的灵活性、可扩展性。

4.5 抽 象 类

抽象是解决问题的基本手段。随着抽象层次的不断增加最终会将可实例化的类概念化。例如,通过对狗的特征分析,可以抽象出 Dog 类;通过对猫的特征分析,可以抽象出 Cat 类;通过对鸭子的特征分析,可以抽象出 Duck 类;而进一步对它们进行分析又可以抽象出 Animal 类。实际上,Animal 类描述的只是一个抽象的概念,它不能实例化,这是因为在现实世界中,任何一个具体的动物,不是狗,就是猫,或者是鸭子等,而并不存在不属于任何动物类别的动物。再例如,学生也是一个概念,所谓学生就是将学习各类知识作为主要任务的一类人群,其中包括小学生、中学生、大学生、研究生……,当接触某个学生时,不是小学生,就是中学生,或者是大学生、研究生、博士生、进修生等。因此概念是对类进行高层抽象的结果,可实例化的类是抽象概念的具体表现。在 Java 语言,用抽象类表示概念性的事物,用类表示可实例化的实体类别,例如,可以用"学生"类描述"学生"这个抽象的概念,用"小学生"、"中学生"、"大学生"…… 描述具体的学生类别,这些类可以被实例化,是"学生"概念的具体体现。

下面着重介绍一下 Java 语言中抽象类的定义。

在 Java 语言中,抽象类就是用 abstract 修饰符定义的类。其格式如下所示:

```
[Modifiers]abstract class className…
{
    //成员变量和成员方法
}
```

其中,成员方法既可以是抽象方法,也可以是一般的成员方法。所谓抽象方法是指只声明原型的成员方法。其具体声明格式为:

```
abstract returnType methodName(parameterList)
```

其中,abstract 是声明抽象方法的关键字,returnType 是返回类型,methodName 是抽象方法的名称,parameterList 是参数列表。由于抽象方法是不完整的成员方法,因此只能在不能够被实例化的抽象类中出现。

例 4-4 抽象类的应用。

设计一个抽象类 Animal,其中利用成员方法 sound()以字符串的形式模拟每种动物的叫声。由于任何一只动物都属于某种具体的类别,每种类别都有独特的叫声,所以在 Animal 类中无法给出 sound()成员方法的具体实现,只能将其声明为抽象方法。Java 语言规定,包含抽象方法的类必须是抽象类,所以这里只能将 Animal 类定义为抽象类。下面是定义 Animal 类的程序代码。

```
//file name：Animal.java
public abstract class Animal
```

```
{
    protected String type;                               //种类
    protected String name;                               //名称
    protected String breed;                              //品种
    public Animal(String type, String name, String breed)
    {
        this. type＝new String(type);
        this. name＝new String(name);
        this. breed＝new String(breed);
    }
    public String toString()
    {
        return "This is a "＋type＋"\nIt's "＋name＋"   the   "＋breed;
    }
    public abstract void sound();                        //抽象方法
}
```

在 Animal 类的基础上定义 Dog 类、Cat 类和 Duck 类,并在这 3 个类中分别实现 Animal 类的抽象方法 sound()。下面是定义这 3 个类的程序代码。

```
//file name：Dog. java
public class Dog extends Animal
{
    public Dog(String name){super("Dog",name, "Unknow");  }
    public Dog(String name,String breed){super("Dog", name, breed);  }
    public void sound(){   System. out. println("Woof Woof");  }
}
```

```
//file name：Cat. java
public class Cat extends Animal
{
    public Cat(String name){   super("Cat", name, "Unknow");  }
    public Cat(String name,String breed)  {   super("Cat", name, breed);  }
    public void sound()   {   System. out. println("Miiaooww");  }
}
```

```
//file name：Duck. java
class Duck extends Animal
{
    public Duck(String name){super("Duck", name, "Unknow");  }
    public Duck(String name,String breed){super("Duck", name, breed);  }
    public void sound(){   System. out. println("Quack quackquack");  }
}
```

下面是用于测试的程序代码。

```
//file name：TestAnimal. java
```

```
public class    TestAnimal. java
{
    public static void main(String[ ]args)
    {
        Animal[ ]theAnimals={new Dog("Rover","Poodle"),
            new Cat("Max","Abyssinian"), new Duck("Daffy","Aylesbury")   };

        for(int i=0; i<theAnimals. length; i++)
            theAnimals[i]. sound();
    }
}
```

运行这个程序后将会在屏幕上看到下列结果。

Woof Woof

Miiaooww

Quack quackquack

将 sound()声明在 Animal 类中主要有两个考虑,一是可以统一各种动物类别关于 sound 操作的接口格式,二是可以享有多态性特征。

在使用抽象类时,需要注意下面几点:

(1) 任何包含抽象方法的类都必须定义为抽象类,否则将出现编译错误。

(2) 由于抽象类不是一个完整的类,因此不能被实例化,即不能创建抽象类的对象,但可以声明抽象类的引用,并用它引用该抽象类的某个可实例化子类的对象,这是实现多态性的另一种常见方式。

(3) 抽象类主要用来派生子类,且在子类中实现抽象类中的所有抽象方法。如果在子类中没有实现全部的抽象方法,则必须继续将没有被实现的方法声明成抽象方法,此时的子类仍然需要定义为抽象类。

(4) static、private 和 final 修饰符不能应用于抽象方法。

4.6　接　　口

Java 语言提供的接口是一种特殊的抽象类,其内部只允许包含常量和抽象方法。常量默认为 public static final,成员方法默认为 public abstract。使用接口的主要目的是统一常量的管理、规范公共的操作接口。如果希望某个类能够使用接口中声明的常量或拥有接口中声明的操作,就需要让这个类实现相应的接口,即按照接口中每个抽象方法的声明格式具体实现它们的内容。下面通过例子介绍接口的定义及实现方式。

通常,可以利用接口将一些常量集中起来,这样有易于统一常量的命名及管理。例如,在下面这个接口中定义了计量单位的转换系数,它们都是常量。

```
public interface ConversionFactors
{
    double INCH_TO_MM=25.4;                        //1 英寸=25.4 毫米
    double OUNCE_TO_GRAM=28.349523125;             //1 盎司=28.349 523 125 克
```

```
    double POUND_TO_GRAM=453.5924;                    //1 磅=453.5924 克
    double HP_TO_WATT=745.7;                          //1 马力=745.7 瓦特
}
```

由于在接口中声明的常量都是 public static,所以在其他类中可以借助接口名称直接使用。例如 ConversionFactors. INCH_TO_MM、ConversionFactors. OUNCE_TO_GRAM、ConversionFactors. POUND_TO_GRAM、ConversionFactors. HP_TO_WATT。

另外,在 Java 类库中有一个名为 Comparable 的接口,其作用是规范所有对象比较大小的操作格式。这个接口的定义代码为:

```
public interface Comparable
{
    int compareTo(Object otherObject);                //比较两个对象大小
}
```

其中,compareTo()是完成比较操作的抽象方法,其含义为:调用这个方法的对象与参数带入的对象 otherObject 进行比较,如果前者小返回-1;如果相等返回 0;否则,返回 1。

要想让自定义的类能够使用接口中的常量或具有接口中规定的操作功能,就需要让这个类实现接口。下面以 Employee 类实现 Comparable 接口为例说明一个类实现接口的基本过程。

假设两个 Employee 类对象大小的依据是工资的多少。下面是这个类实现 Comparable 接口的程序代码。

```
public class Employee implements Comparable                //实现 Comparable 接口
{
    private String name;                                   //姓名
    private double salary;                                 //工资
    private String department;                             //部门
    public Employee()
    {
        name="";
        salary=0.0;
        department="";
    }

    public Employee(String name, double salary, String department)
    {
        this. name=new String(name);
        this. salary=salary;
        this. department=new String(department);
    }

    public void setName(String name){this. name=new String(name);}
    public void setSalary(double salary){this. salary=salary;}
    public void setDepartment(String department)
    {
        this. department=new String(department);
```

```
            }

    public String getName(){return name;}
    public double getSalary(){return salary;}
    public String getDeparyment(){return department;}

    public String toString()
    {
        return "name："+name+"\nsalary："+salary+"\ndepartment："+department;
    }

    public int compareTo(Object otherObject)          //完成 compareTo()方法的定义
    {
        Employee other＝(Employee)otherObject;

        if(salary＜other. salary)return－1;             //比较工资多少
        if(salary＝＝other. salary)return 0;
        else return 1;
    }
}
```

可以看出,在上面的类定义中增加了两部分内容。一是在类名后面增加了 implements Comparable,其中,implements 是实现接口的关键字,Comparable 是将要实现的接口名称。二是增加了实现 compareTo()方法的代码段。在这个方法中,首先将参数带入的对象强制转换为 Employee,然后再根据 salary 的值返回比较结果。如果执行下列语句:

```
Employee e1＝new Employee("Wang", 2000.0, "Software");
Employee e2＝new Employee("Sun", 3000.0, "Math");
switch(e1. compareTo(e2)){
    case－1：System. out. println("＜"); break;
    case 0：System. out. println("＝＝"); break;
    case 1：System. out. println("＞"); break;
}
```

将会看到屏幕上显示一个＜。

不仅如此,在 Java 中,一个类可以同时实现多个接口,这样将会使某个类同时具有多个接口规定的操作能力。例如,在第 3 章中讲过,要让某个类的对象具有克隆功能,这个类必须实现 Cloneable 接口。如果让某个类同时实现 Cloneable 接口和 Comparable 接口,这个类的对象就既可以克隆,又可以比较大小。

4.7 包

在 Java 语言中,包是类和接口的集合。将所有的类和接口按功能分别放置在不同的包中主要有两点好处:一是便于将若干个已存在的类或接口整体地加载到程序中;二是避免出现名称冲突的现象。Java 语言规定,在一个包中不允许有相同名称的类文件,但对于在不同包中的类文件没有这种限制,原因在于加载每个类时将指出类所在的包,以此来区别不同包中的类。下面介绍包的创建和导入方式。

在 Java 语言中,包的概念是通过创建目录实现的。所谓创建一个包就是用包的名称在文件系统下创建一个目录。在创建的目录下,既可以存放类文件或接口文件,也可以包含子目录,这些子目录是这个包中的子包。

创建一个包且将类文件放入其中的语法格式为:

package packageName;

例如,若将类文件放入名字为 userPackage 的包中,可以这样写:

package userPackage;

这是一条包语句,它必须放在文件中的第一条语句。如果在一个类文件中包含了这样一条语句,系统就会自动地在指定路径下寻找这个包,即目录名。如果不存在就会立即创建它,并将这个文件放入这个包中。如果希望将所定义的类或接口放在不同的包中,就只能将它们分别放在不同的文件中,并利用包语句指定不同的包。

如果要指定一个包中的子包就需要将每个包按层次顺序书写成一个包序列,包之间用逗号分隔。例如,若希望将一个类文件放入 userPackage1 的子包 userPackage2 的子包 userPackage3 中,就应该将包语句写成:

package userPackage1. userPackage2. userPackage3;

迄今为止,给出的大部分类代码没有使用包语句指定存放的位置。Java 语言规定,这些类文件将放在一个无名的包中。由于没有名称,所以文件中的类和接口无法被其他包中的类引用。

对于在包中具有 public 访问属性的类或接口,可以通过导入语句(import)将其加载到程序中,并通过类名或接口名引用这些类或接口。导入语句的基本格式为 import 后跟包名序列及类名。例如,要将上面创建的包中的类加载到程序中,应该在程序的开始(包语句之后)书写下列导入语句:

import userPackage. * ;

其中,userPackage 是包名,. * 代表将包中的所有类和接口都加载进来。实际上,在此也可以使用类名直接指定某个特定的类。

import userPackage1. userPackage2. userPackage3. * ;

这条导入语句表示将 userPackage1 包中的子包 userPackage2 的子包 userPackage3 中的所有类和接口加载进来。注意,. * 只表明加载当前包中的所有类和接口,而不表明加载其中的子包。如果要加载被嵌套多层的包需要将子包的名字列出来。

在 Java 语言中,提供的所有标准类或接口都放置在标准包中。表 4-2 是一张 Java 标准包的清单,供大家编写程序时参考使用。

表 4-2　Java 提供的标准包

包　名	描　述
java. lang	包含 Java 语言使用的基础类。例如,Math 类。对于所有的类文件,系统自动地将这个包加载进去
java. io	包含支持输入输出操作的所有标准类
java. awt	包含支持 Java 的图形用户接口(GUI)的标准类
javax. swing	包含提供支持 Swing 的 GUI 组件的类。它比 java. awt 中提供的类更灵活、更易用、功能更加强大
javax. swing. border	包含支持生成 Swing 组件的边框类
javax. swing. event	包含支持 Swing 组件的事件处理类
java. awt. event	包含支持事件处理的类
java. awt. geom	包含用二维图元绘画的类
java. awt. image	包含支持图像处理的类
java. applet	包含编写 Applet 程序的类
java. util	包含支持管理数据集合、访问数据和时间信息,以及分析字符串的类
java. util. zip	包含支持建立. Jar(Java Archive)文件的类
java. sql	包含支持使用标准 SQL 对数据库访问的类

4.8　应 用 举 例

例 4-5　设计两人游戏。

很多游戏都是由两名选手参与的。例如,国际象棋、跳棋、猜谜游戏等。下面针对两人游戏并根据面向对象的设计原则设计一个易于管理、易于扩展的类层次结构,然后在此基础上给出"拿棍游戏"的实现过程。

首先分析各种两人游戏共有的特性,并设计一个抽象类用于描述这些内容。

在两人游戏中,应该包含标识两名选手的常量和记录下一步应该是哪位选手操作的成员变量,还有指定从哪位选手开始、返回当前操作的选手、改变当前操作的选手、返回游戏规则、判断游戏是否结束和返回获胜选手这些成员方法。其中,返回游戏规则、判断游戏是否结束和返回获胜选手这 3 个操作将根据每个游戏的规则而定,所以在这里应该被声明为抽象方法。

下面是定义两人游戏抽象类的程序代码。

```
//fiel name：TwoPlayerGame. java
public abstract class TwoPlayerGame
{
    public static final int PLAYER_ONE=1；
    public static final int PLAYER_TWO=2；
    protected boolean onePlaysNext=true；              //默认第 1 名选手先操作
```

```java
    public void setPlayer(int starter)                      //指定从哪位选手开始
    {
        if(starter==PLAYER_TWO)
            onePlaysNext=false;
        else
            onePlaysNext=true;
    }
    public int getPlayer()                                  //返回当前操作的选手
    {
        if(onePlaysNext==true)
            return PLAYER_ONE;
        else
            return PLAYER_TWO;
    }
    public void changePlayer()                              //改变当前操作的选手
    {
        onePlaysNext=!onePlaysNext;
    }

    public abstract String getRules();                      //返回游戏规则
    public abstract boolean gameOver();                     //返回游戏是否结束
    public abstract String getWinner();                     //返回获胜者
}
```

为了更好地让游戏的核心操作与用户界面的实现分开,这里设计了 3 个接口,Game 接口中包含了两个抽象方法,一个返回游戏的提示信息,另一个返回游戏当前状态。UIPlay接口继承了 Game 接口,并增加了抽象方法 play(),这个方法将控制游戏的循环过程。UserInterface 接口是规范具体用户界面的操作格式,其中包含了接收用户输入、报告游戏当前状态和游戏信息提示几个抽象方法。

```java
//file name：Game.java
public interface Game
{
    public String getGamePrompt();                          //返回游戏提示
    public String reportGameState();                        //返回游戏当前状态
}

//file name：UIPlay.java
public interface UIPlay extends Game
{
    void play(UserInterface ui);                            //控制游戏循环过程
}

//file name：UserInterface.java
public interface UserInterface
```

```
    {
        String getUserInput();                          //接收用户输入
        void report(String s);                          //报告游戏当前状态
        void prompt(String s);                          //游戏信息提示
    }
```

设计上述 3 个接口主要出于两点考虑。一是在 TwoPlayerGame 类中最好只包含两人游戏必要的内容,而 Game 接口中的操作并不是必要的,所以将其分离出来更易于重用、扩展;二是提倡将游戏自身的操作与用户界面分开,这样易于系统的维护、扩展和重用,例如,当将用户界面从字符界面变为图形用户界面时仅需要修改 UserInterface 接口的实现,对游戏核心内容不会产生影响。

有了上述两人游戏的顶层类和接口后,就可以在此基础上实现具体游戏了。下面以实现"拿小棍游戏"为例说明完成某个两人游戏的设计过程。"拿小棍游戏"游戏的规则是:将若干根小棍排成一排,两名选手轮流从中拿走 1、2 或 3 根小棍。拿走最后一根者为输。

实现这个游戏只需要再定义两个类,一个是继承 TwoPlayerGame 并实现 UIPlay 接口的 OneRowNim 类,另一个是实现用户界面操作的 ConsoleInterface 类。

在 OneRowNim 类中,除了需要完成 TwoPlayerGame 类和 UIPlay 接口中抽象方法的声明外,还增加了一些这个游戏所特有的操作。例如,拿棍、返回当前所剩的棍数。下面是定义这个类的程序代码。

```
//file name:OneRowNim.java
public class OneRowNim extends TwoPlayerGame implements UIPlay
{
    public static final int MAX_PICKUP=3;               //最多拿小棍的根数
    public static final int MAX_STICKS=21;              //最多的小棍数
    private int nSticks=MAX_STICKS;                     //当前剩余的棍数

    public OneRowNim(){}
    public OneRowNim(int sticks){nSticks=sticks;}
    public OneRowNim(int sticks, int starter)
    {
        nSticks=sticks;
        setPlayer(starter);
    }
    public boolean takeSticks(int num)                  //拿棍
    {
        if(num<1 ||num>MAX_PICKUP||num>nSticks)
            return false;
        else{
            nSticks=nSticks-num;
            return true;
        }
    }
```

```
    }
    public int getSticks(){return nSticks;}                    //返回剩余棍数
    public String getRules()                                   //返回游戏规则
    {
        return "\n 游戏规则："+
            "将"+nSticks+"根棍排成一排。两个选手轮流从中拿走 1 到"+
            MAX_PICKUP+"根。拿走最后一根者为输。";
    }
    public boolean gameOver()                                  //判断游戏是否结束
    {
        return(nSticks<=0);
    }
    public String getWinner()                                  //返回获胜者
    {
        if(gameOver()){
            return Integer. toString(getPlayer())+" Nice game. " ;
        }
        else
            return "The game is not over yet. ";
    }
    public String getGamePrompt()                              //返回游戏提示信息
    {
        return "你可以拿 1 到"+Math. min(MAX_PICKUP, nSticks)+"； ";
    }
    public String reportGameState()                            //返回游戏当前状态
    {
        if(!gameOver()){
            return "还剩"+getSticks()+"\nWho's turn: player "+getPlayer();
        }
        else{
            return "还剩"+getSticks()+
                "\nGame over! Winner is player"+getPlayer();
        }
    }

    public void play(UserInterface ui)                         //控制游戏循环
    {
        int sticka=0;
        int num;
        ui. prompt(getRules());                                //显示游戏规则
        while(!gameOver()){
            ui. report(reportGameState());                     //显示游戏提示信息
            ui. prompt(getGamePrompt());                       //接收用户输入
```

```
            num＝Integer. parseInt(ui. getUserInput());
            if(takeSticks(num)){                              //拿棍处理
                changePlayer();
            }
        }
        ui. report(reportGameState());                        //显示获胜者
    }
}
```

在 ConsoleInterface 类中，实现了用户界面的操作。这里采用的是字符界面，所以内容比较简单。在 main()方法中分别创建一个 ConsoleInterface 类对象和 OneRowNim 类对象，并调用 paly()方法就可以开始玩游戏了。

```
//file name：ConsoleInterface. java
import java. util. * ;
public class ConsoleInterface implements UserInterface
{
    public String getUserInput()
    {
        Scanner in＝new Scanner(System. in);
        int num＝in. nextInt();
        return Integer. toString(num);
    };
    public void report(String s)
    {
        System. out. println(s);
    };
    public void prompt(String s)
    {
        System. out. println(s);
    };

    public static void main(String[ ]args)
    {
        ConsoleInterface User＝new ConsoleInterface();
        OneRowNim game＝new OneRowNim(21);
        game. play(User);
    }
}
```

上述内容可以用图 4-12 所示的 UML 图描述。

这个例子体现了面向对象的设计理念，将待解决问题所涉及的实体或概念进行逐级抽象，用抽象类表示共有的内容，用接口表示统一的操作格式，借助多态性提高程序的灵活性及可扩展性。

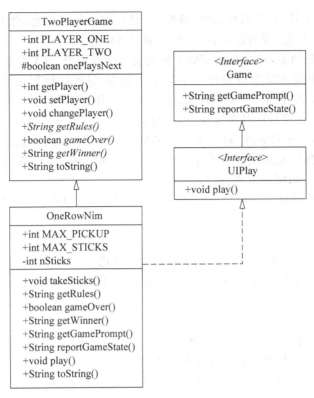

图 4-12 "拿小棍游戏"类设计 UML 图

本 章 小 结

  本章主要阐述了面向对象的继承性和多态性在 Java 程序中的实现技术,其中包括子类的定义、子类构造方法的调用规则、类成员的隐藏与重载、抽象类、接口及包等一系列概念的应用。最后列举了一个两人游戏设计的例子,其中综合应用了本章论述的重要知识点,从而帮助读者加深对本章内容的理解。

课 后 习 题

1. 基本概念

(1) 阐述 Java 语言是如何实现继承性的? 继承性给程序开发带来什么好处?

(2) 阐述 Java 程序如何实现多态性? 多态性给程序开发带来什么好处?

(3) 什么叫接口? 接口有何用途? 如何实现接口?

(4) 什么叫抽象类? 什么叫抽象方法? 能够创建一个抽象类的实例吗?

(5) 什么叫包? 包有何用途? 如何创建包? 如何将一个类放入给定包中?

2. 编程题

(1) 定义一个商品类,然后在此基础上再定义一个食品子类,一个服装子类。假设任何商品都应该有商品编号、商品名称、出厂日期、产品厂家名称等信息,除此之外,食品应该有保质期、主要成分等信息,服装品应该有型号、面料等信息。

(2) 定义一个椭圆类,然后在此基础上再定义一个圆形类,并画出它们的 UML 类图。

(3) 为教师工作证和学生证设计一个类层次结构,尽可能地保证代码的重用率。假设工作证包括编号、姓名、性别、出生年月、职务和签发工作证日期;学生证包括编号、姓名、性别、出生年月、系别、入校日期及每学年的注册信息。

(4) 为普通矩阵、三角矩阵、对角矩阵和稀疏矩阵设计一个类层次结构,其中三角矩阵、对象矩阵和稀疏矩阵应该采用相应的压缩形式存储。请考虑一下,在这个题目中应该如何对各种类进行抽象? 如何利用多态性?

(5) 为排序操作设计一个接口,并让顺序结构和链式结构实现这个接口。

3. 思考题

(1) 抽象类与接口有什么本质区别? 它们分别适用什么场合?
(2) 如何利用包组织类和接口的存放位置? 其基本原则是什么?

4. 知识扩展

(1) 阅读 Java API 文档中的抽象类 Number 及它的子类 Double、Integer、Long、Float,体会这些类中是如何应用继承和多态机制的?

(2) 阅读 NetBeans 在线帮助,了解这个集成开发环境为包的管理提供了哪些支持?

上机实践题

1. 实践题 1

【目的】 通过这道上机实践题的训练,可以掌握声明子类的基本方法,加深对继承概念的理解,体会继承性给程序设计带来的好处。

【题目】 为资料室设计一个管理系统。假设资料室中有期刊和报刊。

【要求】 编写一个 Java 程序,执行资料室管理系统中的各项操作。

【提示】 注意抽象期刊和报刊的共有内容,并将其设计为顶层类。

【扩展】 假设资料室还包含书籍。

2. 实践题 2

【目的】 通过这道上机实践题的训练,感受面向对象程序设计的过程,加深对继承性、多态性的理解,体会它们给程序设计带来的好处。

【题目】 在 4.8 节设计的两人游戏的类层次结构基础上,实现"井字棋"游戏。"井字棋"的游戏规则是:两人轮流选择井字格中空位置一个标记,谁先将自己的标记连成一行、一列或对角线为胜者。

【要求】 用户可以通过键盘输入选中的位置,并以井字形式显示结果。

【提示】 参考例 4-5 重新定义一个继承 TwoPlayerGame 类并同时实现 UIPlay 接口的类和一个实现 UserInterface 接口的类。

【扩展】 使两人游戏的类层次结构能够适用于计算机之间或人与计算机之间博弈。

第 5 章

异常处理

在程序运行中,任何系统故障或程序代码中隐藏的错误都会影响程序的正常运行,通常将此现象称为异常。为了有效地把握程序运行的整个过程,在编写程序时,设计恰当的异常处理方式是十分必要的。

在前面的章节中之所以回避异常问题是因为Java语言将很多异常信息及处理方式封装成了类,掌握它们需要具有类和继承的基本知识。现在已经掌握了这些内容,具备了学习异常处理机制的能力,因此在本章中将系统地讨论Java语言的异常处理机制。

5.1 异 常 概 述

为了保证程序的正确执行,能够准确地检测到程序运行过程中可能出现的各种异常,并进行有效的控制是十分关键的。传统的程序设计方法对此并没有提供良好的处理机制,往往需要凭借程序设计人员的个人经验,花费大量的精力解决可能出现的异常,这样做主要有下列缺点:

(1)处理异常的代码量大。由于在所有可能出现异常的位置都要进行异常检测,而且异常的种类又多种多样,所以往往需要编写大量代码才能截获大部分异常。

(2)影响程序的可读性。将大量检测和处理异常的代码混淆在程序中,影响了程序的结构,降低了程序的可读性。

(3)缺乏异常处理的规范性。从理论上讲,在一个应用系统中,应该对每一种异常现象的处理方式规范化,这样既有利于用户对出现的异常提示给予正确的理解,又便于系统的开发和维护。如果由程序员自行设计异常的处理方式,很难做到这一点。

基于上述原因,Java语言提供了一套完备的异常处理机制,提高了Java程序的可靠性与可维护性。下面首先介绍与异常处理有关的概念。

5.1.1 异常的概念

顾名思义,异常是指程序运行中出现的不正常现象,使得程序无法继续运行。在程序运行过程中,影响程序正常运行的主要原因如下:

(1)用户输入错误。例如,误操作、输入格式错误等。

(2)设备问题。例如,当发出打印命令时,打印机处于关闭状态;浏览网页时,网页文件已被删除等。

（3）物理限制。例如,磁盘已满等。

（4）程序代码错误。例如,使用了无效的数组下标,数据类型有误等。

可以看到,用户操作、运行环境与程序代码是确保程序正常运行的三要素。任何一方面出现了问题都会造成程序的无法正常运行,最终导致程序的非正常退出。

在 Java 语言中,所说的异常主要是指那些影响程序正常运行的错误,而并不包含导致程序运行结果不正确的逻辑错误,因此用户需要在每次得到程序运行结果的时候,对其进行仔细地分析,判断其正确性。如果发现问题,应该找出有可能引发错误的原因。

对于异常,各种语言环境处理的方式有所不同。在发生异常时,有些语言强行终止程序的执行,导致无法有效地控制程序及当前系统的状态;有些语言则对其放任自流,允许随意地采用各种处理方式,使得处理结果千奇百怪,缺乏统一性,这些都违背了 Java 平台将提供一种便捷、可靠的异常处理机制的设计目标。Java 语言提出了一种将检测异常与处理异常分开的异常处理机制,即运行时系统负责检测可能出现的异常情况,一旦检测到异常,可以将其抛给专门处理异常的代码段。这样做可以降低程序的复杂度,规范异常处理的机制,提高系统的可维护性。

5.1.2 Java 语言中的异常类

在 Java 语言中,对可能出现的各种异常进行了标准化,并将它们封装成相应的类,统称为异常类。一旦在程序运行过程中发生异常,Java 运行时系统就会自动地创建一个相应的异常类对象,并将该对象作为参数抛给处理异常的方法。在这些异常类中,主要包含了有关异常的属性信息、跟踪信息等。图 5-1 是 Java 语言提供的异常类基本结构。

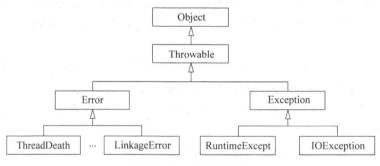

图 5-1　Java 异常类结构

从图 5-1 可以看出,Throwable 是所有异常类的父类,其中包含了各种异常子类的公共属性和行为方法,只有这个类及其子类标识的异常才能由 Java 运行时系统或利用 throw 语句抛出。Error 类和 Exception 类是 Throwable 类的两个直接子类,它们分别包含了许多子类,每个子类描述特定的异常类别。

Error 类描述了 Java 运行系统的内部错误和资源耗尽等异常。由于面对这类异常,应用程序无能为力,所以不需要直接地进行处理,而是直接提交给 Java 运行时系统即可。在这个类中,主要包含 ThreadDeath、LinkageError 和 VirtualMachineError 3 个子类。

当正在执行的线程被意外地终止时,就会抛出 ThreadDeath 异常。为了有效地控制线程的撤销,应用程序一定不要捕获这个异常,而转交给 Java 运行时系统处理。

LinkageError 类包含了几个子类。这些子类描述了在类之间相互依赖时可能产生的异常情况。例如,当一个类依赖于另一个类时,如果其中的一个类对象内容发生了变化,将有可能导致与另一个类对象不一致性的异常现象。

VirtualMachineError 类有 4 个子类,它们描述了诸如 Java 虚拟机故障或资源耗尽等异常现象。

上面几种异常都属于致命性错误。在程序执行期间,恢复或控制它们并没有很大的意义,因此,只需要给出错误提示,让用户清楚产生错误的原因即可。

Exception 类又派生两个异常类别:RuntimeException 类描述了由程序代码错误导致的异常,例如,类型转换错误、数组访问越界、访问空指针等,表 5-1 列出了 RuntimeException 类的一些异常子类;IOException 类描述了非程序代码错误产生的异常,例如,试图在文件尾部读取数据、试图打开错误的 URL 等。

表 5-1　RuntimeException 类中包含的部分异常子类

类　　名	描　　述
ArithmeticExecption	当进行非法的算术运算时产生这类异常。例如,试图用一个整数除以 0 或者用一个整数与 0 取余
IndexOutOfBoundsException	当访问 String 或 Vector 对象,出现下标越界时产生这类异常
NegativeArraySizeException	当创建数组且数组的维数指定为负值时产生这类异常
NullPointerException	当试图访问 null 对象的成员变量或成员方法时产生这类异常
ArrayStroeException	当试图在数组中存入一个数组元素类型不允许的对象时产生这类异常
ClassCastException	当无法将一个对象转换成指定类型的变量时产生这类异常
IllegalArgumentException	当传递给成员方法的实际参数的类型与形式参数的类型不一致时产生这类异常
SecurityException	当程序执行了一个有可能破坏安全的非法操作时产生这类异常
IllegalStateException	当非法地调用成员方法时产生这类异常
UnsupportedOperationException	当请求执行一个不支持的操作时产生这类异常

Java 运行时系统将派生于 Error 类和 RuntimeException 类的所有异常称为"未检查异常",其余的异常称为"已检查异常"。Java 运行时系统要求应用程序必须对所有的"已检查异常"提供异常处理,而对于"未检查异常",或者属于不可控制的 Error 类异常;或者属于应该在调整程序过程中给予排除,在程序运行期间应该避免发生的 RuntimeException 类异常。

5.2　异常处理机制

Java 语言很好地对各种异常现象进行了分类,为有效地处理异常奠定了良好的基础。如果在程序运行期间发生了异常,比较理想的处理过程应该完成下面 3 项任务:

(1)通知用户发生了异常。

(2)保存当前已经完成的所有结果。

（3）允许用户安全地退出应用程序。

Java 语言处理异常的机制正是遵循这个原则实施的。它将处理异常的代码从程序中抽取出来，使得程序设计人员甩掉了处理异常的这个沉重包袱，降低了程序的复杂性，统一了各种异常处理的过程。

在 Java 程序中，处理异常要经历 3 个主要阶段：抛出异常、捕获异常和处理异常。当一个异常被抛出并捕获后，既可以就地自行处理，也可以调用相应异常类的成员方法加以处理，还可以抛给调用出现异常方法的那个成员方法处理。下面分别介绍抛出异常、捕获异常和处理异常的基本方法。

5.2.1　抛出异常

所谓抛出异常是指在程序运行过程中，一旦发生了一个可识别的错误就立即创建一个与该错误相对应的异常类对象，并将其作为参数提交给 Java 运行时系统的过程。通常抛出异常的具体方式与相应的异常类别有关。如果产生的异常是系统可标识的标准异常，则抛出异常的过程可以由系统自动地控制；如果产生的异常是用户自定义的异常，就需要应用程序自行创建异常类对象，并借助 throw 语句将其抛出。

5.2.2　捕获异常

一个高质量的应用程序应该能够捕获程序运行时抛出的所有异常，否则很难有效地控制程序的运行过程。所谓捕获异常是指当 Java 运行时系统创建异常对象后，寻找处理相应异常代码的过程。一旦异常对象完成捕获，该异常就可以被有效地控制，即应用程序就会终止当前的流程控制，转而执行处理这类异常的代码块，或有效地结束程序的执行。

在 Java 程序中，捕获异常可以用 try-catch-finally 语句块实现，该语句块可以用来捕获一种或多种异常，并在本地给予相应的处理。基本语法格式为：

```
try{
    //Java statements
}
catch(ExceptionType1 ExceptionObject){
    //handler for this exception type
}
catch(ExceptionType2 ExceptionObject){
    //handler for this exception type
}
  ⋮
```

其中，try 之后的一对花括号封装了可能产生异常的语句段，在执行这段代码时，运行时系统将监视是否会出现异常，一旦发现异常立即将其抛出。另外，在每个 try 语句后面至少跟随一个或多个 catch 子句，catch 后面的一对圆括号内是 catch 子句的参数，用来描述该catch 子句处理的异常类别，并通过它捕获异常类对象。这里的异常类必须是 Exception 类的子类，ExceptionObject 是异常出现时创建的异常类对象，在此之后的花括号中包含了处理这类异常的代码段。

下面是使用 try 语句的语句段例子。

```
try{
    File dirObject=new File(dirName);                          //创建目录路径对象
    if(!dirObject.exists())                                    //检测目录是否存在
        dirObject.mkdir();                                     //如果目录不存在,就创建这个目录
    File fileObject=new File(dirObject,file name);             //创建文件对象
    fileObject.createNewFile();                                //创建空文件
    FileOutputStream outputFile=new FileOutputStream(fileObject);
    for(int i=0; i<info.length; i++)
        outputFile.write(info[i]);                             //写数据
}
catch(IOException e)  {
    System.out.println("IOException "+e+" occurred. ");
}
```

上述语句段的主要功能是打开磁盘文件并向磁盘文件写数据。由于在执行这段代码时,可能会出现 IOException 类错误,即"已检查异常",所以,Java 运行时系统要求程序关注这类异常的发生。这里,利用 try 语句将可能出现这类异常的语句封装起来。在执行时,一旦封装在 try 内的语句段出现了异常,就会立即进入 catch 子句,如果发生的异常属于 IOException 类,就会将异常类对象通过参数 e 带入,并执行代码 System.out.println ("IOException"+e+"occurred. ")。

实际上,在 try 封装的语句段中,可能出现多种类型的异常,因此,一个 try 之后可以跟随多个 catch 子句,每个子句负责处理一种异常。例如,在下列程序段,就包含两个 catch 子句。

```
try{
    File dirObject=new File(dirName);                          //创建目录对象
    File fileObject=new File(dirObject,file name);             //创建文件对象
    FileInputStream inputFile=new FileInputStream(fileObject); //创建输入流
    inputFile.read(info);                                      //读文件
}
catch(FileNotFoundException e){
    System.out.println("FileNotFoundException"+e+" occured. ");
}
catch(IOException e)  {
    System.out.println("IOException "+e+" occured. ");
}
```

在执行上述语句段时,一旦发生了异常,运行时系统创建相应异常类对象后,首先与第一个 catch 子句中的 FileNotFoundException 异常类进行匹配,如果是这种异常,就执行这个子句中的语句 System.out.println("FileNotFoundException"+e+" occured. ");否则,与下一个 catch 子句中的 IOException 异常类进行匹配,由于所有的输入输出异常都是 IOException 异常类的子类,所以,都属于 IOException 异常类,因此,执行这个子句中的语句 System.out.println("IOException "+e+" occured. ")。

在使用多个 catch 子句时,每个 catch 子句的排列顺序是十分重要的。例如,

IOException 类是所有"已检查异常"的父类,因此任何"已检查异常"都可以被参数为 IOException 类对象的 catch 子句捕获。如果将这个子句放在多个 catch 子句之首,则每个 "已检查异常"将会被这个子句截获,其他 catch 子句不再有机会被执行。通常,为了能够针 对每种特定的异常实施更加恰当的处理,而又要避免遗漏某种异常类型的捕获与处理,多个 catch 子句的排列顺序应该是:将异常类结构中,底层的子类在前,顶层的子类在后。例如, 在上述例子中,如果发生了 FileNotFoundException 类异常,将会在屏幕上显示文件没有找 到的相关提示;如果发生了其他类别的"已检查异常",也会被最后一个 catch 子句捕获到, 并给予处理。

为了更好地控制程序的执行过程,使得程序能够在任何情况下都具有统一的结束方式, 可以在 try 语句块的最后一个 catch 子句之后增加一个 finally 子句,其基本的语法格式为:

```
try{
    Java statements
}
catch(ExceptionType1 ExceptionObject){
        handler for this exception type
}
catch(ExceptionType2 ExceptionObject){
        handler for this exception type
}
    ⋮
finally{
        handler for finally
}
```

如果增加了 finally 子句,不管封装在 try 中的语句段是否发生异常,都会执行 finally 子句,并以此作为 try 语句的结束。例如,

```
try{
    File dirObject=new File(dirName);                          //创建目录路径对象
    if(!dirObject.exists())                                    //检测目录是否存在
        dirObject.mkdir();                                     //如果目录不存在,就创建这个目录
    File fileObject=new File(dirObject,file name);             //创建文件对象
    fileObject.createNewFile();                                //创建空文件
    FileOutputStream outputFile=new FileOutputStream(fileObject);
    for(int i=0; i<info.length; i++)
        outputFile.write(info[i]);                             //写数据
}
catch(IOException e)   {
    System.out.println("IOException "+e+" occurred.");
}
finally{
    outputFile.close();                                        //关闭文件 handler for finally
}
```

在上述语句段中,将关闭文件的语句放在 finally 子句中,这样,无论是否出现异常,当这段语句执行后,都会执行 outputFile. close()语句,将文件关闭,这是人们希望的程序运行效果。

5.2.3　处理异常

当捕获异常之后,就需要对异常进行处理。在 Java 语言中,处理异常主要有两种方式:

(1) 在产生异常的方法中处理异常。

(2) 将异常抛给调用该方法的代码段。

如果在捕获异常之后需要做出一些特殊的处理就应该选用第一种异常处理方式,例如,显示一些特殊的提示信息等。前面介绍的 try-catch-finally 语句就是实现这种异常处理方式的手段。

如果发生异常的成员方法无须做出特别的处理,就可以将其抛出,由调用该方法的方法统一处理。这种处理异常的方式需要在定义成员方法时,将可能抛出的异常类型列在方法的参数表之后。

声明格式如下:

```
[Modifiers]ResultType MethodName(ParameterList)throws exceptions
{
    MethodBody
}
```

其中,在 throws 关键字后面列出该成员方法可能抛出的所有异常类名,每个异常类之间用逗号隔开。例如,

```
public void read(String filename)throws IOException
{
    InputStream in=new FileInputStream(filename);
    while(int b=in. read())!=-1){
        System. out. println(b);
    }
}
```

当执行上述成员方法时,一旦出现 IOException 类异常,运行时系统将创建相应的异常类对象,并将其抛给调用该成员方法的方法处理。

5.2.4　用户声明异常类

为了便于应用程序捕获和处理异常,Java 语言将很多异常进行了标准化,并组成了类层次结构。不仅如此,还为用户提供了自行定义异常类的手段,使得用户可以根据自己的需求自定义异常类,从而有的放矢地控制各种异常情况的处理过程。下面介绍如何自定义异常类及如何抛出自定义的异常。

Java 语言要求任何异常都必须是 Throwable 类的子类,也就是说,Throwable 是所有异常类的公共父类。在这个类中声明了两个构造方法,一个是默认的构造方法,另一个是具有一个 String 类参数的构造方法,该 String 参数将带入有关异常的描述信息。 Throwable

类中主要包含了由构造方法初始化的异常描述性信息和创建异常对象时堆栈的记录情况，它记载了调用每个成员方法的全部过程。如果希望访问这些内容,可以通过调用表 5-2 中列出几个的 Throwable 类中的 public 成员方法实现。

表 5-2 Throwable 类的 public 成员方法

成 员 方 法	描　述
getMessage()	返回当前异常的描述性信息,其中主要包括异常类的名称及有关异常的简短描述
printStackTrace()	将堆栈的跟踪信息输出到标准的输出流中
printStackTrack(PrintStream s)	将堆栈的跟踪信息通过参数 s 返回
fillInstackTrack()	填写跟踪信息

除了异常类必须是 Throwable 类的子类之外,还应该将定义的异常类作为 Exception 的子类,这样 Java 运行系统将可以跟踪程序中抛出的异常。下面是自定义异常类的基本格式。

```
public class TestException extends Exception
{
    TestException(){super();}
    TestException(String s){super(s);}
}
```

上面定义的 TestException 类很简单。通常,异常类要包含一个默认的构造方法和一个参数为 String 对象的构造方法。除此之外,还可以声明一些其他成员变量和成员方法,以便能更好地反映异常的相关信息,提高调试程序的效率。

定义异常类后,就可以如同标准异常那样抛出、捕获并处理它。为了充分发挥自定义异常类的作用,建议用下列方式应用这些异常类。

例 5-1 自定义异常类的应用。

```
//file name：TestSelfException. java
public class TestSelfException {

    public static void main(String[] args) {
        String[] str={"Beijing", "", "8 * 9","test"};
        for (int i=0; i<str. length; i++) {
            try {
                thrower(str[i]);
                System. out. println("Test""+atr[i]+"" didn't throw an exception");
            } catch (Exception e) {
                System. out. println("Test""+str[i]+"" threw a "
                    +e. getClass()+"\n with message："+e. getMessage());
            }
        }
    }
```

```
public static int thrower(String s) throws TestException {
    try {
        if (s. equals("divide")){
            int i=0;
            return i/i;
        }
        if (s. equals("null")) {
            s=null;
            return s. length();
        }
        if (s. equals("test")) {
            throw new TestException("Test message");
        }
    } finally{
        System. out. println("[thrower(""+s+"")done]");
    }
    return 0;
}
}
```

运行这个程序后将会在屏幕上看到下列结果。

[thrower("Beijing")done]
Test"Beijing" threw a class java. lang. ArrayIndexOutOfBoundsException
 with message:0
[thrower("")done]
Test"" threw a class java. lang. ArrayIndexOutOfBoundsException
 with message:1
[thrower("8 * 9")done]
Test"8 * 9" threw a class java. lang. ArrayIndexOutOfBoundsException
 with message:2

可以看出,thrower 方法抛出了 3 次异常对象。由于自定义的异常类 TestException 是 Exception 的子类,所以当 thrower 方法将异常抛给 main()方法时将由 Exception 对应的 catch 子句捕获并处理。需要注意:发生标准异常时系统会自动地创建相应的类对象并将其抛出,但自定义的异常类必须由用户自行创建异常类对象,并利用 throw 语句将其抛出。

Java 语言将面向对象的设计方法倾注到异常处理的机制中,有效地将各种异常进行分类,从而降低了程序设计的复杂度,改善了程序的清晰度,加强了程序在发生异常时的可控制能力。

本 章 小 结

本章系统地介绍了 Java 语言提供的异常处理机制。其中包括异常的概念、Java 语言中的异常分类、异常的抛出、异常的捕获、异常的处理等,读者通过本章的学习应该了解 Java 程序中的异常处理机制及特点,并在程序中加以自觉地运用。

课 后 习 题

1. 基本概念

(1) 什么叫异常？试简述 Java 语言的异常处理机制。

(2) 阐述 Error 类异常和 Exception 类异常的基本特点，并举例说明哪些异常属于 Error 类异常，哪些异常属于 Exception 类异常。

(3) 阐述抛出异常、捕获异常或处理异常的基本过程。

(4) 如何自定义异常类？在处理这种异常时应该注意些什么？

(5) 如何将成员方法中没有捕获的异常抛出？

2. 编程题

(1) 设计一个一元二次方程类，并为这个类添加异常处理。

(2) 设计一个颜色类，并为这个类添加异常处理。

(3) 设计一个有理数类，并为这个类添加异常处理。

(4) 设计一个管理通讯录的应用程序，并为其添加异常处理。

(5) 设计一个公司人事管理系统，并为其添加异常处理。

3. 思考题

(1) 异常处理的主要目的是什么？

(2) 在设计异常处理时需要考虑哪些主要问题？

4. 知识扩展

(1) 阅读 Java API 文档中的 Exception 类，了解 Java 异常类的层次结构。

(2) 阅读 NetBeans 在线帮助，了解利用测试包对类进行测试的基本方法。

上机实践题

1. 实践题 1

【目的】 通过这道上机实践题的训练，可以掌握异常处理的基本方法，感受 Java 异常处理机制的优势。

【题目】 为第 4 章中设计的资料室管理系统添加异常处理。

【要求】 编写一个 Java 程序，执行资料室管理系统中的各项操作，观察异常处理操作的效果。

【提示】 首先考虑一下有可能出现哪些异常类型。

【扩展】 统一各个子类的异常处理效果。

2. 实践题 2

【目的】 通过这道上机实践题的训练,学会自定义异常类,体会异常处理的基本原则。

【题目】 为"井字棋"游戏自行声明异常类。

【要求】 运行应用程序,观察异常处理操作的效果。

【提示】 首先考虑"井字棋"游戏有可能出现哪些异常类型。

【扩展】 为 4.8 节中讲述的"拿小棍游戏"自定义异常类。总结在两个游戏中异常设计的特点。

第 6 章

流式输入输出及文件处理

    输入输出是每个应用程序不可或缺的必要功能,因此任何程序设计语言都必须提供对输入输出功能的支持,特别是对磁盘文件操作的支持,Java 程序设计语言也不例外。它采用了流式处理机制,借助面向对象的设计思想,将所有的相关概念封装在标准类中,从而提高了输入输出的能力,改善了程序在输入输出过程中的可靠性、安全性。

6.1   流式输入输出处理机制

    任何一个应用程序都必须拥有数据的输入输出功能,这是软件系统与外界交换信息的主要途径,是系统获取用户提供的数据或向用户反馈处理结果的主要方式,包括通过键盘接收用户输入的数据,利用显示器输出程序运行的结果以及读写磁盘文件等。在 Java 语言中,所有的输入输出操作都采用流式处理机制。所谓流是指具有数据源和数据目标的字节序列的抽象表示。可以将数据写入流中,也可以从流中读取数据,流中存放着以字节序列形式表示的准备流入程序或流出程序的数据。

    当试图将程序中的数据输出到输出设备时,需要将这些数据以字节序列的形式写入流中,此时的数据源是程序,数据目标是输出设备,这个流被称为输出流(output stream)。输出设备包括存放在本地或远程计算机上的磁盘文件、打印机和显示器等。

    当试图将外部的数据输入到程序中时,流中的数据源是输入设备,数据目标是程序,这个流称为输入流(input stream)。其中所说的输入设备可以是存放在本地或远程计算机中的磁盘文件、键盘等。

    Java 程序使用流机制处理输入输出的主要好处是可以使程序中有关输入输出的代码与设备无关,这样既可以免去需要弄清每种设备操作细节所带来的烦恼,又可以让程序适应各种设备的输入输出。

    流的基本处理单位为字节。如果每次只读写一个字节的数据,将会使传输效率非常低,通常为每个流配备一个缓冲区(buffer),这种流称为缓冲流。缓冲区是一块存储区域,用来辅助与外部设备的数据传输,从而提高数据的传输效率。基本处理过程为:在实现写数据操作时,先将这些数据写入流缓冲区,而并不直接将它们送入输出设备,流缓冲区中的数据量会被自动地跟踪,一旦发现缓冲区满了,就将其中的数据一次性地传输到外部设备上,缓冲区变为空,这种成批传输数据的方式可以减少与外部设备打交道的次数。如果希望在缓冲区未满时将其中的数据传输到外部设备上,可以通过发出刷新(flushing)缓冲区的命令实现。读取数据的基本过程刚好是写数据的逆过程,即从输入设备上进入的数据先被放入流缓冲区,应用程序从流缓冲区中读取这些数据。

在 Java 语言中,支持输入输出流的所有类被放置在 java.io 包中,其中主要包含了两种类型的流:一种是以二进制位串形式表示的字节流(binary stream);另一种是以字符为单位表示的字符流(character stream)。当以字节流形式写数据时,写到流中的数据与内存中的形式完全一样。当以字符流形式写数据时,由于 Java 中的字符采用 Unicode 编码,占据16 个二进制位,因此,写入的每个字符为两个字节,先写高字节,后写低字节。通常,字节流用来读写数据文件,字符流用来读写文本文件。

6.2 Java 的输入输出流库

输入输出流库包含了 Java 支持流处理机制的全部标准类,充分地了解这些类的内容,对于有效地处理输入输出流,增强系统的输入输出处理能力十分必要。

6.2.1 Java 的输入输出流库的标准类

在 Java 语言中,提供了很多标准类用来支持输入输出流的各种操作。表 6-1 列出了部分位于输入输出类层次结构顶部的重要类。

表 6-1 几个重要的输入输出标准类

类	描　述	类	描　述
File	支持文件或目录操作的类	Writer	字符流输出操作的抽象类
OutputStream	字节流输出操作的抽象类	Reader	字符流输入操作的抽象类
InputStream	字节流输入操作的抽象类	RandomAccessFile	支持随机存取文件操作的类

可以看出,OutputStream、InputStream、Write 和 Reader 都是抽象类,它们不能被实例化,只能作为具体的输入输出类的父类,在这些类中声明的成员方法描述了有关输入输出流的基本操作。OutputStream 和 InputStream 类和它们的子类封装了字节流特性及其操作行为;Reader 和 Wirter 类和它们的子类封装了字符流特性及其操作行为;File 类封装了文件或目录的属性及其操作行为;而 RandomAccessFile 类封装了随机存取文件的操作行为。下面分别介绍这些标准类的应用方法。

6.2.2 字节输入流 InputStream

字节流以字节序列的形式读写数据。从输入设备或文件中读取数据使用的字节流被称为输入流,在 Java 语言中用 InputStream 类描述,并提供了表 6-2 列出的几个用于读取数据的成员方法,它们将被子类直接继承。

InputStream 类有 6 个直接子类:FileInputStream、SequenceInputStream、PipedInputStream、ByteArrayInputStream、FilterInputStream 和 ObjectInputStream。其中,ObjectInputStream 类专门用来直接从输入流中读取对象。其余 5 个子类分为两个类别:一个类别是 FileInputStream、PipedInputStream 和 ByteArrayInputStream,这 3 个类分别定义了输入流的不同数据源,它们分

别是文件、管道和字节数组;另一个类别是 SequenceInputStream 和 FilterInputStream,它们从不同角度增强了输入流的功能:SequenceInputStream 可以将多个输入流连接成一个输入流,FilterInputStream 可以派生一些过滤流,以便扩充输入方式。

以上各个输入流类,除了 FilterInputStream 以外,只能从文件中读取一个字节或一个字节型数组,如果希望从文件中直接读取各种基本类型的数据,就显得不太方便了。

表 6-2　InputStream 类的主要成员方法

成 员 方 法	描　　　述
read()	这是一个抽象的成员方法,需要在子类中实现。使用这个成员方法可以从输入流中读取一个字节,并以 int 类型的形式返回,低字节是读取的内容,高字节全为零
read(byte[] buffer)	从输入流中读取字节序列并将它们存放到字节型数组 buffer 中,直到将 buffer 填满为止。此成员方法以 int 类型的形式返回所读取的字节数目
read(byte buffer[], int offset, int length)	从输入流中读取 length 个字节或到达的尾部结束,并将读取的内容存放到字节型数组 buffer 中,其起始位置为 offset。此成员方法以 int 类型的形式返回所读取的字节数目
skip(long n)	从输入流中跳过 n 个字节,或者达到流的尾部。此成员方法以 long 类型的形式返回跳过的字节数目。利用这个成员方法可以实现跳过流中不希望处理的若干个字节的目的
close()	关闭输入流。如果发生错误,抛出一个 IOException 异常

6.2.3　字节输出流 OutputStream

OutputStream 类是一个抽象类,它将作为所有字节输出流类的父类,在这个抽象类中包含了表 6-3 列出的几个用于写数据的成员方法。

表 6-3　OutputStream 类的几个主要成员方法

成 员 方 法	描　　　述
write(int b)	这是一个抽象类,需要在子类中实现。使用这个成员方法可以将 b 的低 8 位写入输出流
write(byte[] buffer)	将字节数组 buffer 中的内容写入输出流
write(byte[] buffer, int offset, int length)	将字节数组 buffer 中从 offset 位置开始的 length 个字节内容写入输出流
flush()	刷新输出流,并将已经写入缓冲区中的内容写入输出流
close()	关闭输出流,并释放相关的系统资源

OutputStream 类有 5 个直接子类:ObjectOutputStream、FileOutputStream、ByteArrayOutputStream、PipedOutputStream 和 FilterOutputStream。其中,ObjectOutputStream 类用于将给定对象的内容直接写入输出流;与输入流类似,FileOutputStream、PipedOutputStream 和 ByteArrayOutputStream 定义了不同的数据目标,它们分别是文件、管道和字节数组;FilterOutputStream 扩展了输出流的基本方式。

6.3 文　　件

利用文件组织和存储数据是一种常用的方式。在 Java 语言中,根据对文件的存取方式不同,提供了两个用于描述文件属性并实现文件基本操作的标准类。一个是 File 类,用来支持顺序文件的操作;另一个是 RandomAccessFile 类,用来支持随机文件的操作。下面将分别介绍利用这两个类处理文件的基本方式。

6.3.1　文件的创建与管理

在 Java 语言中,提供的 File 类是对文件或目录路径的抽象描述,它本身并不是一个流,但可以通过 File 对象创建一个对应于特定文件的流对象。下面介绍创建 File 对象、检测 File 对象和访问文件信息的基本方法。

1. 创建 File 对象

File 类提供了多种参数格式的构造方法,以便灵活、方便地创建文件对象。最简单的一种方式是提供一个指定文件或目录路径的 String 对象,利用构造方法 File(String pathname)创建文件对象。例如,可以使用下面这条语句创建 File 对象。

```
File fileObject＝new File("c:/jdk6.0/src/java/io/File.java");
File dirObject＝new File("c:/jdk6.0/src/java");
```

fileObject 对象将对应磁盘文件 c:/jdk6.0/src/java/io/File.java。利用 fileObject 对象可以对磁盘文件进行各种操作;dirObject 对象对应一个目录路径,利用它可以帮助定位或直接操作该目录的内容。

第二种方式是将文件路径与文件名分开,以两个参数的形式提供给构造方法。例如,

```
File fileObject＝new File("c:/jdk6.0/src/java/io","File.java");
```

还有一种方式是将上述创建对象的过程分为两个步骤。首先,创建一个描述目录路径的对象,然后,将这个对象作为参数,连同文件名一起提供给构造方法创建相应的 File 对象。例如,可以像下面这种方式书写两条语句。

```
File dirObject＝new File("c:/jdk6.0/src/java/io");
File fileObject＝new File(dirObject,"File.java");
```

这种创建对象的方式适用于多个文件在同一个目录的情形下,这样可以免去重复书写目录路径的麻烦,减少出错的机会,便于修改。

2. 检测 File 对象

File 类提供了一整套应用于 File 对象的成员方法。表 6-4 列出了一些有关检测 File 对象的成员方法。

下面是一个应用 File 类创建文件的例子,通过它可以了解使用这些成员方法的操作效果。

表 6-4　File 类中有关检测 File 对象的几个成员方法

成 员 方 法	描　　　　　　述
exists()	检测 File 对象所描述的文件或目录是否存在。如果存在,返回 true,否则返回 false
isDirectory()	检测 File 对象所描述的是否为目录。如果是目录,返回 true,否则返回 false
isFile()	检测 File 对象所描述的是否为文件。如果是文件,返回 true,否则返回 false
isHidden()	检测 File 对象所描述的是否为一个隐含文件。如果是一个隐含文件,返回 true,否则返回 false
canRead()	检测 File 对象所描述的文件是否可读。如果可读,返回 true,否则返回 false
canWrite()	检测 File 对象所描述的文件是否可写。如果可写,返回 true,否则返回 false
equals(Object obj)	检测 File 对象描述的绝对路径与 obj 的绝对路径是否相等。如果相等,返回 ture,否则返回 false

例 6-1　应用 File 类处理文件。

```
//file name:TryFile.java
import java.io. * ;
public class TryFile
{
    public static void main(String[]args)
    {
        File dirObject＝new File("d:/javaClass/java/io");          //创建目录路径对象
        System. out. println(dirObject＋                          //输出目录信息
                (dirObject. isDirectory()?"is":"is not")＋"a directory. ");

        File fileObject＝new File(dirObject,"File. java");          //创建文件
        System. out. println(fileObject＋                         //输出文件信息
                (fileObject. exists()?"does":"does not")＋"exist");
        System. out. println("You can"＋
                (fileObject. canRead()?"   ":"not")＋"read"＋fileObject);
        System. out. println("You can"＋
                (fileObject. canWrite()?"   ":"not")＋"write"＋fileObject);
    }
}
```

运行这个程序后将会在屏幕上看到下列结果。

```
d:\javaClass\java\io is a directory.
d:\javaClass\java\io\File. java does exist
You can   read d:\javaClass\java\io\File. java
You can   write d:\javaClass\java\io\File. java
```

在这个程序中,创建了一个表示目录路径的 File 对象 dirObject,并调用 isDirectory()
成员方法检测该目录路径是否存在;创建了一个表示文件的 File 对象 fileObject,随后分别
调用成员方法 exists()、canRead()和 canWrite()检测该文件是否存在、是否可读、是否

可写。

3. 访问 File 对象

在 File 类中还提供了获取文件信息的成员方法。在表 6-5 中列出了这些成员方法的功能描述。

表 6-5　File 类中获取文件信息的几个成员方法

成 员 方 法	描　　　述
getName()	以 String 的形式返回 File 对象描述的文件名。注意不包括路径名
getPath()	以 String 的形式返回 File 对象描述的路径
getAbsolutePath()	以 String 的形式返回 File 对象描述的绝对路径
getParent()	以 String 的形式返回 File 对象描述的父目录名
list()	如果当前 File 对象描述的是一个目录,以 String 数组的形式返回该目录中包含的全部文件名或目录名。如果目录为空,数组也为空。如果没有获得目录的访问权限,抛出一个 SecurityException 异常。如果当前 File 对象描述的是一个文件返回 null
listFiles()	如果当前 File 对象描述的是一个目录,以 File 数组的形式返回该目录中包含的全部文件或目录。如果目录为空,数组也为空。如果没有获得目录的访问权限,抛出一个 SecurityException 异常。如果当前 File 对象描述的是一个文件返回 null
length()	以 long 类型的形式返回当前文件所占有的字节数目,即文件的长度。如果 File 对象描述的是一个目录返回 0
lastModified()	以 long 类型的形式返回 File 对象描述的文件或目录最后一次被修改的时间,这个时间按从格林尼治 1970 年 1 月 1 日午夜起累计的毫秒数计算。如果文件不存在返回 0
toString()	以 String 的形式返回 File 对象的描述
hashCode()	返回当前 File 对象的编码

利用上面这些成员方法,可以获取有关文件或目录的信息,下面这个例子将列出指定目录中的所有文件名或子目录名,并给出每个文件的最后修改时间。

例 6-2　获取目录信息。

```
//file name:TryFile2.java
import java.io. * ;
import java.util.Date;
public class TryFile2
{
    public static void main(String[] args)
    {
        File dirObject=new File("d:/javaClass/java/Applet");        //创建目录路径对象
        System.out.println(dirObject.getAbsolutePath()+
            (dirObject.isDirectory()?"is":"is not")+"a directory");
        System.out.println("The parent of"+dirObject.getName()
                        +"is"+dirObject.getParent());

        File[]contents=dirObject.listFiles();                      //创建文件列表
```

```
        if(contents != null) {
            System. out. println("\nThe"+contents. length+
                "items in the directory"+dirObject. getName()+"are:");
            for (int i=0;i<contents. length;i++)
              System. out. println(contents[i]+"is a"+
                  (contents[i]. isDirectory()?"directory":"file. ")+
                  "last modified"+new Date(contents[i]. lastModified()));
        }
        else {
            System. out. println(dirObject. getName()+"is not a directory's");
        }
    }
}
```

运行这个程序后将会在屏幕上看到下列结果。

d:\javaClass\java\Applet\Applet. java is a file. last modified Thu Jul 12 00:35:06 CST 2008
d:\javaClass\java\Applet\AppletContext. java is a file. last modified Thu Jul 12 00:35:06 CST 2008
d:\javaClass\java\Applet\AppletStub. java is a file. last modified Thu Jul 12 00:35:06 CST 2008
d:\javaClass\java\Applet\AudioClip. java is a file. last modified Thu Jul 12 00:35:06 CST 2008

在上面这个程序中，首先创建了一个描述目录 Applet 的对象，然后输出了一些有关路径名称及父目录名称等信息，最后利用成员方法 listFiles() 获得了 dirObject 对象表示的目录中的全部文件名，并存在数组 contents 中，以便逐一输出。

4. 修改 File 对象

除了前面介绍的创建 File 对象、检测 File 对象和访问 File 对象的操作外，File 类还提供了用来修改 File 对象的成员方法。表 6-6 列出了这些成员方法的功能描述，利用它们可以创建、删除文件或目录，更新文件或目录的名称等。

表 6-6　File 类中有关修改文件的几个成员方法

成 员 方 法	描　　述
renameTo(File path)	将 File 对象描述的文件路径改为 path
setReadOnly()	将 File 对象设置为只读。如果成功，返回 true，否则返回 false
mkdir()	将创建由 File 对象指定的目录。如果成功，返回 true，否则返回 false
mkdirs()	将创建由 File 对象指定的目录，包括不存在的父目录。如果成功，返回 true，否则返回 false
createNewFile()	将创建由 File 对象指定的新文件。创建前该文件不存在，创建后该文件为一个为空文件。如果文件被成功地创建，返回 true，否则返回 false
delete()	将删除 File 对象描述的文件或目录。如果删除成功，返回 true，否则返回 false。该成员方法不能删除非空的目录

使用这些成员方法可以很方便地对文件进行各种操作，实现组织和管理文件、目录的任务。

6.3.2 顺序文件的读写

File 类描述的是顺序文件,因此每个 File 类对象将对应一个顺序文件,即该文件只能顺序读取。在 Java 语言中,读写磁盘文件需要借助于 FileOutputStream 流和 FileInputStream 流。下面介绍顺序文件的读写方式。

1. 写文件

1) 利用 FileOutputStream 写文件

前面已经说过,FileOutputStream 是 OutputStream 的子类,它继承了 OutputStream 类的所有成员方法,实现了抽象方法 write(),并将流的数据目标定义为磁盘文件。它提供了 4 个参数格式不同的构造方法,表 6-7 是这 4 个构造方法的格式描述。

表 6-7　FileOutputStream 类的 4 个构造方法

构 造 方 法	描　　述
FileOutputStream(String name)	为 name 指定的文件创建一个输出流,文件现有的内容将被重写。如果不能打开这个文件,抛出一个 IOException 异常
FileOutputStream(String name, boolean append)	为 name 指定的文件创建一个输出流。如果 append 为 true,新写入文件的数据将追加在文件现有内容的尾部。如果不能打开这个文件,抛出一个 IOException 异常
FileOutputStream(File file)	为 file 描述的文件创建一个输出流。如果不能打开这个文件,抛出一个 IOException 异常
FileOutputStream(File file, boolean append)	为 file 描述的文件创建一个输出流。如果 append 为 true,新写入文件的数据将追加在文件现有内容的尾部。如果不能打开这个文件,抛出一个 IOException 异常

通过上面 4 个构造方法可以在磁盘文件与输出流之间建立连接,以便利用 FileOutputStream 从 OutputStream 继承的相关成员方法向磁盘文件写入数据。下面是一个向文件写入数据的应用例子。

例 6-3　向文件写入数据。

```
//file name:TryWriteFile.java
import java.io.*;
public class TryWriteFile
{
    public static void main(String[]args)
    {
        byte[] info={12,34,56,76,89,54,28,90};
        String dirName="d:/test";
        String file name="test";
        try {
            File dirObject=new File(dirName);          //创建目录路径对象
            if (!dirObject.exists())                    //检测目录是否存在
                dirObject.mkdir();                      //如果目录不存在,就创建这个目录
            File fileObject=new File(dirObject,file name);    //创建文件对象
```

```
                    fileObject. createNewFile();                        //创建空文件
                    FileOutputStream outputFile＝new FileOutputStream(fileObject);
                    for (int i＝0;i<info. length;i++)
                        outputFile. write(info[i]);                    //写数据
                    outputFile. close();                               //关闭文件
                }
            catch (IOException e) {
                System. out. println("IOException"＋e＋"occurred. ");
                }
            }
        }
```

在这个程序中,首先定义了一个描述目录路径的对象 dirObject,目的是利用 File 提供的成员方法对选定的目录进行检测。如果不存在,就调用 mkdir()成员方法创建该目录。随后利用 createNewFile()成员方法创建一个由 fileObject 指定的空文件,并将其作为参数传递给 FileOutputStream 的构造方法,使之与创建的输出流 outputFile 建立连接。最后利用 write()成员方法将 byte 型数组中的内容依次写入输出流,以达到写入文件的目的。

从例 6-3 可以看出,FileOutpueStream 以字节为单位写数据。如果希望将基本数据类型的值直接写入文件,需要借助于 FilterOutputStream 类的子类 DataOutputStream。

2) 利用 DataOutputStream 写文件

FilterOutputStream 是所有过滤输出流类的父类。在这个类中,写了 OutputStream 类中的全部成员方法,增强了数据处理的能力。同时还包含若干个子类,其中 DataOutputStream 应用的比较广泛,利用它可以将基本数据类型的值直接写入输出流。在这个类中,除了从父类继承的成员方法外,还声明了表 6-8 中列出的成员方法。

表 6-8　DataOutputStram 类中的几个成员方法

成 员 方 法	描　　　述
writeByte(int value)	将 value 的低字节写入流中
writeBoolean(boolean value)	将 boolean 类型的 value 作为一个字节写入流中。如果 value 为 true 写入 1;否则写入 0
writeChar(int value)	将 int 类型的 value 的低位两个字节作为字符写入流中
writeShort(int value)	将 int 类型的 value 的低位两个字节写入流中
writeInt(int value)	将 int 类型的 value 的 4 个字节写入流中
writeLong(long value)	将 long 类型的 value 的 8 个字节写入流中
writeFloat(float value)	将 float 类型的 value 的 4 个字节写到流中
writeDouble(double value)	将 double 类型的 value 的 8 个字节写入流中
writeChars(String s)	将 String 类型的 s 写入流中

DataOutputStream 类提供了一个构造方法,其格式为:

DataOutputStream(OutputStream out);

其中，参数 out 是数据目标，可以是 PipedOutputStream、ByteArrayOutputStream 或 FileOutputStream 类对象。下面是一个应用 DataOutputStream 类的例子，运行这个程序后，将创建一个 d:\MyData 目录及一个名为 data. txt 的文件，并在这个文件中写入 int 型数组和 float 型数组的内容。写入其他数据类型的数值方法类似。

例 6-4 利用 DataOutputStream 类写文件。

```java
//file name：TryDataStream. java
import java. io. * ;
import java. util. Date；
public class TryDataStream
{
    public static void main(String[] args)
    {
        int[] intArray＝{10,20,30,40,50,60};
        float[] floatArray＝{11. 0f,22. 0f,33. 0f,44. 0f,55. 0f};
        String dirName＝"d:/MyData"；
        try {
            File dir＝new File(dirName)；            //创建目录路径对象
            if (!dir. exists())                     //检测目录是否存在,如果不存在创建该路径
                dir. mkdir()；
            else
                if (! dir. isDirectory())
                {
                    System. out. println(dirName＋"is not a directory. ")；
                    return；
                }

            File aFile＝new File(dir,"data. txt")；        //创建文件对象
            aFile. createNewFile()；                      //创建空文件

            DataOutputStream myStream＝new DataOutputStream(
                new FileOutputStream(aFile))；

            for (int i＝0;i＜intArray. length;i＋＋)
                myStream. writeInt(intArray[i])；          //写 int 型数据
            for(int i＝0;i＜floatArray. length;i＋＋)
                myStream. writeFloat(floatArray[i])；      //写 float 型数据
        }
        catch(IOException e) {
            System. out. println("IO exception thrown:"＋e)；
        }
    }
}
```

从上面的例子可以看出，FileOutputStream 对象作为 DataOutputStream 对象的目标，

File 对象又作为 FileOutputStream 对象的目标,使得这 3 个类对象建立起数据流向的关系,从而共同实现将基本数据类型的值直接写入文件的目的。

3) 利用 ObjectOutputStream 将对象写入文件

利用 DataOutputStream 可以将各种基本数据类型和 String 类对象的内容写入文件,但不能处理一般的类对象,为此 OutputStream 类还提供了一个子类 ObjectOutputStream 可以实现将对象直接写入文件的功能。其操作过程为:首先创建一个 ObjectOutpurStream 对象,并将一个 FileOutputStream 对象作为参数传递给 ObjectOutpurStream 的构造方法,然后调用 writeObject(Object obj)成员方法将通过参数传入的对象内容写入文件。由于参数的类型为 Object,所以可以传入任何类的对象。实际上,ObjectOutputStream 类也可以实现将各种基本数据类型的数据写入文件的功能,因此,当需要将对象和基本数据类型混合地写入文件时,应该选择使用 ObjectOutpueStream 类。

2. 读文件

读文件的过程与写文件的过程往往是对应存在的,只是所有的流换成相应的输入流。下面分别介绍读文件的基本方式。

1) 利用 FileInputStream 读文件

FileInputStream 是 InputStream 的子类,它继承了 InputStream 类的所有成员方法,实现了抽象方法 read(),并将流的数据源定义为文件。以字节为单位读文件的过程与写文件类似,下面是读文件"d:\test\test"的程序代码。

例 6-5 读文件。

```
//file name:TryReadFile.java
import java.io. * ;
public class TryReadFile
{
    public static void main(String[] args)
    {
        byte[]info=new byte[8];
        String dirName="d:/test";
        String file name="test";
        try{
            File dirObject=new File(dirName);                           //创建目录对象
            File fileObject=new File(dirObject,file name);              //创建文件对象
            FileInputStream inputFile=new FileInputStream(fileObject);  //创建输入流
            inputFile. read(info);                                       //读文件
            inputFile. close();                                          //关闭文件
        }
        catch(FileNotFoundException e) {
             System. out. println("FileNotFoundException"+e+"occured. ");
        }
        catch(IOException e) {
            System. out. println("IOException"+e+"occured. ");
```

```
        }
        for(int i=0;i<info. length;i++)
                System. out. print(info[i]+"   ");
    }
}
```

在这个程序中,利用 FileInputStream 提供的 read(byte[]b)成员方法将文件中的内容
按字节读到 byte 型数组 info 中,并将其内容依次显示到屏幕上。可以看到,读取的数据与
运行例 6-3 后写入文件的内容完全一样。在处理文件的读写时,最好用同一种方式进行读
写,以便减少不必要的麻烦。

2) 利用 DataInputStream 写文件

FilterInputStream 是所有过滤输入流类的父类。在这个类中,重写了 InputStream 类
中的全部成员方法,增强了读取数据的能力。其中 DataInputStream 能够直接从输入流中
读取基本数据类型和 String 类对象的数据。在这个类中,有一套与 DataOutputStream 对
应的成员方法,利用它们可以根据不同的基本数据类型,一次读取若干个字节的内容。同
样,它的操作过程也与 DataOutputStream 类似。

例 6-6 利用 DataInputStream 类读文件。

```java
//file name:TryDataStream. java
import java. io. * ;
import java. util. Date;
public class TryDataStreamIn
{
    public static void main(String[] args)
    {
        int[] intArray=new int[6];
        float[] floatArray=new float[5];
        String dirName="d:/MyData";
        try {
            File dir=new File(dirName);                    //创建目录对象
            File aFile=new File(dir,"data. txt");          //创建文件对象
            DataInputStream myStream=
                    new DataInputStream(new FileInputStream(aFile));

            for (int i=0;i<intArray. length;i++) {
                intArray[i]=myStream. readInt();           //读 int 型数据
                System. out. println(intArray[i]);
            }
            for (int i=0;i<floatArray. length;i++){
                floatArray[i]=myStream. readFloat();       //读 float 型数据
                System. out. println(floatArray[i]);
            }
        }
        catch(FileNotFoundException e) {
```

```
                System. out. println("FileNotFoundException"+e+"occured. ");
            }
            catch(IOException e) {
                System. out. println("IO exception thrown:"+e);
            }
        }
    }
```

运行这个程序后,将会在屏幕上显示写入 d:\MyData\data. txt 文件中的全部数据。

3) 利用 ObjectInputStream 读取文件中的对象内容

利用 DataInputStream 可以直接读取存储在文件中的对象内容。从文件中读取对象,首先需要创建一个 ObjectInputStream 对象,然后调用成员方法 readObject(),返回一个 Object 类型的对象,最后根据需要将其转换成相应的类。

6.3.3 随机文件的访问

在 Java 语言中,为了支持文件的随机存取提供了 RandomAccessFile 类。下面首先介绍这个类提供的两个构造方法。其格式为:

```
public RandomAccessFile(String name,String mode);
public RandomAccessFile(File file,String mode);
```

第一个构造方法中的参数 name 为磁盘文件的路径及文件名称,mode 为存取方式,例如 r 表示只读文件,此时要求文件一定存在,否则将抛出一个 IOException 异常;rw 表示可读写文件。

在 RandomAccessFile 类中还定义了与 DataInputStream 和 DataOutputStream 相同的操作接口,因此可以直接向 RandomAccessFile 类对象描述的文件读写 Java 语言中的各种基本数据类型的数据和 String 类对象。

除了可以读写文件外,RandomAccessFile 类还提供了一些便于文件读取的方法,表 6-9 给出的 3 个成员方法可以实现对文件当前指针定位的操作。

表 6-9　RandomAccessFile 类中有关定位文件指针的成员方法

成 员 方 法	描　　　述
seek(long pos)	把文件的当前指针移动到相对于文件开始端,偏移 pos 的位置
getFilePointer()	返回 long 类型的数值。它表示文件当前指针的位置,即起始于文件开始端的偏移量
length()	返回 long 类型的数值。它表示文件的字节数

下面例子说明了随机存取文件的操作方式。在这个例子中,将求解的质数写入随机文件中。实际上,这个程序有一个重要的功能,即每次运行,将求出现存文件中最大质数之后的 20 个质数,并追加到文件的后面。因此,每次需要调用 seek() 方法定位文件指针的位置。

例 6-7　读取随机存取文件。

```
//file name:TryRandomAccessFile. java
import java. io. * ;
public class TryRandomAccessFile
```

```java
{
    static RandomAccessFile myFile=null;
    static long[] primes=new long[20];
    final static int LONGSIZE=8;

    public static void main(String[] args)
    {
        try {
            File dir=new File("d:/primes");              //创建目录对象
            if (!dir.exists()) dir.mkdir();              //如果目录不存在,创建该路径
            else if (!dir.isDirectory()) {               //检测是否为目录
                System.out.println(dir+"is not a directory.");
                return;
            }
            File myPrimes=new File(dir,"data.dat");       //创建文件对象
            if (!myPrimes.exists()) myPrimes.createNewFile();  //创建空文件
            myFile=new RandomAccessFile(myPrimes,"rw");   //创建随机文件对象
            long count=myFile.length() / LONGSIZE;        //long 类型数据的数目
            long number=0;

            if (count==0){                                //求解 20 个质数的初始化
                primes[0]=2;     primes[1]=3;
                count=2;           number=5;
            }
            else{
                myFile.seek(myFile.length()-LONGSIZE);
                number=myFile.readLong()+2;
                count=0;
            }
            for ( ;count<20;number+=2)                    //求解 20 个质数
            {
                if (primeTest(number)) {
                    primes[(int)count++]=number;
                }
            }
            myFile.seek(myFile.length());                 //将 20 个质数写入文件
            for (int i=0;i<count;i++)
                myFile.writeLong(primes[i]);
            outputPrimes();
            myFile.close();
        }
        catch(IOException e) {
            System.err.println("Error in main()\n"+e);
        }
    }
    static boolean primeTest(long number)                 //检测 number 是否为质数
    {
```

```
        long limit=(long)Math.ceil(Math.sqrt((double)number));
        for (int i=3;i<=limit;i+=2)
            if (number % i==0)return false;
        return true;
    }
    static void outputPrimes() throws IOException          //输出文件中存储的所有质数
    {
        myFile.seek(0);
        for (int i=0;i<myFile.length() / LONGSIZE;i++){
            if (i %10==0) System.out.println();
            System.out.print(myFile.readLong()+"\t");
        }
    }
}
```

运行这个程序两次后,将会在屏幕上看到下列结果。

2	3	5	7	11	13	17	19	23	29
31	37	41	43	47	53	59	61	67	71
73	79	83	89	97	101	103	107	109	113
127	131	137	139	149	151	157	163	167	173

6.4 字 符 流

在 Java 语言中,提供了字符输出流 Writer 和字符输入流 Reader。由于 Java 中字符采用 Unicode 编码,每个基本字符占 16 个二进制位,即两个字节,所以每次读写操作以两个字节为单位。

下面分别介绍字符输出流和字符输入流的应用。

1. 字符输出流

在 Java 语言中,Writer 是一个抽象类,它是所有以字符为单位的输出流的父类,其中定义了字符输出流在实现写流操作时需要的大部分成员方法,为向输出流写入字符提供了方便。表 6-10 列出了一些常用的成员方法及功能描述。

表 6-10　Writer 类中提供的部分成员方法

成 员 方 法	描　　述
write(int c)	将字符 c 写入输出流,该成员方法没有返回值
write(char cbuf[])	将 char 型数组 cbuf 中的所有字符写入输出流,该成员方法没有返回值
write(char cbuf[],int off,int len)	将 char 型数组 cbuf 中,从偏移量 off 开始的 len 个字符写入输出流,该成员方法没有返回值
write(String str)	将字符串 str 中的所有字符写入输出流,该成员方法没有返回值
write(String str,int off,int len)	将字符串 str,从偏移量 off 开始的 len 个字符写入输出流中,该成员方法没有返回值

除此之外,Writer 还提供了两个抽象成员方法,它们需要在子类中实现。一个是 flush(),它将刷新输出流;另一个是 close(),它将清空、关闭输出流。图 6-1 是 Writer 抽象类所含子类的层次图。

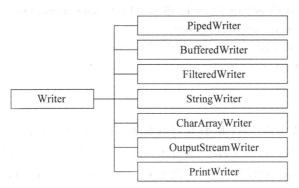

图 6-1　Writer 抽象类层次图

在图 6-1 所示的子类中,PipedWriter 是与 PipedReader 对应的字符流,利用它可以在程序运行时的两个线程之间传递数据。BuffderedWriter 是描述带缓冲区的字符输出流类,它可以通过将写入输出流的字符先写入缓冲区,再成批地写入物理文件的方式提高写流操作的效率。FilteredWriter 是一个抽象类,用来作为定义字符过滤流的父类。StringWriter 和 CharArrayWriter 用于描述将字符串或字符型数组的内容写入输出流。OutputStreamWriter 具有将字符直接写入字节输出流对象的能力,它还有一个子类 FileWriter,可以将字符直接写入文件中。PrintWriter 可以将各种基本数据类型的数值及对象的内容转换成固定的字符串格式写入输出流。

下面列举一个应用 PrintWriter、BufferedWriter 和 FileWriter 在屏幕上显示质数的例子来简单地说明它们的使用方法。

例 6-8　应用 PrintWriter、BufferedWriter 和 FileWriter。

```
//file name:TryWriter. java
import java. io. * ;
public class TryWriter
{
    public static void main(String[] args)
    {
        long[]primes=new long[20];
        primes[0]=2;      primes[1]=3;                //设置两个最小的质数 2、3
        int count=2;
        long number=5;
        outer:
        for ( ;count<primes. length;number+=2) {
            long limit=(long)Math. ceil(Math. sqrt((double)number));
            for (int i=2;i<limit;i++)
                if (number%i==0) continue outer;
            primes[count++]=number;
```

```
            }

        PrintWriter output＝new PrintWriter(
            new BufferedWriter(new FileWriter(FileDescriptor. out)));
        for (int i=0;i<primes. length;i++)
            output. print((i％5==0?"\n":"")+primes[i]);
        output. close();
        }
    }
```

在例 6-8 中,首先求出 20 个质数并存入数组 primes 中。随后为了将数组中的内容显示在屏幕上,创建一个 PrinterWriter 类对象 output,这里用一个 BufferedWriter 对象作为参数传递给 PrintWriter 的构造方法,以便得到一个缓冲区。这样做,只有在缓冲区满或调用 flush()或 close()成员方法时才进行一次写操作,从而提高写输出流的效率。而构造 BufferedWriter 对象时,向构造方法传递一个 FileWriter 对象;构造 FileWriter 对象时又传递一个 FileDescriptor. out 对象,这里的 out 是预定义的标准输出设备——屏幕,这样就使得 BufferedWriter 对象表示的输出流目标是 FileWriter 对象,而 FileWriter 对象表示的输出流目标是屏幕,因此写入 output 中的内容最终到达屏幕。

2. 字符输入流

与 Writer 对应,Reader 也是一个抽象类,它是所有以字符为单位的输入流的父类,同样也定义了字符输入流在实现读流操作时需要的大部分成员方法。表 6-11 列出了这些成员方法与功能描述。

表 6-11　Reader 类中提供的部分成员方法

成　员　方　法	描　　　述
read()	从流中读取一个字符,并以 int 类型的形式返回。如果读到文件的尾部,返回—1;如果发生错误,抛出 IOException 异常
read(char cbuf[])	从流中读取字符并存入 char 型数组 cbuf 中。该成员方法返回读取的字符个数
read(char cbuf[], int off, int len)	从流中读取 len 个字符并存入 char 型数组 cbuf 从 off 开始的位置。该成员方法返回读取的字符个数
skip(long n)	跳过流中 n 个字符。该成员方法返回跳过的字符个数。如果到达流的尾部,或者由于输入错误终止处理,该值将小于 n
ready()	如果预读取的流已经准备就绪,返回 true,否则返回 false
close()	这是一个抽象方法,其功能为关闭流,需要在子类中实现

上面这些成员方法将被子类继承,用于从输入流中读取字符。

图 6-2 是 Reader 抽象类所含的子类层次图。

在图 6-2 子类中,PipedReader 在前面已经介绍过,它与 PipedWriter 配合使用可以实现在两个线程之间传递数据的目的。BufferedReader 是描述带缓冲区的字符输入流类,它提供了设立缓冲区、读取字符、数组和一行的功能。FilteredReader 是字符过滤流的抽象类。StringReader 为字符串输入流,CharArrayReader 为字符型数组的输入流,这里的数组常作为缓冲区使用。InputStreamReader 是字符流与字节流之间的桥梁,它可以实现从字节流中读取数据,并将其按照指定的字符编码转换成字符的能力。

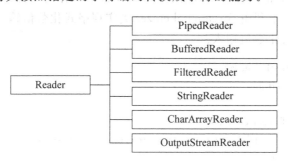

图 6-2　Reader 抽象类层次图

下面是一段从键盘读取一行文本的程序代码,其中应用了 BufferedReader 和 InputStreamReader 两个类对象。

```
BufferedReader console=new BufferedReader(new InputStreamReader(System. in));
System. out. print("What is your name:");
String name=null;
try {
        name=console. readLine();
}
catch(IOException e){…}
System. out. println("Hello"+name);
```

在这段程序代码中,首先利用一个 InputStreamReader 对象创建一个带缓冲区的 BufferedReader 对象,从而使得 System. in 表示的标准输入设备——键盘成为 InputStreamReader 输入流的数据源。由于 System. in 属于 InputStream 类,是字节处理机制,所以需要将读取的字节转换成字符,再作为 BufferedReader 对象表示的输入流的数据源。

在实际应用中,经常需要从键盘输入各种基本数据类型的数据。在第 2 章中,曾经介绍过利用 Scanner 类方便地实现这个功能,而在 JDK 5.0 之前的 Java 中,需要借助 FormattedInput 类实现,在这个类中又使用了 StreamTokenizer 类,其中定义了一个 Reader 类的对象 reader 和一个 InputStream 类的对象 input,它们共同协作实现格式化的流输入。下面首先介绍 StreamTokenizer 类中涉及的概念,然后说明如何利用这个类对象实现格式化输入的方法。

在这个类中,有两个关键的概念:一个是标记(token),它是指由数值或字符序列组成的数据项;另一个是定界符,用来分隔不同的数据项,这些定界符可以自行定义,也可以应用默认值'\t'、'\n'和'\r'。通常可以将数值以字符序列的形式写入文件,每个数值之间用定界符分隔,之后利用 StreamTokenizer 类对象进行格式化读取。在这个类中,提供了一个 nextToken() 成员方法,它可以读取下一个标记,并将其转换成相应的数据类型的数值。通过返回值可得知所读取的标记类型,共有 4 种标记类型:TT_NUMBER(数值)、TT_WORD(一个字及以空格作为定界符的字符序列)、TT_EOF(流的结束符)和 TT_EOL(行结束符)。如果目前读取的标记是数值,结果将被存入类型为 double 的数据成员 nval 中;如果为字符串,结果将存入类型为 String 的数据成员 sval 中。也可以自行设计一个类来提供各种基本类型数据的格式化读取,以便扩展 Java 读取操作的功能。下面就是自行设计的类 FormattedInput,其中利用 StreamTokenizer 类实现格式化数值输入的功能。

例 6-9 实现格式化数值输入。

```java
//file name:FormattedInput.java
public class FormattedInput
{
    private StreamTokenizer tokenizer=
            new StreamTokenizer(new InputStreamReader(System.in));
    public int intRead()
    {
        try {
            for (int i=0;i<5;i++) {
                if (tokenizer.nextToken()==tokenizer.TT_NUMBER) {
                    return (int)tokenizer.nval;
                }
                else {
                    System.out.println("Incorrect input :"+tokenizer.sval
                                                    +"Re-enter an intger");
                    continue;
                }
            }
            System.out.println("Five failures reading an int value"
                                            +"-program terminated");
            System.exit(0);
            return 0;
        }
        catch(IOException e) {
            System.out.println(e);
            System.exit(1);
            return 0;
        }
    }
    public String stringRead()
    {
        try {
            for (int i=0;i<5;i++) {
                int tokenType=tokenizer.nextToken();
                if (tokenType==tokenizer.TT_WORD || tokenType=='\"')
                    return tokenizer.sval;
                else if (tokenType=='!') return"!";
                    else {
                            System.out.println("Incorrect input.");
```

```
                        continue;
                    }
                }
                System. out. println("Five failures reading a string"+"-program terminated");
                System. exit(1);
                return null;
            }
            catch(IOException e) {
                System. out. println(e);
                System. exit(1);
                return null;
            }
        }
    }
```

通过创建上面这个类的对象,可以实现格式化读取字符串和 int 类型的数值。

6.5　对象的串行化

对象串行化使得对象信息的永久性保存更加规范、更加方便。尽管串行化概念比较难于理解,实现过程也比较复杂,但 Java 已经帮助人们做了许多工作,真正利用 Java 实现串行化功能十分便利。

6.5.1　对象串行化概述

所谓串行化是指在外部永久性文件中存放或检索对象的过程。将对象写入文件称为串行化对象,从文件中读取对象称为并行化对象。如果一个对象具有串行化能力,将这个对象的内容永久地保存或从永久性的文件中读取出来都很容易。

显而易见,"串行化"过程应该是嵌套进行的。如果在需要串行化的对象中有某个成员对象不具有串行化功能,它就实现不了全部内容的永久性存储,这将会对对象串行化后数据的完整性带来质疑。

6.5.2　对象串行化的处理

在 Java 语言,如果希望对象具有串行化能力,只需要让对象所属的类实现 Serializable 接口即可。在 Serializable 接口中没有声明任何内容,因此在实现该接口的类中也没有任何抽象方法需要实现。

下面首先介绍将具有串行化功能的对象写入文件的过程。

在前面已经介绍过,OutputStream 类有一个子类 ObjectOutputStream,利用这个类提供的 writeObject(Object obj)成员方法可以实现将任何实现了 Serializable 接口的类对象写入永久性文件的功能。例如,有一个已经存在且实现了 Serializable 接口的类对象 MyObject,假设类的名称为 MyClass,现创建一个名为 'MyFile' 的文件作为 ObjectOutputStream 对象的数据目标,可以简单地用下面 3 条语句实现将对象 MyObject

的内容写入文件'MyFile'的功能。

```
FileOutputSTream output＝new FileOutputSTream('MyFile');
ObjectOutputStream objectOut＝new ObjectOutputStream(output);
objectOut. writeObject(MyObject);
```

读对象是上面写对象的逆过程，只是将所有的输出流换成相应的输入流。下面是读取 MyFile 文件中存储对象内容的过程。

```
MyClass MyObject;
try {
        FileInputStream input＝new FileInputStream('MyFile');
        ObjectInputStream objectIn＝new ObjectInputStream(input);
        MyObject＝(MyClass)objectIn. readObject();
}
catch(IOException e) {
        System. out. println(e);
}
catch(ClassNotFoundException e) {
        System. out. println(e);
}
```

如果在当前应用程序中没有定义 MyClass 类，就会抛出异常 ClassNotFoundException，它不属于 IOException 异常，因此要为它单独书写一个 catch 语句块以便捕获处理。

6.5.3 应用举例

下面列举一个将对象串行化的典型例子。

例 6-10 将 Employee 类对象串行化。

在这个例子中，定义一个雇员类（Employee），其中包含 3 个数据成员：姓名（name）、工资（salary）和开始雇佣日期（hireDay），以及两个构造方法和两个成员方法，为了使其具有串行化功能，这个类实现了 Serializable 接口。需要说明的是，hireDay 属于标准类 Date，这个类也实现了 Serializable 接口，所以在串行化 Employee 对象时不会出现问题。

下面是 Employee 类定义。

```
//file name:Employee. java
public class Employee implements Serializable
{
        private String name;                        //姓名
        private double salary;                      //工资
        private Date hireDay;                       //开始受雇日期

        public Employee(String n,double s,Date d)
        {
            name＝n;
            salary＝s;
            hireDay－d;
```

```
        }
    public Employee() {}
    public String toString(){ return name+" "+salary+" "+hireYear(); }
    public void raiseSalary(double byPercent){ salary *=1+byPercent/100; }
    public int hireYear(){ return hireDay.getYear(); }
}
```

下面是一个测试串行化功能的类。在 main()方法中,首先定义一个 Employee 型数组,并构造 3 个 Employee 对象。随后将数组中的对象串行化到文件 employee.dat 中。注意,Java 语言中提供的数组本身具有串行化功能,所以可以很方便地将数组中的内容串行化,但要求数组元素的内容一定具有串行化功能,这样才不会出现问题。最后,从文件 employee.dat 中将内容读取出来放回数组,并为每名雇员增加 100 元工资之后,利用成员方法 print()显示所有对象的内容。

```java
//file name:ObjectFileTest.java
import java.io.*;
import java.util.*;
public class ObjectFileTest
{
    public static void main(String[] args)
    {
        try {
            Employee[] staff=new Employee[3];

            staff[0]=new Employee("Harry Hacker",35000,new Date(1989,10,1));
            staff[1]=new Employee("Carl Cracker",75000,new Date(1987,12,15));
            staff[2]=new Employee("Tony Tester",38000,new Date(1990,3,15));

            ObjectOutputStream out=new
                ObjectOutputStream(new FileOutputStream("employee.dat"));
            out.writeObject(staff);
            out.close();

            ObjectInputStream in=new
                ObjectInputStream(new FileInputStream("employee.dat"));
            Employee[] newStaff=(Employee[])in.readObject();

            int i;
            for (i=0;i<newStaff.length;i++) newStaff[i].raiseSalary(100);
            for (i=0;i<newStaff.length;i++) System.out.println( newStaff[i]);
        }
        catch(Exception e) {
            System.out.print("Error:"+e);
            System.exit(1);
```

```
        }
      }
    }
```

本 章 小 结

本章主要介绍了Java语言提供的流处理机制,其中包含输入输出流的概念、基本处理过程、流库的分类,并阐述了文件的创建、读写以及字符流的应用方式,最后还给出了对象的串行化的处理方法。

课 后 习 题

1. 基本概念

(1) 阐述利用流机制处理输入输出的特点。

(2) Java 处理输入输出流主要有两种方式,一是以字节为单位,二是以字符为单位。阐述它们各自的特点。

(3) 阐述如何利用 DataInputStream 类和 DataOutputStream 类将 Java 提供的基本数据类型的数值直接写入文件或从文件中读出?

(4) 阐述如何利用 File 类对文件进行处理?

(5) 什么是串行化? 如何让对象具有串行化能力?

2. 编程题

(1) 编写一个程序,从给定文件中读取一个整数序列,并将其进行排序,然后再写入另外一个文件中。

(2) 编写程序,统计给定文件中每个字母出现的频率。

(3) 创建一个文本文件,并编写程序统计其中包含的单词数目。

(4) 设计一个图书类,并编写一个程序,将各本图书的信息写入给定文件中。

(5) 改写编程题第 4 题中设计的图书类,使其具有串行化功能。

3. 思考题

(1) 在 Java 中将 OutputStream、InputStream、Write 和 Reader 设计为抽象类,这样有什么好处?

(2) Java 提供的对象串行化机制有什么好处?

4. 知识扩展

(1) 阅读 Java API 文档,整理输入输出流的类层次结构,体会它的设计理念。

(2) 阅读 Java API 文档中的 File 类,弄清每个成员方法的操作含义。

上机实践题

1. 实践题 1

【目的】 通过这道上机实践题的训练,可以掌握Java语言有关二进制文件处理的基本方法。

【题目】 编写程序,将某个矩阵中的全部数值存放在一个二进制文件中,然后再将文件中的内容读出,以便验证是否正确。

【要求】 矩阵中的内容可以随机产生。

【提示】 首先存放矩阵的行数、列数,再依次存放每个元素的数值。

【扩展】 如果是对称矩阵、下三角矩阵或上三角矩阵,可以考虑压缩存储。

2. 实践题 2

【目的】 通过这道上机实践题的训练,可以掌握对象的串行化操作。

【题目】 设计一个手机通讯录管理系统。要求具有串行化功能。

【要求】 通讯录中的内容存放在一个字符文件中。

【提示】 定义一个通讯录类。

【扩展】 可以将通讯录中的信息分成多个组。例如,亲友组、同事组、客户组等。

第 7 章

泛型程序设计与聚合

泛型是 JDK 5.0 增加的一种抽象级别更高的程序设计机制,它可以将不同类型对象的同一种操作加以抽象、封装,使其享有更广泛的代码重用性,为有效地体现面向对象的程序设计思想提供一个良好的途径。除此之外,在 Java 的 java.util 包中,提供了多种数据结构的接口,这些接口设计不但将各种数据结构的操作行为规范化,体现了泛型程序设计的优势,还易于 Java 程序的调试、维护和移植。

7.1 泛型程序设计

在程序设计中,经常遇到不同的数据类型可以实施同一种操作的情形。例如,在学生信息管理系统中需要按照学号排列学生名单;在图书信息管理系统中需要按照书号排列图书目录;在销售商品信息管理系统中需要按照销售量排列商品销售情况等。尽管它们属于不同类别,但排序过程应该是一样的。如果为每个类别重复编写具有相同处理过程的程序代码会增加编写程序的工作量。在 Java 早期版本中可以声明一个元素类型为 Object 的一维数组存放具有这种操作特性的数据。例如:

```
public class ArrayList
{
    private Object[] element;
    ⋮
    public Object get(int index) { return element[index] };
    public void add(Object obj) { … };
    public void sort{ … }
    ⋮
}
```

这样可以实现数组元素引用任何类的对象的目的。但这种方法存在下面两个问题。
(1) 获取对象时必须进行强制类型转换。
例如:

```
ArrayList list=new ArrayList();
list.add("Hello");
list.add("World");
```

```
String str1=(String) list. get(0);
String str2=(String) list. get(1);
```

这样看起来十分烦琐，不易于提高程序的可读性。如果忘记强制类型转换还会出现错误。

（2）没有检查类型错误。

由于可以向 list 中添加任何类对象，所以在后面的操作中可能会出现强制类型转换错误。例如：

```
Integer value=(Integer)list. get(0);
```

显然，list. get(0) 应该返回 String 类对象的引用，所以将其强制转换为 Integer 类是错误的。为了更好地解决这类问题，Java 提出了泛型概念，并从 JDK 5.0 版本中给予了支持。所谓泛型是指将数据类型作为参数实现相同操作过程的代码重用机制，它不但增强了代码重用率，还具有类型检查功能，确保了程序的安全性。

7.1.1　泛型类的定义与使用

下面通过一个例子说明泛型类的格式。

```
public class Pair<T>
{
    private T first;
    private T second;

    public Pair() { first=null; second=null; }
    public Pair(T first,T second)
    {
        this. first=first;
        this. second=second;
    }
    public T getFirst() { return first;}
    public T getSecond() { return second;}
    public void setFirst(T first) { this. first=first;}
    public void setSecond(T second) { this. second=second;}
}
```

在这个类中引入了类型参数 T，这个参数书写在类名之后并用一对尖括号括起来。有了这个定义就可以按照下列方式使用它。

```
Pair<Integer>intPair=new Pair<Integer>(new Integer(20),new Integer(100));
Integer value1,value2;
value1=intPair. getFirst();
value2=intPair. getSecond();

Pair<String>strPair=new Pair<String>("Hello","world");
String str1,str2;
```

```
str1＝strPair.getFirst();
str2＝strPair.getSecond();
```

在定义对象时将类型参数 T 替换为 Integer 表示类中所有 T 的位置都为 Integer;将类型参数 T 替换为 String 表示类中所有 T 的位置都为 String,这样既能让各种类型重用同一段程序代码,又可以避免人为地强制类型转换带来的错误。注意,在实例化泛型类时不允许带入基本数据类型。例如,Pair<double>是错误的,必须写成 Pair<Double>。

上面定义的 Pair 类只包含一个类型参数。实际上,可以根据需求设置多个类型参数,并通过它们带入不同的类型。例如,下面定义的 ThirdElement 类包含了 3 个类型参数。

```
public class ThirdElement<U,V,W>
{
    private U element1;
    private V element2;
    private W element3;

    public ThirdElement() { element1＝null;element2＝null;element3＝null;}
    public ThirdElement(U e1,V e2,W e3)
    {
        element1＝e1;
        element2＝e2;
        element3＝e3;
    }
    public U getElement1() { return element1;}
    public V getElement2() { return element2;}
    public W getElement3() { return element3;}
        ⋮
}
```

定义这个泛型类对象的格式为:

```
ThirdElement<Integer,String,Float>e＝
    new ThirdElement<Integer,String,Float>(new Integer(10),"Java",new Float(20.0));
Integer e1＝e.getElement1();
String e2＝e.getElement2();
Float e3＝e.getElement3();
```

有时需要对参数类型加以限定。例如,要求带入的类必须具有比较大小的功能,即这些类必须实现 Comparable 接口。表示这种限定的格式为:

```
public class Interval<T extends Comparable>
{
    private T lower;
    private T upper;

    public Interval(T first,T second)
    {
```

```
        if (first. compareTo(second)<＝0) {
            lower＝first;upper＝second;
        }
        else {
            lower＝second;upper＝first;
        }
    }
    ⋮
}
```

　　<T extends Comparable>的含义是 T 限定为 Comparable 的子类。注意,尽管 Comparable 是接口,但在这里用 extends 关键字,而不用 implements 关键字。

7.1.2　对象包装器

　　在 Java 语言中,每一种基本数据类型都有一个对应的类,这些类称为包装器。表 7-1 列出了各种基本数据类型所对应的包装器名。

表 7-1　Java 包装器

基本数据类型	包 装 器	基本数据类型	包 装 器	基本数据类型	包 装 器
byte	Byte	long	Long	float	Float
short	Short	char	Character	double	Double
int	Integer	boolean	Boolean		

　　表 7-1 中的包装器都是 final 类,即不能再定义这些类的子类,并且一旦创建了这些类的对象,其中包含的值不允许更改。

　　注意,基本数据类型与包装器是两个不同的概念。例如:

int value＝20;

Integer obj＝new Integer(100);

　　value 的值是一个整型数值,而 obj 是一个引用,它引用了一个 Integer 类对象。为了便于操作,JDK 5.0 提供了自打包和自拆包功能。所谓自打包是指在应该提供包装器对象的地方给出了基本数据类型值时,Java 虚拟机自动将其打包成包装器对象。例如:

Integer value＝200;

Java 虚拟机自动将整型数值 200 打包使其等价于:

Integer value＝new Integer(200);

对于前面列举的 Pair 泛型类可以这样使用:

Pair<Integer>pair＝new Pair<Integer>(12,36);

Java 虚拟机自动将整型数值 12、36 打包使其等价于:

Pair<Integer>　pair＝new Pair<Integer>(new Integer(12),new Integer(36));

　　所谓自拆包是指在提供基本数据类型的地方给出了包装器对象,Java 虚拟机自动将其

拆包成基本数据类型值。例如，

int value＝new Integer(30);

Java 虚拟机自动将包装器对象 Integer(30)拆包使其等价于：

int value＝30;

在编写程序时,由于 Java 语法的限制,有些地方要求提供基本数据类型值,有些地方要求提供包装器对象。这里介绍的自打包和自拆包功能极大地方便了程序的书写,特别是在应用泛型类时经常会使用这种功能。

7.2　基本的数据结构接口

集合是一组对象的整体,其中的每个对象称为集合的元素。从严格意义上说,集合中没有重复的元素,每个元素之间也没有任何顺序关系。但随着计算机应用范围的不断扩大,人们将程序中所提及的集合概念加以扩展,即集合中也可以有重复的元素,元素之间也可以人为地规定某种顺序关系。这样就形成了应用十分广泛的集合、链表和映射几种数据结构。在 Java 语言的标准类库中,提供了丰富的数据结构接口和类,从而可以使人们可以轻松地在程序中操纵各种过去看起来比较复杂的数据结构,从而减轻编写程序的负担,提高程序的可靠性。

图 7-1 是 Java 类库提供的一些经常使用的数据结构接口与类的关系图。

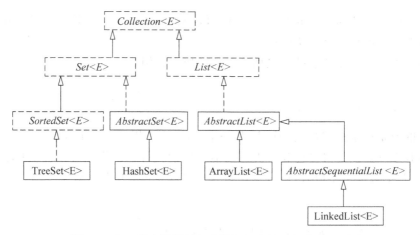

图 7-1　Java 类库提供的部分数据结构接口与类关系图

在图 7-1 中,虚线框表示接口,实线框表示类,虚线表示实现接口,实线表示继承关系。可以看出,它们都是泛型类或接口。Collection 是集合类结构的顶层接口,其中定义了对集合与链表操作的 15 个成员方法,这些方法需要在集合类或链表类中加以实现。将对集合与链表的操作统一地列在这里,可以更加规范集合与链表的操作格式。由于集合与链表所调用的方法格式完全一样,所以在未来更改数据结构时,不会对程序的其他部分造成太大的影响。Set 只继承了 Collection 接口,其中并没有声明任何新的成员方法。List 表示顺序集合,所以它在继承 Collection 接口的基础上,还增加了几个与顺序有关的成员方法。

SortedSet 继承了接口 Set,并增加了一些与排序有关的成员方法。AbstractSet、AbstractList 和 AbstractSequentialList 作为抽象类,分别实现了部分接口或抽象类中的成员方法,以减轻子类实现接口所有成员方法的负担。底层的几个类是经常使用的几种数据结构类。在稍后将举例说明它们的基本使用方法。

图 7-2 是与 Map 接口有关的类关系图。

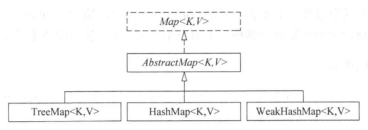

图 7-2　与 Map 接口有关的类关系图

Map 是映像接口,所谓映像是指"键-值"对,"键-值"对的集合构成映像结构,其中,K 为"键"的类型,V 为"值"的类型,利用这种方式存储数据结构的最大好处是检索速度快。

下面分别介绍几个与数据结构有关的接口。

7.2.1　Collection 接口

首先,看一下 Collection 接口定义的内容。

```
package java.util;
public interface Collection<E>
{
    int size();                              //返回集合中的元素个数
    boolean isEmpty();                       //判断集合是否为空
    boolean contains(E o);                   //判断对象 o 是否包含在集合中
    Iterator iterator();                     //返回集合的迭代器
    Object[] toArray();                      //将集合中的所有元素存入一个数组中返回
    Object[] toArray(Object a[]);            //将集合中的元素存入数组中返回
    boolean add(Object o);                   //将对象 o 添加到集合中
    boolean remove(Object o);                //从集合中删去对象 o
    boolean containsAll(Collection<? >c);    //判断本集合是否包含集合 c
    boolean addAll(Collection<? extends E>c);//将集合 c 中的所有元素添加到本集合中
    boolean removeAll(Collection<? >c);      //从本集合中删除所有包含在集合 c 中的元素
    boolean retainAll(Collection<? >c);      //从本集合中删除没有包含在集合 c 中的元素
    void clear();                            //清空集合
    boolean equals(Object o);                //比较集合与对象 o 是否相等
    int hashCode();                          //返回对象的编码码
}
```

Collection<E>定义中的<?>是一个无限定通配符,<? extends E>可以带入 E 的子类。

接口中声明了对集合或链表操作的公共成员方法,需要在具体的数据结构类中加以实现。建议在编写程序时使用这些成员方法,以便增加其规范性和灵活性。

在上面的成员方法中,需要特别说明一下 iterator(),它将返回集合对象的迭代器。所谓迭代器是用来依次获取集合中每个对象的工具。当需要获取链表中的每个对象时,往往应该先利用 getFirst() 成员方法得到第一个元素,然后再重复利用 getNext() 方法依次获得后面的每个元素。为了简化这个操作过程,规范操作步骤,在 Java 语言中,设计了一个迭代器接口 iterator,其中包含 3 个方法,它们分别是 next()、hasNext() 和 remove(),remove() 的功能是将获取的元素从集合中删掉。下面介绍 Collection 接口的两个子接口 Set 和 List。

7.2.2 Set 接口

Set 接口由 Collection 派生而来,用来描述无重复元素的集合,其内部并没有声明新的成员方法,只是限定不能存在重复的元素。

Set 接口派生了一个接口 SortedSet 和一个抽象类 AbstractSet。

SortedSet 接口用来描述有序集合,TreeSet 类实现了这个接口,这个类描述了一个按升序排列的集合。而抽象类 AbstractSet 实现了部分 Collection 接口,并有一个子类 HashSet,它以映射方式表示集合元素。

下面列举一个应用 TreeSet 的简单例子。这个例子的基本功能是利用随机数函数产生一系列随机数,并有序地存放到 TreeSet 对象中,最后将所有的随机数有序地输出。

例 7-1 应用 TreeSet。

```
//file name:TryTreeSet.java
import java.util.*;
public class TryTreeSet
{
    public static void main(String[] args)
    {
        Random value=new Random();
        TreeSet<Integer>tree=new TreeSet<Integer>();
        Integer data;

        for (int I=0;i<10;i++){
            data=new Integer(value.nextInt()%1000);
            tree.add(data);
        }
        Iterator it=tree.iterator();
        while (it.hasNext()){
            System.out.print(it.next()+"");
        }
    }
}
```

运行这个程序,将在屏幕上看到类似下列结果。

-954 -797 -710 -673 -377 -144 -47 107 564 727

7.2.3 List 接口

链表是一种按顺序关系存储元素的集合。这种顺序关系可以由插入的时间先后决定，也可以由元素值的大小决定。为了保证这种顺序关系，在插入或访问这种结构中的元素时，需要指定元素的位置。因此，List 接口除了继承 Collection 接口的所有方法外，还声明了几个与位置有关的方法。

```
void add(int index,Object element)        //在下标为 index 的位置插入对象 element
Object remove(int index)                  //删除下标为 index 的对象
int indexOf(Object o)                      //返回对象 o 在链表中的下标
int lastIndexOf(Object o)                  //从后向前搜索对象 o，并返回第一次搜索到的下标位置
```

List 接口派生出了 ArrayList、LinkedList 子类。ArrayList 采用一块连续的存储空间存储元素，在进行插入和删除元素的操作时有可能需要将大量的元素进行移动，在这种情况下应该选择使用 LinkedList 类。

在 ArrayList 类中，除了实现 List 接口中的所有成员方法外，还定义了表 7-2 中列出的成员方法。

表 7-2 ArrayList 类提供的部分成员方法

成员方法	描述
public ArrayList()	无参数的构造方法
public ArrayList(int initialCapacity)	带参数的构造方法，initialCapacity 是最初创建的链表容量
public ArrayList(Collection<? Extend E>c)	带参数的构造方法，将集合 c 作为 ArrayList 对象的初始值
public Object clone()	覆盖拷贝方法
public void ensureCapacity(int minCapacity)	重定义 ArrayList 对象存放链表元素的最小容量
public void trimToSize()	将 ArrayList 对象中多余的空间释放

LinkedList 类也增加了表 7-3 中列出的成员方法。

表 7-3 LinkedList 类提供的部分成员方法

成员方法	描述
public LinkedList()	无参数的构造方法
public LinkedList(Collection<? extend E>c)	带参数的构造方法，将集合 c 作为该 ArrayList 对象的初始值
public void addFirst(Object o)	将对象 o 添加在链表的最前面
public void addLast(Object o)	将对象 o 添加在链表的最后面
public Object getFirst()	返回链表的第一个对象元素
public Object getLast()	返回链表的最后一个对象元素
public Object removeFirst()	删除链表中的第一个对象元素，并将其返回
public Object removeLast()	删除链表中的最后一个对象元素，并将其返回
public Object clone()	覆盖拷贝方法

下面列举一个简单的例子，说明 ArrayList 和 LinkedList 的使用方式。

这个例子的功能是产生 1000 以内的所有质数，并分别插入 ArrayList 或 LinkedList 对象中，最后将它们显示输出。

例 7-2 应用 ArrayList。

```java
//file name:TryArrayList.java
import java.util.*;
public class TryArrayList
{
    public static void main(String[] args)
    {
        ArrayList<Integer>List=new ArrayList<Integer>(20);
                                            //创建容量为 20 的 ArrayList 对象
        int i;
        List.add(new Integer(2));           //将最小的质数 2 加入 List
        for (int primes=3;primes<1000;primes=primes+2)
        {
            for (i=2;i<=Math.rint(Math.sqrt(primes));i++)
              if (primes%i==0) break;
            if (i>Math.rint(Math.sqrt(primes))){   //将求出的质数加入 List
                List.add(new Integer(primes));
            }
        }

        for (i=0;i<List.size();i++){        //显示 List 中存放的质数
          if (i%6==0) System.out.println();
          System.out.print(List.get(i)+"\t");
        }
    }
}
```

运行这个程序,将在屏幕上看到类似的下列结果。

```
2    3    5    7    11   13
17   19   23   29   31   37
41   43   47   53   59   61
67   71   73   79   73   79
97   101  103  107  109  113
⋮
751  757  761  769  773  777
797  709  711  721  723  727
729  739  753  757  759  763
777  771  773  777  907  911
919  929  937  941  947  953
```

例 7-3 应用 LinkedList。

```java
//file name:TryLinkedList.java
import java.util.LinkedList;
public class TryLinkedList
```

```
{
    public static void main(String[] args)
    {
        LinkedList<Integer>Link=new LinkedList<Integer>();
                                                              //创建 LinkedList 对象
        int i;
        Link. addLast(new Integer(2));                        //将最小的质数 2 加入 Link
        for (int primes=3;primes<1000;primes=primes+2)
        {
            for (i=2;i<=Math. rint(Math. sqrt(primes));i++)
                if (primes%i==0) break;
            if (i>Math. rint(Math. sqrt(primes))) {           //将求出的质数加入 Link
                    Link. addLast(new Integer(primes));
            }
        }
        for (i=0;i<Link. size();i++){
            if (i%6==0) System. out. println();
            System. out. print(Link. get(i)+"\t");
        }
    }
}
```

运行上面这个程序,将在屏幕上看到与例 7-2 相同的结果。

可以看出,由于在对各种数据结构操作时所使用的格式都是一样的,所以尽管例 7-2 和例 7-3 选用的数据结构不同,但相同操作所对应的程序代码完全一样,这有利于日后对应用程序进行改进。

7.2.4 Map 接口

映像是一种存储集合元素的方式。它将每个元素与一个键-值对应,由键-值决定每个元素所存放的位置,因此要求在集合中加入元素时同时给出键值和元素值。其优点是检索速度快,即检索元素的平均比较次数少。

在 Java 语言中,所有用映像方式表示数据结构的标准操作都声明在 Map 接口中。下面是 Map 接口的定义。

```
public interface Map<K,V>
{
    int size();
    boolean isEmpty();
    boolean containsKey(Object key);
    boolean containsValue(Object value);
    Object get(Object key);
    Object put(Object key,Object value);
    Object remove(Object key);
    void putAll(Map<? Extends K,? extends V>t);
```

```
void clear();
Set<K>keySet();
Collection<V>values();
Set<Map. Entry<K,V>>entrySet();

interface Entry<K,V>{
    K getKey();
    V getValue();
    V setValue(V value);
    boolean equals(Object o);
    int hashCode();
}
boolean equals(Object o);
int hashCode();
}
```

可以看出,在 Map 接口中,有一个内嵌接口 Entry。Map 集合中的每个对象都是 Entry 接口的实例。

Map 接口有一个实现它的抽象类 AbstractMap。其中实现了 Map 接口中的部分成员方法,使得具体的映射类不必实现 Map 接口中的每个成员方法。

AbstractMap 抽象类有 3 个子类:HashMap、WeakHashMap 和 TreeMap。

- HashMap 描述了一个映射。它允许存储空对象,但由于键必须是唯一的,所以只能有一个空键值。
- WeakHashMap 描述了一个映射,当键值不再使用时将自动被删除。
- TreeMap 类描述了一个按键值升序排列的映射。

下面通过介绍 HashMap 类,并列举一个简单的例子说明映射结构的使用方式。表 7-4 中列出了 HashMap 类提供的用于创建 HashMap 对象的 4 个构造方法。

表 7-4 HashMap 类提供的 4 个构造方法

构 造 方 法	描　　述
HashMap()	无参的构造方法,它将创建容量为 101,装填因子为 0.75 的映射表
HashMap(int capacity)	这个构造方法将创建容量为 capacity,装填因子为 0.75 的映射表
HashMap(int capacity,float loadFactor)	这个构造方法将创建容量为 capacity、装填因子为 loadFactor 的映射表
HashMap(Map map)	这个构造方法将创建一个映射表,其容量与装填因子为 map 对象的相应值

下面是几个创建 HashMap 对象的例子。

```
HashMap<Integer,String>theMap=new HashMap<Integer,String>();
HashMap<Integer,Employee>myMap=new HashMap<Integer,Employee>(151);
HashMap<Integer,String>aMap=new HashMap<String,String>(151,0.6f);
```

映射表中的容量是指能够存储对象的数量。当对象存储的数目到达容量乘以装填因子的值时,容量将会自动地增加到原容量的 2 倍加 1,加 1 的目的是确保映射表的容量为质数或奇数。例如,aMap 对象最初的容量为 151,当存储对象的数量达到 91 时,容量将会自动增加到 303。

在 HashMap 类对象中,存储、检索和删除对象非常容易。表 7-5 列出了 4 个成员方法就可以实现这些操作。

表 7-5　HashMap 类提供的有关存储、检索和删除对象的几个成员方法

方　　法	描　　述
put(Object key,Object value)	将用键值 key 存储对象 value
putAll(Map<? Extends K,? extends V>map)	将指定映射表中的所有项添加到映射表中
get(Object key)	将返回键值 key 对应的对象
remove(Object key)	将从映射表中删除 key 键值所对应的对象

除此之外,HashMap 类还提供了表 7-6 中列出的几个比较常用的成员方法,它们可以被用来处理映射表中的元素。

表 7-6　HashMap 类提供的有关处理元素的成员方法

方　　法	描　　述
KeySet()	将返回一个 Set 对象,其内容为所有的键值
entrySet()	将返回一个 Set 对象,其内容为所有的键值/对象对
values()	将返回一个 Collection 对象,其内容为映射表中存储的所有对象
getKey()	将返回 Map.Entry 对象的键值
getValue()	将返回 Map.Entry 所对应的对象
setValue(Object new)	将 Map.Entry 对象设置为 new

例 7-4 应用 HashMap。

这个例子将实现电话簿的管理。为此定义了 5 个类。

第一个是 Person 类,其中记录了电话簿中的人名,为了能够实现检索电话簿的操作以及串行化,这个类实现了 Comparable 接口和 Serializable 接口。

```
//file name:Person.java
import java.io.*;
import java.util.*;
public class Person implements Comparable,Serializable
{
    private String firstName;              //名字
    private String surName;                //姓氏
    public Person(String firstName,String surName)
    {
        this.firstName=firstName;
        this.surName=surName;
    }
    public String toString()
    {
        return firstName+""+surName;
```

```
        }
        public int compareTo(Object person)                 //实现比较规则
        {
            int result=surName. compareTo(((Person)person). surName);
            return result==0? firstName. compareTo(((Person)person). firstName) ;result;
        }
        public boolean equals(Object person)                //如果当前对象与 person 相等返回 true
        {
            return compareTo(person)==0;
        }
        public int hashCode()                               //返回对象的编码
        {
            return 7 * firstName. hashCode()+13 * surName. hashCode();
        }
        public static Person readPerson()                   //从键盘读入一个人的姓名
        {
            Scanner in=newScanner(System. in);
            System. out. println("\nEnter first name:");
            String firstName=in. nextLine(). trim();

            System. out. println("Enter surName:");
            String surname=in. nextLine (). trim();
            return new Person(firstName,surName);
        }
    }
```

第二个是 PhoneNumber 类,其中记录了某个电话号码的信息,包括区号和电话号码。为了能够实现串行化,还实现了 Serializable 接口。

```
//file name:phoneNumber. java
import java. io. * ;
import java. util. * ;
class PhoneNumber implements Serializable            //电话号码类
{
    private String areaCode;                          //区号
    private String number;                            //电话号码
    public PhoneNumber(String areaCode,String number)
    {
        this. areaCode=areaCode;
        this. number=number;
    }
    public String toString()
    {
        return areaCode+" "+number;
    }
    public static PhoneNumber readNumber()            //读入电话号码
```

```
        {
            Scanner in=new Scanner (System. in);
            System. out. println("\nEnter ths area code:");
            String area=in. nextLine();
            System. out. println("Enter the local code:");
            String area=in. nextLine();
            System. out. println("Enter the number:");
            Numbe r+=""+in. nextLine();
            return new PhoneNumber(area,number);
        }
    }
```

第三个是 BookEntry 类,它记录了电话簿中每一项的内容,包括人名和电话号码。为了能够实现串行化,实现了 Serializable 接口。

```
//file name:BookEntry. java
import java. io. * ;
public class BookEntry implements Serializable              //电话簿数据项类
{
    private Person person;                                  //人员信息
    private PhoneNumber number;                             //电话号码信息
    public BookEntry(Person person,PhoneNumber number)
    {
        this. person=person;
        this. number=number;
    }
    public Person getPerson() { return person;        }
    public PhoneNumber getNumber() { return number;      }
    public String toString() { return person. toString()+"\n"+number. toString(); }
    public static BookEntry readEntry()
    {
        return new BookEntry(Person. readPerson(),PhoneNumber. readNumber());
    }
}
```

第四个是 PhoneBook 类,在这个类中创建了一个 HashMap 对象,用来作为电话簿存储相应信息。与前几个类一样,为了能够实现串行化,实现了 Serializable 接口。

```
//file name:PhoneBook. java
class PhoneBook implements Serializable                      //电话簿
{
    private HashMap<Person,BookEntry>phonebook=
                            new HashMap<Person,BookEntry>();
    public void addEntry(BookEntry entry)                    //向电话簿添加数据项
    {
        phonebook. put(entry. getPerson(),entry);
    }
}
```

```
        public BookEntry getEntry(Person key)              //从电话簿中获取某个人的信息
        {
            return (BookEntry)phonebook.get(key);
        }
        public PhoneNumber getNumber(Person key)           //从电话簿中获取某个人的电话信息
        {
            return getEntry(key).getNumber();
        }
    }
```

第五个是 TryPhoneBook 类,这个类是为测试上面几个类的应用效果而设计的。在这个类中,输入了几个人的电话信息,并将它们存入了电话簿中。

```
//file name:TryPhoneBook.java
import java.util.*;
public class TryPhoneBook
{
    public static void main(String[] args)
    {
        PhoneBook book=new PhoneBook();
        Scanner in=New Scanner(System.in);
        Person someone;
        for (;;)
        {
            System.out.println("Enter 1 to enter a new phone book entry\n"+
                        "Enter 2 to find the number for a name\nEnter 9 to quit.");
            int what=in.nextLine();
            switch(what) {
                case 1:
                    book.addEntry(BookEntry.readEntry());
                    break;
                case 2:
                    someone=Person.readPerson();
                    BookEntry entry=book.getEntry(someone);
                    if (entry==null)
                        System.out.println("The number for"+someone
                                                +"was not found.");
                    else
                        System.out.println("The number for"+someone
                                    +"is"+book.getEntry(someone).getNumber());
                    break;
                case 9:
                    System.out.println("Ending program.");
                        return;
                default:
                    System.out.println("Invalid delection,try again.");
```

```
                break;
            }
        }
    }
}
```

运行这个程序后将会在屏幕上看到一个简单的菜单,可以选择相应菜单项实施各种操作并观察输出结果。

本 章 小 结

本章主要介绍了 Java 泛型程序设计的基本概念和 Java API 提供的几种数据结构类。泛型机制可以让不同类型的对象重用相同操作过程的代码,从而提高了代码的重用率,确保了程序运行的安全性。数据结构是组织数据集合的主要手段,在程序设计中,选用适合的数据结构并利用数据结构的基本操作可以实现各种需求。本章还介绍了 Java 集合类的层次结构。通过本章学习使用各种数据结构的同时,可以进一步体会 Java 设计者的设计理念。

课 后 习 题

1. 基本概念

(1) 阐述泛型程序设计的概念,说明泛型机制的适用场合及特征。

(2) 阐述泛型的类型参数的概念,它与成员方法的形式参数有什么区别?

(3) Java 为什么提供包装器? 何时会进行自打包和自拆包操作?

(4) 集合类中提供的 TreeSet、HashSet、ArrayList 和 LinkedList 都适用于什么场合? 举例说明。

(5) 阐述映射的概念,说明采用映射方式存储数据集合的特点。

2. 编程题

(1) 设计一个二元运算的泛型类,其中应该包括 +、-、*、/ 运算及相关的操作。

(2) 利用 TreeSet 类创建一个存储 Java 关键字的集合对象,并编写程序,对于给定的单词判断是否属于 Java 关键字。

(3) 利用 ArrayList 类创建一个存储几何图形的对象,并编写程序,将 ArrayList 类对象中存储的所有图形信息显示在屏幕中。

(4) 利用 LinkedList 类创建一个存储所有教师信息的对象,并编写程序,给定教师姓名,查找相应教师的全部信息。

(5) 利用 HashMap 类对象存储一本小型词典的信息,并编写程序,对于给定的单词,输出该单词的全部注解。

3. 思考题

(1) Java 提供的泛型机制是如何保证程序运行的安全性?

（2）Java API 提供的集合类层次结构有什么特点？ 为什么将 Collection、Set、List 设计为接口？

4. 知识扩展

（1）参阅 Java 技术文档了解在继承结构中如何处理泛型机制的？

（2）阅读 Java API 提供的类声明的程序代码，了解 TreeSet、HashSet、ArrayList 和 LinkedList 类实现各种操作的算法特点。

上机实践题

1. 实践题 1

【目的】 通过这道上机实践题的训练，可以掌握 Java API 提供的 ArrayList 类和 LinkedList 类的基本方法，体会这两种数据结构的使用特点与泛型概念的应用优势。

【题目】 编写程序，分别利用 ArrayList 类和 LinkedList 类存储学校各类人员的信息，包括教师、职工和学生等。要求将所设计的类用 UML 描述出来。

【要求】 应该包含人员管理系统中的必要功能，全部数据可以存放在文件中，各项操作可以通过菜单选择实现。

【提示】 设计并实现一个描述人员的类层次结构。

【扩展】 包含同类对象比较、串行化功能。

2. 实践题 2

【目的】 通过这道上机实践题的训练，可以掌握 Java API 提供的 HashMap 类的基本方法，体会采用映像方式组织数据的特点。

【题目】 模仿 Windows 操作系统提供的资源管理器，设计一个文件资源管理系统。其中应该包含文件和目录的新建、删除、更改名称、移动等操作。

【要求】 设计一个菜单，其中包含有关文件资源管理器的各项操作，用户通过选择菜单项对文件资源进行各种操作，并自行设计一种显示方式来体现文件资源的状况。

【提示】 文件资源的信息可以存放在一个文本文件中。

【扩展】 为了保证程序运行的合理性，在实施删除、移动等操作时给出相应的提示信息。

第 8 章

图形用户界面

顾名思义,图形用户界面(Graphics User Interface,GUI)是指以图形的显示方式与用户实现交互操作的应用程序界面。Java 提供了十分完善的图形用户界面功能,使得软件开发人员可以轻而易举地开发出功能强大、界面友善、安全可靠的应用软件,体现出面向对象程序设计的优越性。

8.1 Java 图形用户界面概述

用户界面是否美观和友善是影响应用程序被用户认可的一个重要因素。早期的应用程序大都以字符的形式显示各种结果信息,用户也是以命令行的方式向计算机发出各种操作请求,这种交互方法不但形式单一、难以记忆,而且功能也很有限。随着计算机技术的迅速发展,人们开始从单纯地注重应用程序的功能,转向寻找改善用户界面的途径,最终提出了图形用户界面的概念。在 Java 语言中,有两个包(java. awt 和 javax. swing)囊括了实现图形用户界面的所有基本元素,这些基本元素主要包括容器、组件、绘图工具和布局管理器等。组件是与用户实现交互操作的部件,容器是包容组件的部件,布局管理器是管理组件在窗口中排列(布局)的部件,绘图工具是绘制图形的部件。java. awt 是 java1. 1 用来建立 GUI 的图形包,这里的 awt 是抽象窗口工具包(Abstract Windowing Toolkit)的缩写,其中的组件常称为 AWT 组件。javax. swing 是 Java2 提出的 AWT 的改进包,它改善了显示外观,增强了组件的控制能力。

对于用户界面,除了控制可视化组件的显示外观外,还需要具有处理用户操作请求的能力,即事件处理。

在 Java 中,设计用户界面需要经历 4 个基本步骤:

(1) 创建和设置组件。在 Java 语言中,每一种组件都有相应的标准类支持,所谓创建组件就是声明一个相应组件类的对象引用,并利用 new 运算符创建对象,随后可以通过调用组件类提供的成员方法设置组件的属性。

(2) 将组件加入容器中。在 Java 的图形用户界面中,所有的组件必须放置在容器中,每种容器都提供了 add()成员方法,用于将某个组件添加容器中。

(3) 布局组件。Java 是编制网络程序的首选语言工具。由于运行网络程序时无法完全限制其运行环境,所以显示方式也很难得知。为了保证能够完整地将程序设计的用户界面显示出来,在 Java 语言中,提出了布局管理器的概念,用户可以根据不同的需求,选择不同的布局管理器。布局管理器可以自动地布局放置在容器中的每个组件的显示位置,控制其大小。当然,也可以不使用布局管理器,完全由用户自行控制,但这样很难保证该应用程序在任何环境下都能将全部内容正确地显示出来。

(4) 处理由组件产生的事件。上面 3 个步骤完成了应用程序的用户界面外观,但没有任何操作行为。如果希望应用程序能够对用户通过交互界面发出的操作命令给予响应,就需要实现事件处理。例如,在一个文本编辑器中,当用户单击“打印”按钮时,就应该打印当前编辑的文本内容;当用户右击时,就会弹出一个与上下文相关的下拉式菜单等。

本章重点讲解如何创建用户界面,有关 Java 的事件处理机制,将在第 10 章讨论。

8.2 用 Swing 创建图形用户界面

Swing 是在 AWT 基础上发展而来的,目前的图形用户界面程序都是基于 Swing 组件设计的,其原因在于 Swing 扩展了 AWT 的功能,提高了 Java 程序的控制能力,体现了 Java 人性化的设计理念。本节将详细介绍 Swing 的特点及使用方式。

8.2.1 Swing 概述

Swing 是继 AWT 之后,更加丰富、功能更加强大的 GUI 工具包,它构成了 JFC(Java Foundation Class)的图形用户界面功能的核心部分。

Java 最初是作为网络编程工具设计的,因此当初提供的 AWT 的功能比较弱,只能开发简单的用户界面。随着 Java 被越来越多的业内人士认可,以及应用范围的迅猛扩展,Sun 公司意识到需要对 AWT 进行改进,于是就诞生了 Swing。

与 AWT 相比较,Swing 具有以下几点优势:

(1) AWT 是基于同位体(Peer)的体系结构,这种设计策略严重限制了用户界面中可以使用的组件种类及功能,成为一个致命的缺憾;而 Swing 不需要本地提供同位体,这样可以给设计者带来更大的灵活性,有利于增强组件的功能。

(2) 在 AWT 中,有一部分代码是用 C 编写的;而 Swing 是 100% 的纯 Java,增强了应用程序与环境无关性。

(3) Swing 具有控制外观(Pluggable look and feel)的能力,即允许用户自行定制桌面的显示风格,例如,更换配色方案,让窗口系统更加适应用户的习惯和需要,而 AWT 组件完全依赖于本地平台。

(4) 增加了裁剪板、鼠标提示和打印等功能。

所有 Swing 组件类都存在于 javax. swing 包中。为了避免混淆,Swing 包中的所有类名都在原 AWT 类名的前面冠与 J 字符,例如,JPanel、JFrame、JButton 等。

(5) Container 是抽象容器类,所以派生于它的组件都应该具有容器的功能。由于 JComponent 是 Container 的子类,而除了顶层容器之外的所有 Swing 组件都派生于它,所以可以推断出一个结论:所有的 Swing 组件都是容器。

8.2.2 Swing 容器

容器是用来放置其他组件的一种特殊部件,尽管所有的 Swing 组件都属于容器,但还是有几种专门用于作为容器的组件。它们被划分为顶层容器、通用容器和专用容器 3 个类别,其中顶层容器和通用容器是常用的两类容器形式。下面分别介绍这两种容器的主要用途及使用方式。

1. 顶层容器

每一个应用 Swing 组件的应用程序都至少有一个顶层容器。一个容器可以包含其他容器,即容器之间可以具有嵌套关系,这样就形成了一个层次结构。所谓顶层容器是指最外层的容器,即包含所有组件或容器的那层容器。如果将这个容器层次结构用树状结构描述,顶层容器就是这棵树的根。

通常,一个基于 Swing 图形用户界面的应用程序至少需要有一个用 JFrame 作为根的容器层级结构。例如,如果一个应用程序有一个主窗口和两个对话框,就含有 3 个顶层容器,这个应用程序应该包含 3 个容器层级结构。一个用 JFrame 作为根,另外两个都用 JDialog 作为根。

在 Swing 中有 3 种顶层容器:JFrame、JDialog 和 JApplet,它们分别是 AWT 中 Frame、Dialog 和 Applet 的子类,其类层次结构图如图 8-1 所示。

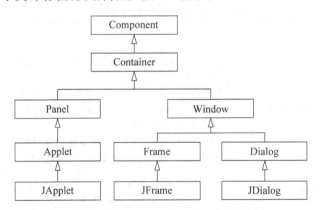

图 8-1 Swing 顶层容器类层次结构图

在使用这些顶层容器时,需要注意以下几点:
- 为了能够在屏幕上显示,每个 GUI 组件都必须位于一个容器层级结构中。
- 每个 GUI 组件只能被添加到一个容器中。如果一个组件已经被添加到一个容器中,而又把它添加到另外一个容器中,则它将从第一个容器中删除,然后再移入第二个容器。
- 每个顶层容器都包含一个内容窗格(Content pane),所有的可视组件都必须放在内容窗格中显示。可以调用顶层容器中 getContentPane() 方法得到当前容器的内容窗格,并使用 add() 方法将组件添加到其中。
- 可以在顶层容器中添加菜单栏,它将位于顶层容器的约定位置。例如,在 Window 环境下,菜单栏位于窗口标题栏的下面。

图 8-2 是窗口框架容器、内容窗格和菜单栏的位置关系。

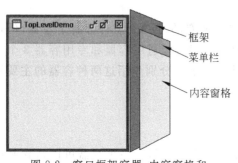

图 8-2　窗口框架容器、内容窗格和菜单栏的位置关系

在 Swing 中,用 JFrame 类实现应用程序窗口框架。如前所述,不能直接将可视组件放置在顶层容器中,而是需要与内容窗格(Content pane)配合使用。

2. 用 Swing 顶层容器创建应用程序框架

在 JFrame 类中,提供了下面两种格式的构造方法用于创建顶层框架:

JFrame()

这是无参的构造方法,它将创建一个初始不可见且标题为空的窗口框架。可以调用 setVisible(true)将窗口框架设置为可见。

JFrame(String title)

这个构造方法将创建一个初始不可见,标题为 title 的窗口框架。也可以调用 setTitle()方法重新设置窗口框架的标题。

此外,JFrame 还提供了一些很有用的成员方法,表 8-1 中列出了其中一部分。

表 8-1　JFrame 类的部分成员方法

方　　法	描　　述
int getDefaultCloseOperation()	该方法将以 int 类型返回用户单击"关闭窗口"按钮时所做的操作类型 DO_NOTHING_ON_CLOSE 表示"关闭窗口"按钮失效 HIDE_ON_CLOSE 表示将窗口框架隐藏起来,但并没有关闭这是默认操作方式 DISPOSE_ON_CLOSE 表示撤销窗口框架 EXIT_ON_CLOSE 表示退出应用程序
void setDefaultCloseOperation()	该方法将通过参数带入不同的 int 类型的常量,设置用户单击"关闭窗口"按钮时所做的操作类型
Image getIconImage()	该方法将返回当前窗口框架的图标
void setImage(Image image)	该方法将将当前窗口框架的图标设置为 image
void pack()	该方法将窗口框架的大小设置为放入所有内容后的最佳尺寸
Dimension getSize()	该方法将返回当前窗口框架的大小
void setSize(int width,int height)void setSize(Dimension size)	该方法将窗口框架设置为宽 width,高 height 或 size 大小
Rectangle getBounds()	该方法将返回窗口框架的位置和大小
void setBounds(int xleft,int yleft,int width, int height) void setBounds(Rectangle size)	该方法将窗口框架的左上角位置设置为坐标点(xleft,yleft)处,宽为 width,高为 height,或 size 表示的位置及大小

续表

方　　法	描　　述
Point getLocatoin()	该方法将返回窗口框架的左上角位置
void setLocation(int x,int y)	该方法将窗口框架的左上角位置设置为(x,y)
Container getContentPane()	该方法将返回窗口框架的内容窗格
JMenuBar getJMnuBar()	该方法将返回窗口框架的菜单栏

例 8-1 应用 JFrame 类创建应用程序框架示例。

```
//filename:TryJFrame.java
import java.awt. * ;
import java.awt.event. * ;
import javax.swing. * ;
public class TryJFrame {
    public static void main(String agrs[]) {

        JFrame frame＝new JFrame("JFrame 应用举例");           //创建 JFrame 对象
        frame.setDefaultCloseOperation(JFrame.EXIT_ON_CLOSE);
        JLabel label＝new JLabel("JFrame 应用举例");           //创建 JLabel 对象
        label.setPreferredSize(new Dimension(175,100));      //设置窗口大小
        frame.getContentPane().add(label,BorderLayout.CENTER);  //获取内容窗格
        frame.pack();
        frame.setVisible(true);
    }
}
```

运行这个程序,将在屏幕上看到如图 8-3 所示的
结果。

图 8-3　例 8-1 运行结果

3. Swing 通用容器

通用容器包含了一些可以应用于许多不同环境下的中间层容器。主要包括面板容器
(Panel)、带滚动条的视口容器(ScrollPane)、工具栏(ToolBar)等。Swing 中分别用 JPanel、
JScrollPane 和 JToolBar 类实现,它们都是 JComponent 的子类,通常放在其他容器中。这
里只介绍使用比较频繁且具有代表性的两种容器:面板容器(Panel)和带滚动条的视口容
器(ScrollPane)。

1) 面板容器

面板容器是一种常用的容器种类。在默认情况下,除了背景外不会自行绘制任何东西。
当然,可以利用相应的成员方法方便地为它添加边框,或定制想要绘制的内容。

在默认情况下,面板容器不透明,这就使得它具有内容窗格的特点,有助于提高绘图效
率。当然,也可以调用 setOpaque()成员方法将其设置为透明。如果面板容器透明,就没有
背景,这样可以让位于容器覆盖区域下面的组件显示出来。

JPanel 的默认布局管理器是 FlowLayout。所谓布局管理器是指能够布局容器中每个

组件所放位置和大小的部件,不同的布局管理器对应不同的组件布局策略。可以在创建容器时指定布局管理器,或调用 setLayout()成员方法更改布局管理器。另外,可以调用 add()成员方法将组件放置面板容器中。

在 JPanel 类中提供了两种格式的构造方法:

JPanel()

这是无参数的构造方法,它将创建一个布局管理器为 FlowLayout 的面板容器。

JPanel(LayoutManager layout)

这个构造方法将创造一个布局管理器为 layout 的面板容器。

除此之外,JPanel 类还提供了表 8-2 所示的管理组件的成员方法。

表 8-2　JPanel 类的部分成员方法

方　　法	描　　述
void add(Component comp)	该方法将组件 comp 添加到容器中
void add(Component comp,int index)	该方法将组件 comp 添加到容器中,其编号为 index。容件中第一个组件的编号为 0,第二个组件的编号为 1,依此类推
int getComponentCount()	该方法将返回容器中的组件数量
Component getComponent(int index)	该方法将返回编号为 index 的组件对象
Component getComponent(Point point)	该方法将返回位于 point 坐标点的组件对象
Component[] getComponents()	该方法将返回容器中所有的组件对象,并存入数组中
void remove(Component comp)	该方法将从容器中移出 comp 组件
void remove(int index)	该方法将从容器中移出编号为 index 的组件
void removeAll()	该方法将从容器中移出所有的组件

例 8-2　JPanel 面板容器的应用示例。

```
//file name:TryPanel.java
import javax.swing.*;
import java.awt.*;
import java.awt.event.*;
public class TryJPanel
{
    public static void main(String[] argv)
    {
    final JFrame f=new JFrame("TryJPanel");              //创建 JFrame 对象
    JLabel label=new JLabel("Enter the password:");      //创建 JLabel 对象

    //创建 JPasswordField 对象,并设置回显字符
```

```
JPasswordField passwordField＝new JPasswordField(10);
passwordField. setEchoChar('＊');                              //设置回显字符
passwordField. addActionListener(new ActionListener() {       //注册事件监听器
    public void actionPerformed(ActionEvent e) {              //处理事件
        JPasswordField input＝(JPasswordField)e. getSource();
        char[] password＝input. getPassword();
        if (isPasswordCorrect(password)) {
        JOptionPane. showMessageDialog(f,"成功! 你输入了正确的保密字");
            } else {
                JOptionPane. showMessageDialog(f,
                    "无效的保密字,请再试一遍。",
                    "错误信息",JOptionPane. ERROR_MESSAGE);
            }
        }
});
//创建 JPanel 对象、设置大小,添加组件
JPanel contentPane＝new JPanel(new BorderLayout());
//contentPane. setBorder(BorderFactory. createEmptyBorder(20,20,20,20));
contentPane. add(label,BorderLayout. WEST);
contentPane. add(passwordField,BorderLayout. CENTER);

//将顶层窗口的内容窗格设置为 contentPane
f. setContentPane(contentPane);
f. addWindowListener(new WindowAdapter() {
    public void windowClosing(WindowEvent e) { System. exit(0);}
});
f. pack();
f. setVisible(true);
}

private static boolean isPasswordCorrect(char[] input) {      //检测保密字输入是否正确
    char[] correctPassword＝{'J','P','a','n','e','l'};
    if (input. length !＝correctPassword. length)
        return false;
    for (int i＝0; i＜input. length;i＋＋)
        if (input[i] !＝correctPassword[i])
            return false;
    return true;
    }
}
```

运行这个程序,将在屏幕上看到如图 8-4 所示的结果。

如果输入了正确的保密字,将显示如图 8-5 所示的"成功"的对话框;否则,显示如图 8-6 所示的"失败"的对话框。

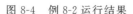

图 8-4　例 8-2 运行结果　　　　图 8-5　"成功"对话框　　　　图 8-6　"失败"对话框

面板容器最大的用途是将一个容器中的全部组件划分成若干个组,每个组用一个面板作为容器,其中放置若干个组件,这样就可以将顶层容器结构化,便于组件的布局和管理。

2) 带滚动视口容器

在 Swing 中,用 JScrollPane 类实现了具有滚动功能的视口容器。由于屏幕大小的限制,有些组件不能在一屏中全部显示出来,或欲显示内容的大小动态地发生变化,因此可以使用带滚动功能的视口容器,利用它提供的滚动条移动窗口在组件上的位置,将组件的全部内容分区域地显示出来。

应用 JScrollPane 容器的方式很简单,只要创建一个 JScrollPane 对象,并为它指定将要显示的内容即可。例如:

```
textArea=new JTextArea(5,30);
⋮
JScrollPane scrollPane=new JScrollPane(textArea);
⋮
setPreferredSize(new Dimension(450,110));
⋮
add(scrollPane,BorderLayout. CENTER);
```

可以看出,在创建 scrollPane 时,指定了需要在 JScrollPane 容器内显示的组件 textArea。在此之后,程序不需要为滚动操作调用任何方法,一切滚动处理可以自动地实现,包括在必要的时候建立滚动条;当用户移动滚动滑块时重画显示内容等。下面是一个应用 JScrollPane 的例子。

例 8-3　JScrollPane 的应用示例。

```
//filename:TryScrollPane. java
import java. awt. event. * ;
import javax. swing. * ;
public class TryJScrollPane extends JFrame
{
    public TryJScrollPane()
    {
        super("JScrollpane 举例");                              //设置顶层窗口标题
        JTextArea textArea=new JTextArea(5,30);               //创建 JTextArea 对象
        JScrollPane scrollPane=new JScrollPane(textArea);     //创建 JScrollPane 对象
        //将 JScrollPane 对象添加到顶层窗口的内容窗格中
        getContentPane(). add(scrollPane);
        sctSize(300,250);                                     //设置窗口大小
```

```
        setVisible(true);                              //将窗口置为显示状态
    }
    public static void main(String[] args)
    {
        TryJScrollPane frame＝new TryJScrollPane();
                                                       //创建顶层窗口
        frame.setDefaultCloseOperation(JFrame.EXIT_
        ON_CLOSE);
    }
}
```

图 8-7　例 8-3 运行结果

运行这个程序,看到如图 8-7 所示的结果。

8.3　布局管理器

前面讲述了 Swing 容器,以及将组件放入容器中的基本方法。但如何布局容器中各组件的位置还是一个未解决的问题。本节将详细阐述 Java 布局组件的基本策略。

Java 是一种面向网络环境编程的语言,它必须顾及应用程序在各种环境下运行的效果。如果像其他程序设计语言那样,使用坐标确定每个组件在容器中的位置,就可能会由于各种计算机系统的坐标系差异,造成应用程序在不同的环境下运行后显示的效果不同,为此 Java 提出了布局管理器的概念。所谓布局管理器是指按照特定的策略定位每个组件在容器中摆放位置及大小的一种特殊对象。Java 提供的布局管理器的类层次结构如图 8-8 所示。

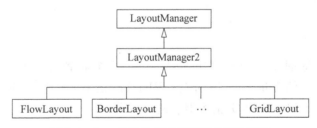

图 8-8　Java 提供的布局管理器类层次结构

这些类或接口都包含在 java.awt 包中,其中 LayoutManager 和 LayoutManager2 是两个接口,且 LayoutManager2 是 LayoutManager 的子接口,其余 3 个类是实现了上述两个接口的类,在程序中这 3 个类的对象就是布局管理器,利用它们可以控制组件在容器中的布局情况。

表 8-3 中列出了 LayoutManager 接口中声明的部分有关布局管理器操作的抽象成员方法。

在 LayoutManager2 接口中,除了继承所有 LayoutManager 接口中的成员方法外,还补充声明了一些可以更加精细地控制组件布局的抽象方法。

根据不同的需要可以选择不同的布局方式。常用的布局管理器有 FlowLayout、BorderLayout、GridLayout 实现。下面分别介绍这几种布局管理器的特点及使用方式。

表 8-3　LayoutManager 接口中声明的部分有关布局管理器操作的抽象成员方法

方　　法	描　　述
void addLayoutComponent(String name, Component comp)	该方法将组件 comp 添加到布局管理器中,并用 name 与之关联
void removeLayoutComponent(Component comp)	该方法将从布局管理器中删除组件 comp
Dimension preferredLayoutSize(Container parent)	该方法将返回给定容器的最佳尺寸
Dimension minimumLayoutSize(Container parent)	该方法将返回给定容器的最小尺寸
void layoutContainer(Container parent)	该方法将布局给定的容器

8.3.1　FlowLayout 布局管理器

FlowLayout 是 Panel 容器的默认布局管理器。它按照从上到下,从左到右(或从右到左)的规则将添加到容器中的组件依次排列。如果一行中没有足够的空间放置下一个组件,FlowLayout 换行后,将这个组件放置在新的一行上。另外,在创建 FlowLayout 对象时,可以指定一行中组件的对齐方式,默认为居中,还可以指定每个组件之间,在水平和垂直方向上的间隙大小,默认值为 5 个像素。这种布局管理器并不调整每个组件的大小以适应容器的大小,而是保持每个组件的最佳尺寸,剩余的空间用空格填补。

在 FlowLayout 类中,提供了下面 3 种格式的构造方法:

FlowLayout()

这是无参的构造方法。它将创建一个对齐方式为居中,水平和垂直间距为 5 个像素的布局管理器对象。

FlowLayout(int align)

这个构造方法将创建一个对齐方式为 align 的布局管理器对象。align 可以为在 FlowLayout 类中定义的常量 LEFT(居左)、RIGHT(居右)、CENTER(居中)、LEADING(沿容器左侧对齐)和 TRAILING(沿容器右侧对齐)。

FlowLayout(int align, int hgap, int vgap)

这个构造方法将创建一个对齐方式为 align,水平间隙为 hgap 个像素,垂直间隙为 vgap 个像素的布局管理器对象。

另外,在 FlowLayout 类中,除了实现 LayoutManager 接口中的所有成员方法外,还提供了几个很有用的成员方法,用来获取和设置对齐方式、组件间距等属性。表 8-4 列出了其中的部分成员方法。

表 8-4　FlowLayout 类定义的部分成员方法

方　　法	描　　述
int getAlignment()	该方法将返回布局管理器的对齐方式。0 表示居左;1 表示居右;2 表示居中;3 表示沿容器左侧对齐;4 表示沿容器右侧对齐
void setAlignment(int align)	该方法将布局管理器的对齐方式设置为 align

方 法	描 述
int getHgap()	该方法返回组件之间的水平间距,以像素为单位
void setHgap(int hgap)	该方法将组件之间的水平间距设置为 hgap 个像素
int getVgap()	该方法返回组件之间的垂直间距,以像素为单位
void setVgap(int vgap)	该方法将组件之间的垂直间距设置为 vgap 个像素

例 8-4 FlowLayout 布局管理器的应用示例。

```java
//file name:TryFlowLayout. java
import java. awt. * ;
import javax. swing. * ;
public class TryFlowLayout extends JFrame                //顶层窗口类
{
    JButton[] button=new JButton[9];                     //声明 9 个按钮类对象
    FlowLayout layout;                                   //声明布局管理器对象
    public TryFlowLayout()
    {
        super("FlowLayout 应用举例");                     //设置顶层窗口标题
        String label;

        //创建布局管理器对象
        layout=new FlowLayout(FlowLayout. LEFT,10,10);
        getContentPane(). setLayout(layout);             //设置布局管理器

        for (int i=0;i<9;i++) {                          //创建 9 个按钮对象并添加到窗口中
            label="Button #"+( i+1 )+"";
            button[i]=new JButton(label);
            getContentPane(). add(button[i]);
        }
        setSize(320,160);                                //将显示窗口设置为 320×160
        setVisible(true);                                //显示窗口
        setResizable(false);                             //让窗口不能调节大小
    }

    public static void main(String[] args)
    {
        TryFlowLayout frame=new TryFlowLayout();         //创建顶层窗口对象
        frame. setDefaultCloseOperation(JFrame. EXIT_ON_CLOSE);
    }
}
```

在这个程序中,TryFlowLayout 是 JFrame 的子类,因此是一个 JFrame 类型的顶层容器,利用 getContentPane() 方法可以获取它的内容窗格,再利用 setLayout() 方法可以将内容窗格的布局管理器设置为 FlowLayout,并将 9 个按钮添加到其中,它们的对齐方式为左对齐,按钮之间的间距为 10 个像素。

运行这个程序后将在屏幕上看到如图 8-9 所示的结果。

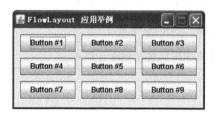

图 8-9　例 8-4 运行结果

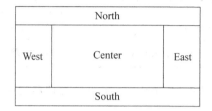

图 8-10　BorderLayout 布局管理器的布局方式

8.3.2　BorderLayout 布局管理器

BorderLayout 是 JFrame 和 JDialog 两种容器的默认布局管理器,它将容器分为 5 部分,分别命名为 North、South、West、East 和 Center,如图 8-10 所示。

由图 8-10 可以看出,在 5 部分中有 4 部分位于容器的 4 个周边,一个位于中间。在使用这种布局管理器管理组件的排列时,需要为组件指明放置的具体位置。默认为中间位置。如果将组件放置在 North 或 South,组件的宽度将延长至与容器一样宽,而高度不变。如果将组件放置在 West 或 East,组件的高度将延长至容器的高度减去 North 和 South 之后的高度,而宽度不变。如果将两个组件放置在同一个位置,后面放置的组件将覆盖前面放置的组件。

BorderLayout 类提供了两种格式的构造方法:

BorderLayout()

这是无参数的构造方法,它将创建一个组件之间水平和垂直间距均为零的布局管理器对象。

BorderLayout(int hgap,int vgap)

这个构造方法将创建一个组件之间水平间距为 hgap,垂直间距为 vgap 的布局管理器对象。

另外,除了 BorderLayout 实现了 LayoutManger2 接口的全部方法外,还提供了表 8-5 列出的有关获取和设置组件间距的成员方法。

表 8-5　BorderLayout 类定义的部分成员方法

方　　法	描　　述
int getHgap()	该方法将返回容器中组件之间的水平间隙
void setHgap(int hgap)	该方法将容器中组件之间的水平间隙设置为 hgap
int getVgap()	该方法将返回容器中组件之间的垂直间隙
void setVgap(int vgap)	该方法将容器中组件之间的垂直间隙设置为 vgap

例 8-5　BorderLayout 布局管理器的应用示例。

```java
//file name:TryBorderLayout.java
import javax.swing.*;
public class TryBorderLayout extends JFrame               //顶层窗口类
{
    JButton North,South,West,East,Center;                 //声明 5 个按钮对象
    TryBorderLayout()
    {
        super("Borderlayout 布局管理器应用举例");         //设置窗口标题
        North=new JButton("North");                       //创建 5 个按钮对象
        South=new JButton("South");
        West=new JButton("West");
        East=new JButton("East");
        Center=new JButton("Center");
        getContentPane().add(North,"North");              //将 5 个按钮添加到窗口中
        getContentPane().add(South,"South");
        getContentPane().add(West,"West");
        getContentPane().add(East,"East");
        getContentPane().add(Center,"Center");
        setSize(300,200);                                 //将窗口大小设置为 300×200
        setVisible(true);
    }
    public static void main(String[] agrs)
    {
        TryBorderLayout frame=new TryBorderLayout();      //创建顶层窗口对象
        frame.setDefaultCloseOperation(JFrame.EXIT_ON_CLOSE);
    }
}
```

在这个程序中,创建 5 个按钮,并将这 5 个按钮放在顶层窗口的内容窗格中。由于内容窗格的默认布局管理器为 BorderLayout,所以在放置按钮时需要给出具体的位置。

运行这个程序后将在屏幕上看到如图 8-11 所示的结果。

图 8-11　例 8-5 运行结果

8.3.3　GridLayout 布局管理器

GridLayout 是一种容易理解的布局管理器,它将容器按照指定的行数、列数分成大小相等的网格。可以有两种将组件放入容器的方法:一是使用默认的布局顺序,即按照从上到下、从左到右的次序将组件放入容器的每个网格中;二是采用 add(Component comp,int index)方法将组件放入指定的网格中。

GridLayout 类提供了 3 种格式的构造方法:

GridLayout()

这是无参数的构造方法,它将创建一个在一行内放置所有组件的网格布局管理器对象,组件之间没有间隙。

GridLayout(int rows,int cols)

这个构造方法将创建一个 rows 行、cols 列的网格布局管理器对象,组件之间没有间隙。

GridLayout(int rows,int cols,int hgap,int vgap)

这个构造方法将创建一个 rows 行、cols 列的网格布局管理器对象,组件之间的水平间隙为 hgap,垂直间隙为 vgap。

除此之外,这个类还提供了有关获取和设置行数和列数以及与 Border 一样的获取和设置组件间隙的成员方法。

例 8-6 GridLayout 布局管理器的应用示例。

```
//file name:TryGridLayout. java
import java. awt. * ;
import javax. swing. * ;
public class TryGridLayout extends JFrame
{
    String[] str={"0","1","2","3","4","5","6","7","8","9","+","-"," * ","/","="};
    JButton[] button;                          //声明按钮对象
    JPanel panel1,panel2;                      //声明面板容器对象
    JTextField text;                           //声明 TextField 对象
    TryGridLayout()
    {
        super("GridLayout 布局管理器举例");        //设置顶层窗口标题
        button=new JButton[15];                //创建 15 个按钮对象
        panel1=new JPanel();                   //创建两个 Panel 对象
        panel2=new JPanel();
        getContentPane(). add(panel1,"North");  //将面板容器添加到内容窗格中
        getContentPane(). add(panel2,"Center");
        text=new JTextField(20);               //创建 TextField 对象且添加到 panel1 面板中
        panel1. add(text);
        panel2. setLayout(new GridLayout(5,3)); //设置 5×3 的网格布局管理器

        for (int i=0;i<15;i++){                 //创建 15 个按钮并添加到 panel2 面板中
            button[i]=new JButton(str[i]);
            panel2. add(button[i]);
        }
        setSize(200,300);                      //设置窗口大小
        setVisible(true);                      //将窗口设置为可视
        setResizable(false);
    }

    public static void main(String[] agrs)
    {
```

```
        TryGridLayout frame= new TryGridLayout();  //创建顶层窗口对象
        frame.setDefaultCloseOperation(JFrame.EXIT_ON_CLOSE);
    }
}
```

在这个程序中,为了开辟一块显示计算结果的区域,首先创建两个面板容器,并放置在顶层容器的内容窗格中,然后再将下方面板的布局管理器设置成 GridLayout,最后将 15 个按钮按照默认顺序放置在其中。

运行这个程序后将在屏幕上看到如图 8-12 所示的结果。

图 8-12　例 8-6 运行结果

8.3.4　CardLayout 布局管理器

CardLayout 是一种将每个组件看作一张卡片,且将所有卡片码放成一摞,每一时刻只有一张卡片被显示的布局管理器。有人将其形象地描述为一副落成一叠的扑克牌。第一个添加到容器中的组件位于最低层,最后一个添加到容器中的组件位于最上层。

CardLayout 类提供了两种构造方法的格式:

CardLayout()

这是无参的构造方法,它将创建一个与容器边界无间隙的布局管理器对象。

CardLayout(int hgap,int vgap)

这个构造方法将创建一个与容器边界水平间隙为 hgap,垂直间隙为 vgap 的布局管理器对象。

使用 CardLayout 布局管理器时,可以使用 add(String name,Component comp)方法将组件添加到容器中。其中,name 为组件的名称,comp 为组件对象。

另外,CardLayout 类除了提供与 BorderLayout 一样的获取和设置组件间隙的方法外,还增加了一些调整卡片顺序的方法,表 8-6 列出了它们的格式和功能描述。

表 8-6　CardLayout 类提供的部分成员方法

方　　法	描　　述
void first(Container parent)	该方法将显示第一个添加到容器 parent 中的卡片
void next(Container parent)	该方法将显示当前组件的下一个组件。如果当前组件是最后一个,下一个组件就是第一个被添加到容器中的组件
voidprevious(Container parent)	该方法将显示当前组件的前一个组件。如果当前组件是第一个,前一个组件就是最后被添加到容器中的组件
void last(Container parent)	该方法将显示最后一个添加到容器 parent 中的卡片
void show(Container parent,String name)	该方法将显示容器 parent 中名称为 name 的组件

下面是一个应用 CardLayout 布局管理器的例子。其功能为:在容器中间放置一摞按钮,单击最上面显示的按钮,将会显示下一个按钮。

例 8-7　应用 CardLayout 布局管理器的例子。

```
//filename:TryCardLayout.java
import java.awt.*;
import java.awt.event.*;
public class TryCardLayout extends Frame implements ActionListener
{
    CardLayout layout;
    Button[] button;
    String[] str={"按钮1","按钮2","按钮3","按钮4","按钮5","按钮6","按钮7","按钮8",
    "按钮9","按钮10"};
    TryCardLayout()
    {
        super("CardLayout 布局管理器");              //设置顶层窗口标题
        layout=new CardLayout(50,50);               //创建布局管理器对象
        setLayout(layout);                          //设置布局管理器
        button=new Button[10];                      //创建 Button 一维数组对象
        for (int i=0;i<10;i++){                     //创建 Button 对象,并添加到窗口中
            button[i]=new Button(str[i]);
            add(str[i],button[i]);
            button[i].addActionListener(this);      //注册事件监听器
        }
        setSize(300,300);                           //将窗口设置为 300×300
        setVisible(true);                           //将窗口设置为可显示状态
    }
    public void actionPerformed(ActionEvent e)      //事件处理
    {
        layout.next(this);
        repaint();
    }
    public static void main(String[] agrs)
    {
        TryCardLayout frame=new TryCardLayout();    //创建顶层窗口对象
        frame.addWindowListener(new WindowAdapter(){
            public void windowClosing(WindowEvent e)
            {    System.exit(0);    }
        });
    }
}
```

图 8-13 例 8-7 运行结果

运行这个程序后,应该得到类似图 8-13 所示的结果。当单击中间的按钮时,会立即显示该按钮下面的一个按钮。

8.3.5 使布局管理器无效

Java 不但提供了各种布局管理器,使得放入容器中的所有组件由布局管理器自动地控制,还可以将这个权

利完全归还给用户。如果编写的程序将在特定环境下运行，就可以通过在程序中直接给出坐标，自行布局每个组件放置的位置。使布局管理器无效十分简单，即调用 setLayout（null）方法即可。在此之后，需要添加到容器中的所有组件都必须明确地指出坐标位置。下面是一个不使用任何布局管理器的例子。

例 8-8 不使用任何布局管理器的例子。

```java
//filename:TryNullLayout.java
import java.awt.*;
import java.awt.event.*;
import javax.swing.*;
public class TryNullLayout extends JFrame
{
    JButton[] button=new JButton[9];
    public TryNullLayout()
    {
        super("不使用布局管理器举例");            //设置顶层窗口标题
        button=new JButton[9];                 //创建 button 一维数组
        int count=0;
        setLayout(null);                       //将布局管理器设置为无效
        for(int i=0;i<3;i++){                   //创建 Button 对象,并给定放置在容器中的位置
          for(int j=0;j<3;j++){
              button[count]=new JButton("("+(i*100+30)+","+(j*40+30)+")");
              button[count].setBounds(new Rectangle(i*100+30,j*40+30,90,30));
              add(button[count++]);
            }
        }
        setSize(360,200);                      //将窗口大小设置为 400×400
        setVisible(true);                      //将窗口设置为可显示状态
    }
    public static void main(String[] args)
    {
        TryNullLayout frame=new TryNullLayout();    //创建顶层窗口对象
        frame.addWindowListener(new WindowAdapter(){
            public void windowClosing(WindowEvent e)
            {    System.exit(0);      }
        });
    }
}
```

在这个程序中，应用 Component 类中提供的 setBounds(Rectangle r) 定位每个组件在容器中的位置及大小。运行这个程序后，应该得到图 8-14 所示的结果。

图 8-14　例 8-8 运行结果

8.4 常用 Swing 组件

在 Swing 中,所有的组件都是 JComponent 类的子类,这个类为子类提供了下列功能:

- 工具提示。可以调用 setToolTipText()成员方法指定一个字符串,当光标停留在某个组件上时,会在组件附近开辟一个小窗口,并在窗口中显示这个字符串作为提示信息。
- 绘画和设置边框。可以调用 setBorder 成员方法为组件设置一个边框。如果想在组件内绘制图形,需要覆盖 paintComponent()成员方法。
- 控制显示外观。在每个组件的背后都有一个 ComponentUI 对象与之对应,由此完成组件的所有绘画、事件处理、定制尺寸任务。使用的 ComponentUI 对象与当前的显示外观有关,而显示外观可以通过调用 UIManager.setLookAndFeel()成员方法进行设置。
- 定制属性。可以将任何 JComponent 组件的一个或多个属性进行组合。例如,一个布局管理器可以利用属性将多个约束条件组合在一起使其作用在一个组件上。调用 getClientProperty()成员方法可以获取组件的属性,调用 setClientProperty()成员方法可以设置组件的属性。
- 支持拖曳功能。JComponent 类提供了设置拖曳组件操作的 API。
- 支持双缓冲。在刷新组件时会产生闪烁的现象。为了解决这个问题,提供了双缓冲技术,它可以使屏幕刷新更加平滑。在默认情况下,JPanel 容器是双缓冲。
- 击键绑定。当用户按下键盘时,组件可以做出反应。例如,当一个按钮具有焦点时,按下"空格"键就等于在按钮上按下鼠标。外观自动地将按下和释放"空格"键绑定在一起,并显示相应的外观。

JComponent 不仅从 Component 和 Container 类继承了大量的成员方法,还声明了许多新的成员方法,它们分别用来实现定制组件外观、设置或获取组件状态、处理事件、绘制组件、处理组件层次、布局组件、获得组件大小和放置位置、指定组件绝对大小和位置等。

与 AWT 组件相比较,Swing 组件增加了下面几个新功能:

- 按钮和标签组件不仅可以显示文本串,还可以显示图标。
- 可以轻松地为大多数组件添加或更改边框。
- 可以通过调用成员方法或创建一个子类对象改变 Swing 组件的外观和行为。
- Swing 组件不仅可以为矩形,还可以为其他形状。例如,可以创建一个圆形按钮。

Swing 提供了 40 多种组件,它们都被放置在 javax.swing 包中,例如,标签、按钮、组合框、文本框等。下面介绍几种典型的组件使用方式。

8.4.1 标签

标签是一种不响应任何事件的组件,它主要用于实现一些说明性的描述。在 Swing 中,用 JLabel 类实现标签组件,它的显示形式得到了扩展,不仅可以显示文字,还可以显示图标。图 8-15 显示了几种类型的标签。

由于 JLabel 派生于 JComponent 类,所以它从父类继承了所有的成员方法。

图 8-15　几种标签类型

在 JLabel 类中,提供了多种格式的构造方法:

JLabel()

这是无参数的构造方法,它将创建一个内容为空的标签对象。

JLabel(Icon icon)

这个构造方法将创建一个带有图标 icon 的标签对象。

JLabel(Icon icon,int horizontalAlignment)

这个构造方法将创建一个带有图标 icon 的标签对象且图标的水平对齐方式由参数 horizontalAlignment 确定,它们可以是常量 LEFT、CENTER、RIGHT、LEADING 和 TRAILING。

JLabel(String text)

这个构造方法将创建一个带有文本串 text 的标签对象。

JLabel(String text,int horizontalAlignment)

这个构造方法将创建一个带有文本串 text 的标签对象且文本串的水平对齐方式由参数 horizontalAlignment 确定。

JLabel(String text,Icon icon,int horizontalAlignment)

这个构造方法将创建一个带有文本串 text、图标 icon 的标签对象且文本串的水平对齐方式由参数 horizontalAlignment 确定。

除此之外,JLabel 类还提供了一些获取或设置标签内容的成员方法,表 8-7 列出了其中的一部分。

表 8-7　JLabel 类的部分成员方法

方　　法	描　　述
String getText()	返回标签的文本内容
void setText(String text)	将标签文本设置为 text
Icon getIcon()	返回标签的图标
void setIcon(Icon icon)	将标签的图标设置为 icon
int getHorizontalAlignment()	返回标签中内容的水平对齐方式
void setHorizontalAlignment(int alignment)	将标签中内容的水平对齐方式设置为由参数 alignment 对应的方式
int getVerticalAlignment()	返回标签中内容的垂直对齐方式
void setVerticalAlignment(int alignment)	将标签中内容的垂直对齐方式设置为由参数 alignment 对应的方式

例 8-9 标签的应用示例。

```
import java.awt. * ;
import javax.swing. * ;
import java.net.URL;
public class JLabelDemo extends JFrame{
    public JLabelDemo()  {
        super("标签组件应用范例");
        URL imgURL=JLabelDemo.class.getResource("bmp/01.jpg");  //获取图片的路径
        ImageIcon icon=new ImageIcon(imgURL);
        JLabel jLabel1=new JLabel("标签组件 1");
        /**水平对齐方式必须是 SwingConstants 接口(JLabel 实现的)定义的如下常量之一 LEFT,
            CENTER,RIGHT,LEADING(左对齐)或 TRAILING */
        JLabel jLabel2=new JLabel("标签组件 2",icon,SwingConstants.RIGHT);
        jLabel2.setVerticalTextPosition(SwingConstants.TOP);  //垂直对齐方式
        JLabel jLabel3=new JLabel();
        jLabel3.setText("标签组件 3");
        jLabel3.setIcon(icon);
        //设置或获得放置按钮文本的位置,该位置是相对按钮图像的位置
        jLabel3.setHorizontalTextPosition(SwingConstants.CENTER);
        jLabel3.setVerticalTextPosition(SwingConstants.BOTTOM);
        jLabel3.setToolTipText("Label3");
        Container contentPane=getContentPane();
        contentPane.setLayout(new FlowLayout());
        contentPane.add(jLabel1);
        contentPane.add(jLabel2);
        contentPane.add(jLabel3);
        setSize(350,150);  show();
        }
    public static void main(String[] args)  {
        JLabelDemo frm=new JLabelDemo();
        frm.setDefaultCloseOperation(JFrame.EXIT_ON_CLOSE);
        }
    }
```

8.4.2 按钮

按钮是种类最多、使用最频繁的组件。图 8-16 是一个应用程序的显示结果,其中包含了 3 个按钮。

Swing 按钮既可以显示文字,也可以显示图标,并且每个按钮中的文字可以相对于图像显示在不同的位置,每个按钮中带下划线的字母是快捷键。例如,按 Alt+M 键等价于用鼠标单击中间的按钮。当按钮被禁用时,自动地变为浅灰色的外观。

在 Swing 中,按钮的父类是 AbstractButton,其类层次结构如图 8-17 所示。

在抽象类 AbstractButton 中,定义了大量有关按钮组件操作的成员方法。表 8-8 列出了其中的一部分。

图 8-16 按钮显示外观

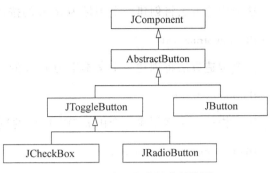

图 8-17 按钮的类层次结构图

表 8-8 抽象类 AbstractButton 类的部分成员方法

方 法	描 述
boolean isSelected( )	该方法检测按钮是否被选中
void setSelected(boolean b)	该方法设置按钮的被选状态
String getText( )	该方法返回按钮的标签文本串
void setText(String text)	该方法将按钮的标签文本串设置为 text
Icon getIcon( )	该方法返回按钮的图标
void setIconb(Icon icon)	该方法将按钮的图标设置为 icon
Icon getDisabledIcon( )	该方法返回按钮禁用时显示的图标
void setDisabledIcon(Icon icon)	该方法将按钮禁用时的图标设置为 icon
Icon getPressedIcon( )	该方法返回按钮被按下时显示的图标
void setPressedIcon(Icon icon)	该方法将按钮被按下时的图标设置为 icon

使用按钮组件需要经过下列基本步骤：

（1）创建按钮对象；

（2）将按钮对象添加到容器中；

（3）设置响应单击按钮的操作。

下面介绍几种最常用的按钮组件：普通按钮、复选按钮和单选按钮，它们分别由
JButton、JCheckBox 和 JRadioButton 类实现。

1. JButton 按钮组件

JButton 类定义了最普通的按钮形式，用来响应用户的某项操作请求。在顶层容器范
围内，如果有多个按钮，每一时刻只能有一个默认按钮。默认按钮将呈现高亮度的显示外
观，并且当顶层容器获得输入焦点时，单击"回车"键与用鼠标单击该按钮获得同样的效果。
可以利用 isDefaultButton( )成员方法检测某个按钮是否为默认按钮，也可以利用
setDefaultButton(Button default)成员方法将某个按钮设置为默认按钮。

除此之外，JButton 类还提供了 5 种格式的构造方法。

JButton( )

这是无参数的构造方法，它将创建一个没有文字和图标的按钮对象。

JButton(Icon icon)

这个构造方法将创建一个图标为 icon 的按钮对象。

JButton(String text)

这个构造方法将创建一个文本串为 text 的按钮对象。

JButton(Action a)

这个构造方法将创建一个由 a 确定属性的按钮对象。

JButton(String text,Icon icon)

这个构造方法将创建一个文本串为 text、图标为 icon 的按钮对象。

例 8-10 普通按钮的应用示例。

```java
//file name:TryJButton.java
import java.awt.event.*;
import javax.swing.*;
public class TryJButton extends JPanel implements ActionListener
{
    protected JButton b1,b2,b3;

    public TryJButton()
    {
        //创建 3 个按钮组件对象,并设置文字的垂直和水平对齐方式
        b1=new JButton("Disable");
        b1.setMnemonic(KeyEvent.VK_D);                      //快捷键 Alt_D

        b2=new JButton("Middle");
        b2.setMnemonic(KeyEvent.VK_M);                      //快捷键 Alt_M

        b3=new JButton("Enable");
        b3.setMnemonic(KeyEvent.VK_E);                      //快捷键 Alt_E
        b3.setEnabled(false);                               //禁用按钮

        b1.addActionListener(this);                         //注册事件监听器
        b3.addActionListener(this);                         //使按钮点击后有响应
                                                            //设置 3 个按钮的提示信息
        b1.setToolTipText("单击这个按钮禁用中间按钮");       //提示信息
        b2.setToolTipText("单击中间按钮不响应事件");
        b3.setToolTipText("单击这个按钮启用中间按钮");

        add(b1);                                            //将按钮放入面板中
        add(b2);
        add(b3);
    }

    public void actionPerformed(ActionEvent e)             //单击按钮事件处理
```

```
        {
            if ("Disable". equals(e. getActionCommand())) {        //单击左侧按钮的处理
                b2. setEnabled(false);
                b1. setEnabled(false);
                b3. setEnabled(true);
            } else {                                               //单击右侧按钮的处理
                b2. setEnabled(true);
                b1. setEnabled(true);
                b3. setEnabled(false);
            }
        }

        public static void main(String[] args)
        {
            JFrame frame=new JFrame("TryJButton 应用举例");
            frame. setDefaultCloseOperation(JFrame. EXIT_ON_CLOSE);

            TryJButton panel=new TryJButton();
            frame. getContentPane(). add(panel);

            frame. setSize(300,80);
            frame. setVisible(true);
        }
    }
```

运行这个程序后应该在屏幕上看到如图 8-18 所示
的结果。

图 8-18　组件的提示信息

　　最初左侧和中间的两个按钮处于启用状态,右侧按钮处于禁用状态。当点击 Middle 按钮时可以看到按钮外观发生了变化,说明这个按钮被点击,只是由于它没有注册事件处理的监听器对象,所以没有任何处理操作。当点击左侧的 Disable 按钮后,这个按钮与中间按钮同时被切换为禁用状态,右侧的按钮被切换为启用状态,这个操作结果可以从按钮的外观看出。如果此时点击右侧的 Enable 按钮会再次使左侧与中间按钮切换为启用状态。

　　在这个示例中,还通过调用按钮对象的 setToolTipText()成员方法为每个按钮设置了提示信息,当鼠标移动到按钮的显示区域并停留片刻后会显示出如图 8-18 所示的提示信息。除此之外,还调用按钮对象的 setMnemonic()为按钮设置了快捷键,用户可以按下Alt 及另外一个按键实现点击按钮的操作。

图 8-19　复选按钮

2. JCheckBox 复选按钮组件

　　Swing 中的复选按钮用 JCheckBox 类实现。与 JButton 相同,可以为之设置文本串和图标。当要接收的输入只是 yes 或no 时,就可以使用复选按钮。通常,将多个复选按钮组合在一起,对于处于一组中的复选按钮,每一时刻可以选择一项,也可以选择多项。图 8-19 就是一个含有复选按钮的窗口。

JCheckBox 类提供了 7 种格式的构造方法。

JCheckBox()

这是默认的构造方法。它将创建一个没有文本串、没有图标、没有被选中的复选按钮对象。

JCheckBox(Icon icon)

它将创建一个图标为 icon 的复选按钮对象。

JCheckBox(Icon icon,boolean selected)

它将创建一个图标为 icon 的复选按钮对象,是否被选中取决于 selected。如果 selected 为 true,复选按钮的初始状态为被选。

JCheckBox(String text)

它将创建一个文本串为 text 的复选按钮对象。

JCheckBox(Action a)

它将创建一个由 a 确定属性的复选按钮对象。

JCheckBox(String text,boolean selected)

它将创建一个文本串为 text 的复选按钮对象,是否被选中取决于 selected。如果 selected 为 true,复选按钮初始处于被选中状态。

JCheckBox(String text,Icon icon)

它将创建一个文本串为 text、图标为 icon 的复选按钮对象。

例 8-11   复选按钮的应用示例。

```
//file name:TryCheckBox.java
import java.awt.*;
import java.awt.event.*;
import java.net.URL;
import javax.swing.*;
public class TryCheckBox extends JPanel
{
    //声明 4 个复选按钮对象
    JCheckBox appleButton;
    JCheckBox bananaButton;
    JCheckBox grapeButton;
    JCheckBox pearButton;
    JLabel pictureLabel;                          //显示图片的标签对象

    public TryCheckBox()
    {
        super(new BorderLayout());                //设置布局管理器
        //创建 4 个复选按钮,分别表示苹果、香蕉、葡萄和梨
```

232

```
        appleButton=new JCheckBox("Apple");
        appleButton. setMnemonic(KeyEvent. VK_A);           //快捷键 Alt_A
        appleButton. setSelected(true);                     //初始被选中

        bananaButton=new JCheckBox("Banana");
        bananaButton. setMnemonic(KeyEvent. VK_G);          //快捷键 Alt_G
        bananaButton. setSelected(true);                    //初始被选中

        grapeButton=new JCheckBox("Grape");
        grapeButton. setMnemonic(KeyEvent. VK_H);           //快捷键 Alt_H
        grapeButton. setSelected(true);                     //初始被选中

        pearButton=new JCheckBox("Pear");
        pearButton. setMnemonic(KeyEvent. VK_T);            //快捷键 Alt_T
        pearButton. setSelected(true);                      //初始被选中
        pictureLabel=new JLabel();                          //创建并设置显示图片的标签
        updatePicture();

        //将 4 个复选按钮放入面板容器中
        JPanel checkPanel=new JPanel(new GridLayout(0,1));
        checkPanel. add(appleButton);
        checkPanel. add(bananaButton);
        checkPanel. add(grapeButton);
        checkPanel. add(pearButton);

        add(checkPanel,BorderLayout. LINE_START);
        add(pictureLabel,BorderLayout. CENTER);
        setBorder(BorderFactory. createEmptyBorder(20,20,20,20));
    }

    protected void updatePicture()                          //获取的图像文件并显示
    {
        //获取图片的路径
        URL imgURL=TryCheckBox. class. getResource("bmp"+"/"+"fruit. jpg");
        ImageIcon icon=new ImageIcon(imgURL);
        pictureLabel. setIcon(icon);
        pictureLabel. setToolTipText("Which your favorite fruit");
        if (icon==null) {
            pictureLabel. setText("Missing Image");
        } else {
            pictureLabel. setText(null);
        }
    }

    public static void main(String s[])
```

```
        {
            JFrame frame＝new JFrame("TryJCheckBox 应用举例");
            frame. setDefaultCloseOperation(JFrame. EXIT_ON_CLOSE);
            JComponent pane＝new TryCheckBox();
            frame. getContentPane(). add(pane);
            frame. pack();
            frame. setVisible(true);
        }
    }
```

运行这个程序后应该在屏幕上看到如图 8-19 所示的结果。可以同时选中一个或多个复选按钮。

3. JRadioButton 单选按钮组件

单选按钮通常成组出现,每一组中的多个单选按钮在每一时刻仅有一个被选中。Swing
用 JRadioButton 和 ButtonGroup 共同协作实现单选按钮的
操作。由于 JRadioButton 类派生于 AbstractButton,所以它
也具有普通按钮的所有特性。例如,在单选按钮旁可以显
示指定的图片等。

图 8-20 含有单选按钮的窗口

图 8-20 是一个含有一组单选按钮的窗口外观。

要想让某些单选按钮成为一组,就需要创建一个
ButtonGroup 对象,然后将每个单选按钮对象作为 add()
成员方法的参数添加到 ButtonGroup 对象表示的成组组
件中。

为此 JRadioButton 提供了 8 种格式的构造方法。

JRadioButton()

这是默认的构造方法,它将创建一个没有标签、没有图标、没有被选中的单选按钮。

JRadioButton(String text)

它将创建一个标签为 text 的单选按钮。

JRadioButton(String text,boolean selected)

它将创建一个标签为 text 的单选按钮。初始是否处于选中状态取决于 selected,如果
selected 为 true,初始被选中。

JRadioButton (Icon icon)

它将创建一个图标为 icon 的单选按钮。

JRadioButton(Icon icon,boolean selected)

它将创建一个图标为 icon 的单选按钮。初始是否处于选中状态取决于 selected,如果
selected 为 true,初始被选中。

JRadioButton (String text,Icon icon)

它将创建一个标签为 text、图标为 icon 的单选按钮。

JRadioButton(String text,Icon icon,boolean selected)

它将创建一个标签为 text、图标为 icon 的单选按钮。初始是否处于选中状态取决于 selected,如果 selected 为 true,初始被选中。

JRadioButton(Action a)

它将创建一个由 a 确定属性的单选按钮。

例 8-12 单选按钮的应用示例。

```java
//file name:TryRadioButton. java
import java. awt. * ;
import java. awt. event. * ;
import java. net. URL;
import javax. swing. * ;

public class TryRadioButton extends JPanel implements ActionListener
{

    static String birdString="bird";
    static String catString="cat";
    static String dogString="dog";
    static String rabbitString="rabbit";
    static String pigString="pig";
    JLabel picture;                                      //显示图片的标签对象

    public TryRadioButton()
    {
        super(new BorderLayout());

        //创建 5 个单选按钮对象并设置快捷键及命令字符串
        JRadioButton birdButton= new JRadioButton(birdString);
        birdButton. setMnemonic(KeyEvent. VK_B);
        birdButton. setActionCommand(birdString);

        JRadioButton catButton= new JRadioButton(catString);
        catButton. setMnemonic(KeyEvent. VK_C);
        catButton. setActionCommand(catString);
        catButton. setSelected(true);

        JRadioButton dogButton= new JRadioButton(dogString);
        dogButton. setMnemonic(KeyEvent. VK_D);
        dogButton. setActionCommand(dogString);
```

```
            JRadioButton rabbitButton＝new JRadioButton(rabbitString);
            rabbitButton. setMnemonic(KeyEvent. VK_R);
            rabbitButton. setActionCommand(rabbitString);

            JRadioButton pigButton＝new JRadioButton(pigString);
            pigButton. setMnemonic(KeyEvent. VK_P);
            pigButton. setActionCommand(pigString);

            ButtonGroup group＝new ButtonGroup();          //将 5 个单选按钮添加到同一个组中
            group. add(birdButton);
            group. add(catButton);
            group. add(dogButton);
            group. add(rabbitButton);
            group. add(pigButton);

            birdButton. addActionListener(this);          //为每个单选按钮注册事件监听器
            catButton. addActionListener(this);
            dogButton. addActionListener(this);
            rabbitButton. addActionListener(this);
            pigButton. addActionListener(this);

            //获取图片的路径
            URL imgURL;
            imgURL＝TryRadioButton. class. getResource("bmp"＋"/"＋catString＋". jpg");
            picture＝new JLabel(new ImageIcon(imgURL));     //创建图片图标
            picture. setPreferredSize(new Dimension(177,122));
            JPanel radioPanel＝new JPanel(new GridLayout(0,1));

            radioPanel. add(birdButton);                   //放置单选按钮
            radioPanel. add(catButton);
            radioPanel. add(dogButton);
            radioPanel. add(rabbitButton);
            radioPanel. add(pigButton);
            add(radioPanel,BorderLayout. LINE_START);
            add(picture,BorderLayout. CENTER);
            setBorder(BorderFactory. createEmptyBorder(20,20,20,20));
        }

    public void actionPerformed(ActionEvent e)            //单选按钮事件处理
    {
            URL imgURL;
            imgURL＝TryRadioButton. class. getResource("bmp/"＋e. getActionCommand()＋". jpg");
            picture. setIcon(new ImageIcon(imgURL));       //创建图片图标
        }
```

```
public static void main(String[] args)
{
    JFrame frame＝new JFrame("TryJRadioButton 应用举例");
    frame. setDefaultCloseOperation(JFrame. EXIT_ON_CLOSE);
    JComponent pane＝new TryRadioButton();
    frame. getContentPane(). add(pane);
    frame. pack();
    frame. setVisible(true);
}
}
```

运行这个程序后应该在屏幕上看到如图 8-20 所示的结果。

可以看到,右侧显示的图片将根据被选择的单选按钮发生变化。在程序中,调用 setActionCommand() 成员方法的目的是为每个单选按钮的操作设置一个字符串,当选中某个单选按钮时就会返回相应的字符串,随后可以根据这个字符串做出相应的操作。

8.4.3 文本框

文本框是接收用户输入的一种组件,在 Swing 中提供了几种文本框组件,它们是由 JTextComponent 类派生的子类实现。图 8-21 是文本框组件的类层次结构。

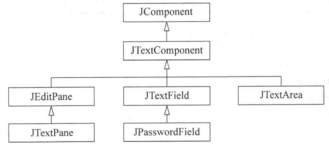

图 8-21 文本框组件类结构图

文本框组件接收用户从键盘输入的文本,当用户在文本框中单击“回车”键时表示结束文本输入,文本框将激活 Action 事件。最简单的文本框组件由 JTextField 类实现,它只允许用户输入一行文本。如果用户需要输入保密字就应该提供不直接显示输入的字符,而用某个特定字符替代的文本框,这种形式的文本框由 PasswordField 类实现。如果允许用户输入多行文本就需要使用 JTextArea 类。JEditPane 和 JTextPane 类支持的文本框较上述几种复杂且编辑功能更加强大。JEditPane 类支持纯文本、HTML 和 RTF 的文本编辑; JTextPane 类进一步扩展了 JEditPane 类的功能,允许文本中嵌入图像或其他组件。

下面主要介绍 JTextField 的使用方式。其他文本框的使用方式基本类似。

JTextField 类是一种常用的组件。它主要提供了下列几种构造方法。

JTextField()

这是无参数的构造方法,它将创建一个初始为空,可显示字符列数为零的文本框对象。

JTextField(String text)

这个构造方法将创建一个初始内容为 text 的文本框对象。

JTextField(String text,int col)

这个构造方法将创建一个初始内容为 text,可显示字符列数为 col 的文本框对象。

JTextField(int col)

这个构造方法将创建一个初始内容为空,可显示字符列数为 col 的文本框对象。

除此之外,这个类还提供了大量的成员方法,从而可以在程序中方便地获取或设置文本框组件的各个属性。表 8-9 列出了其中的一部分。

表 8-9　JTextField 类的部分成员方法

方　　法	描　　述
String getText()	该方法返回文本框中的文本串
void setText(String text)	该方法将文本框中的内容设置为 text
boolean isEditable()	该方法检测文本框是否可编辑。如果返回 true 表示该文本框可编辑
void setEditable (boolean editable)	该方法设置文本框的可编辑性。如果 editable 为 true 表示将该文本框设置为可编辑
int getColumns()	该方法返回文本框所显示的字符列数
void setColumns(int col)	该方法将文本框能够显示字符的列数设置为 col

例 8-13　JTextField 组件的应用示例。

```java
//file name:ClockPanel.java
import java.awt.geom.*;
import javax.swing.*;
import java.awt.*;
public class ClockPanel extends JPanel                              //时钟面板类
{

    private double minutes=0;
    private double radius=100;
    private double minute_hand_length=0.8 * radius;                 //分针长度
    private double hour_hand_length=0.6 * radius;                   //时针长度

    public void paintComponent(Graphics g)                         //绘制时钟
    {
        super.paintComponent(g);
        Graphics2D g2=(Graphics2D) g;
        Ellipse2D circle=new Ellipse2D.Double(0,0,2 * radius,2 * radius);
        g2.draw(circle);                                           //绘制圆形

        double hourAngle=Math.toRadians(90-360 * minutes / (12 * 60));
        drawHand(g2,hourAngle,hour_hand_length);                   //绘制时针

        double minuteAngle=Math.toRadians(90-360 * minutes / 60);
```

```
        drawHand(g2,minuteAngle,minute_hand_length);                    //绘制分针
    }

//绘制时钟的时针和分针
public void drawHand(Graphics2D g2,double angle,double handLength)
{
    //计算表针的终止点
    Point2D end=new Point2D. Double(radius+handLength * Math. cos(angle),
            radius-handLength * Math. sin(angle));

    //表针的起始点
    Point2D center=new Point2D. Double(radius,radius);
    g2. draw(new Line2D. Double(center,end));                           //绘制直线
    }

public void setTime(int h,int m)                                        //设置时间
{
    minutes=h * 60+m;
    repaint();
    }
}

//file name:TryJTextFieldFrame. java
import javax. swing. * ;
import java. awt. event. * ;
import java. awt. * ;
public class TryJTextFieldFrame extends JFrame implements ActionListener          //窗口框架
{

    private JTextField hourField;                                       //输入"时"文本框
    private JTextField minuteField;                                     //输入"分"文本框
    private ClockPanel clock;                                           //时钟

    public TryJTextFieldFrame()
    {
        setTitle("TryJTextField 应用举例");                              //设置框口标题

        Container contentPane=getContentPane();                         //获取窗口的内容窗格
        JPanel panel=new JPanel();                                      //创建面板容器
        hourField=new JTextField("12",3);                               //创建输入"时"文本框
        panel. add(hourField);                                          //将文本框放到面板中
        hourField. addActionListener(this);                             //注册监听器

        minuteField=new JTextField("00",3);                             //创建输入"分"文本框
        panel. add(minuteField);                                        //将文本框放到面板中
```

```
        minuteField. addActionListener(this);              //注册监听器
        contentPane. add(panel,BorderLayout. SOUTH);        //将 panel 放到内容窗格中
        clock=new ClockPanel();
        contentPane. add(clock,BorderLayout. CENTER);
    }

    public void setClock()                                 //设置时钟的当前时间
    {
        int hours=Integer. parseInt(hourField. getText(). trim());
        int minutes=Integer. parseInt(minuteField. getText(). trim());
        clock. setTime(hours,minutes);
    }

    public void actionPerformed(ActionEvent e) {           //事件处理
        setClock();
    }
}


//file name:TryJTextField. java
import javax. swing. * ;
public class TryJTextField
{
    public static void main(String[] args)
    {
        TryJTextFieldFrame frame=new TryJTextFieldFrame();
        frame. setDefaultCloseOperation(JFrame. EXIT_ON_CLOSE);
        frame. setSize(210,280);
        frame. setVisible(true);
        frame. setResizable(false);
    }
}
```

图 8-22　例 8-13 运行结果

运行这个程序,应该在屏幕上看到如图 8-22 所示的结果。

可以看到,当在两个 JTextField 组件中输入时、分并按"回车"键后位于上方的时钟会发生变化。

在这个程序中声明了 3 个类。ClockPanel 类主要负责绘制时钟,其中声明了与绘制时钟有关的 3 个成员方法;TryJTextFieldFrame 类负责管理这个应用程序的窗口,主要任务是将时钟和两个文本框放置到窗口的内容窗格中,并对用户按下"回车"键事件进行处理;TryJTextField 是测试类,在 main 方法中创建并显示 TryJTextFieldFrame 类型的窗口。

在早期的 AWT 中,没有单独的 Password 组件,而是通过对 TextField 对象调用 setEchoChar()成员方法设置回显字符来达到 Password 组件的效果。在 Swing 中提供了一个专门用于实现 Password 输入的文本框组件,这就是 JPasswordField 类,它是 JTextField 类的子类,与 JTextField 类的使用方式基本一样。

8.4.4 列表

列表是一种可以显示多行、多列选项的组件,由于列表中可以包含很多项,所以通常将它放置在带滚动功能的容器中实现自动滚动的功能,图 8-23 是一个列表的显示外观。

在图 8-23 中,列表中显示多行、多列选项,列表放置在带滚动功能的容器中。

列表框不可编辑,也没有提供任何插入、删除选项的方法。

图 8-23 列表组件的显示外观

在 Swing 中,用 JList 实现列表组件。下面是 JList 类提供的几种构造方法。

JList()

这是无参的构造方法,它将创建一个选项为空的列表对象。

JList(Object[] item)

这个构造方法将创建一个选项为 item 数组中所有对象的列表对象。

JList(Vector item)

这个构造方法将创建一个由 item 向量中的所有对象组成的列表对象。

JList(ListModel model)

这个构造方法将创建一个指定列表模型的列表对象。

Swing 为 JList 提供了许多附加的类来共同完成各种复杂的功能,列表模型 DefaultListModel 类用来维护列表内容,ListSelectionModel 类用来维护选取的选项等。

下面就是一个应用列表的例子。

例 8-14 应用列表组件的例子。

```java
import java.awt. * ;
import java.awt.event. * ;
import javax.swing. * ;

public class ListDemo extends JPanel
{
    private JList list;
    private DefaultListModel listModel;
    private JTextField employeeName;
    public ListDemo()
    {
        super(new BorderLayout());
        listModel=new DefaultListModel();
        listModel.addElement("计算机学院");
        listModel.addElement("数理学院");
```

```
        listModel. addElement("经济与管理学院");
        listModel. addElement("外语学院");
        listModel. addElement("艺术设计学院");
        listModel. addElement("建筑设计学院");

        list=new JList(listModel);
        list. setSelectionMode(ListSelectionModel. SINGLE_SELECTION);
        list. setSelectedIndex(0);
        list. setVisibleRowCount(5);
        JScrollPane listScrollPane=new JScrollPane(list);
        String name=listModel. getElementAt(list. getSelectedIndex()). toString();
        JPanel buttonPane=new JPanel();
        buttonPane. setLayout(new BoxLayout(buttonPane,BoxLayout. LINE_AXIS));
        buttonPane. add(Box. createHorizontalStrut(5));
        buttonPane. add(new JSeparator(SwingConstants. VERTICAL));
        buttonPane. add(Box. createHorizontalStrut(5));
        buttonPane. setBorder(BorderFactory. createEmptyBorder(5,5,5,5));
        add(listScrollPane,BorderLayout. CENTER);
        add(buttonPane,BorderLayout. PAGE_END);
    }

    public static void main(String[] args)
    {
        JFrame. setDefaultLookAndFeelDecorated(true);
        JFrame frame=new JFrame("ListDemo");
        frame. setDefaultCloseOperation(JFrame. EXIT_ON_CLOSE);
        JComponent newContentPane=new ListDemo();
        newContentPane. setOpaque(true);
        frame. setContentPane(newContentPane);
        frame. setSize(200,150);
        frame. setVisible(true);
    }
}
```

运行这个程序后,得到图 8-23 所示的结果。

8.4.5 组合框

组合框是文本框和列表的组合,允许用户从若干个选项中选择一项。在 Swing 中用 JComboBox 类实现,它提供了两种不同形式的组合框。一种是不可编辑的组合框,它由一个按钮和下拉列表组成,这是默认形式;另一种是可编辑的组合框,它由一个可接收用户输入的文本框、按钮和下拉列表组成,用户既可以在文本框中编辑当前选项,也可以单击按钮打开下拉列表。

组合框占屏幕空间小,特别是可编辑形式的组合框,通过在文本框中编辑当前选项突破了只能选择不能修改的限制。与单选按钮一样,组合框也是用于处理成组选项的,但单选框适用于选项比较少的情况，其优势是容易让用户一目了然；而组合框适用于屏幕空间比较紧张、选项较多的情形。

下面是 JComboBox 类提供的一些构造方法。

JComboBox( )

这是无参数的构造方法，它将创建一个没有选项的空组合框对象。

JComboBox(Object [] item)

这个构造方法将创建一个组合框对象，其初始选项为 item 数组中的对象。

JComboBox(Vector item)

这个构造方法将创建一个组合框对象，其初始选项为 item 向量中的内容。

除此之外，还有几个用来获取或设置组合框属性的方法。表 8-10 列出了其中的一部分。

表 8-10　JComboBox 类的部分成员方法

方　　法	描　　述
void addItem(Object item)	该方法将 item 插入组合框的尾部
void insertItemAt(Object item, int index)	该方法将 item 插入索引号为 index 的位置
Object getItemAt(int index)	该方法返回索引号为 index 的选项对象
Object getSelectedItem( )	该方法返回被选中的对象
void removeItem(Object item)	该方法从组合框中删除 item 选项
int getItemCount( )	该方法返回组合框中的选项数目

例 8-15　组合框的应用示例。

```
//file name:TryJComboBox. java
import java. awt. * ;
import javax. swing. * ;
import java. text. SimpleDateFormat;
public class TryJComboBox extends JPanel
{
    public TryJComboBox()
    {
        String[] compExamples={
            "北京大学",
            "清华大学",
            "北京工业大学",
            "北京师范大学",
            "北京交通大学",
            "石油大学",
            "华东理工大学",
            "浙江大学",
            "华中科技大学"
        };
```

```
            JLabel Label=new JLabel("select one from the list：");
            JComboBox patternList=new JComboBox(compExamples);      //创建组合框
            patternList. setEditable(true);                          //设置组合框可编辑
            setLayout(new GridLayout(5,0));
            add(Label);
            add(patternList);
            setBorder(BorderFactory. createEmptyBorder(10,10,10,10));
        }
    public static void main(String[] args)
    {
            JFrame frame=new JFrame("TryJComboBox 应用举例");
            frame. setDefaultCloseOperation(JFrame. EXIT_ON_CLOSE);
            JComponent pane=new TryJComboBox();
            frame. getContentPane(). add(pane);
            frame. setSize(220,180);
            frame. setVisible(true);
            frame. setResizable(false);
        }
    }
```

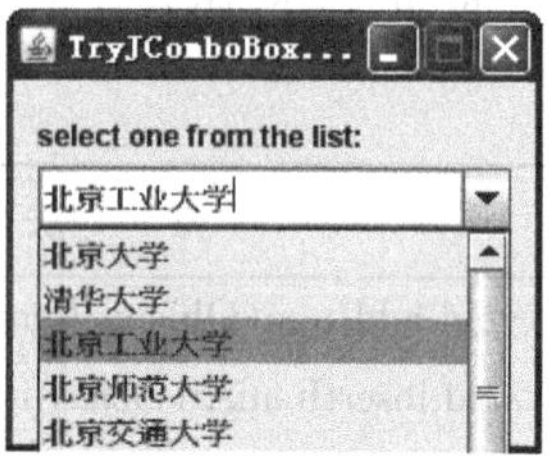

运行这个程序,将在屏幕上看到如图 8-24 所示的结果。

图 8-24 组合框显示外观

由于程序中利用 setEditable()方法将组合框设置为可编辑,所以可以在组合框的文本区编辑选择内容。但由于本程序没有对事件进行处理,因此,编辑的结果还不能写入列表。

8.4.6 菜单

菜单是为用户能够根据意愿有选择地发出操作命令提供的一种组件形式,它们是大多数应用程序配有的基本交互方式。本节将讲述 Java 语言中菜单的基本使用方法。

菜单有两种基本形式,一种是菜单栏;另一种是下拉式菜单。

菜单栏(Menu bar)通常位于窗口的顶部,它可以包含一个或多个从属于菜单栏的下拉菜单(Menu),每个菜单又可以包含一个或多个菜单项(Menu item),菜单项可以附加单选按钮、复选按钮、图片等,分隔线属于一种特殊的菜单项。图 8-25 就是一个含有各种菜单部分的示意图。

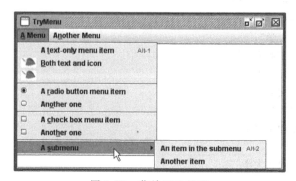

图 8-25 菜单显示外观

下拉式菜单(PopupMenu)是一种独立于菜单栏、不可见的菜单形式,即只有用户在特定的位置,实施了特定的鼠标操作时,菜单才会在光标处显示出来。最常见的下拉式菜单是上下文相关的,也就是说,在一个窗口中,可以设计多个菜单,单击鼠标,显示哪个菜单取决于激活的窗口和单击鼠标时光标所在的位置。

在 Swing 中,定义了一个类层次结果,用来支持菜单操作中涉及的所有概念。图 8-26是这个类层级结构图。

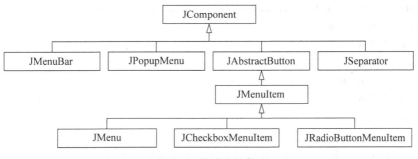

图 8-26　菜单类结构图

从这个图可以看出,在 Java 中,菜单也属于组件,因此具有组件的全部特征。在这些类中,JMenuBar 类实现菜单栏,JPopupMenu 类实现下拉式菜单,JSeparator 类实现分隔线,JMenuItem 类实现菜单项,JMenu 类实现从属于菜单栏的下拉菜单,JCheckboxMenuItem类实现具有复选标记的菜单项,JRadioButtonMenuItem 类实现具有单选标记的菜单项。

下面介绍如何创建菜单栏? 如何设置助记符和快捷键? 有关对选择某个菜单项的事件处理将在 8.5 节中阐述。

通常,创建一个菜单栏,并将其显示在窗口顶部需要以下基本步骤:

(1) 创建一个 JMenuBar 对象,并调用 JFrame 类中的方法 setJMenuBar()设置窗口菜单栏;

(2) 创建若干个 JMenu 对象,并调用 JMenuBar 类中的方法 add()将每个 JMenu 对象依次添加到菜单栏中;

(3) 为每个菜单创建若干个 JMenuItem 或其子类的对象,并将这些对象添加到相应的菜单中。

例如,下面就是创建一个菜单栏的语句序列:

```
JMenuBar menuBar;
JMenu menu,submenu;
JMenuItem menuItem;
JCheckBoxMenuItem cbMenuItem;
JRadioButtonMenuItem rbMenuItem;
   ⋮
menuBar＝new JMenuBar();
setJMenuBar(menuBar);
menu＝new JMenu("A Menu");
menuBar. add(menu);
menuItem＝new JMenuItem("A text-only menu item");
```

```
menu. add(menuItem);
menuItem=new JMenuItem("Both text and icon",new ImageIcon("images/middle. gif"));
menu. add(menuItem);
menuItem=new JMenuItem(new ImageIcon("images/middle. gif"));
menu. add(menuItem);
menu. addSeparator();
ButtonGroup group=new ButtonGroup();
rbMenuItem=new JRadioButtonMenuItem("A radio button menu item");
rbMenuItem. setSelected(true);
group. add(rbMenuItem);
menu. add(rbMenuItem);
rbMenuItem=new JRadioButtonMenuItem("Another one");
group. add(rbMenuItem);
menu. add(rbMenuItem);
menu. addSeparator();
cbMenuItem=new JCheckBoxMenuItem("A check box menu item");
menu. add(cbMenuItem);
cbMenuItem=new JCheckBoxMenuItem("Another one");
menu. add(cbMenuItem);
menu. addSeparator();
submenu=new JMenu("A submenu");
menuItem=new JMenuItem("An item in the submenu");
submenu. add(menuItem);
menuItem=new JMenuItem("Another item");
submenu. add(menuItem);
menu. add(submenu);
menu=new JMenu("Another Menu");
menuBar. add(menu);
```

与其他组件一样,每个菜单项只允许被插入在一个菜单中。如果试图将一个已经被插入到其他菜单中的某个菜单项插入另外一个菜单中,就需要将该菜单项从原来的菜单中删除,然后再插入后面的菜单中。

助记符是通过键的组合直接选择菜单栏中某一项的简便方法。在 Windows 环境下,通常为 Alt 键加上某个指定的字母,例如,Alt+F、Alt+D 等。当输入这类组合键后,从属于该菜单栏中的相应下拉菜单就会显示出来,如果再继续输入下一级菜单中的助记符,就会继续展开下一级菜单或调用菜单项事件处理方法。

助记符可以应用于菜单栏中的下拉菜单、菜单项,增加助记符的方法很简单,只要在创建下拉菜单或菜单项后,调用 setMnemonic()方法,并通过参数带入一个字符作为与 Alt 键组合的另一个键即可。这个方法是从 AbstractButton 类继承过来的,因此所有该类的子类都将继承这个成员方法。

使用助记符,不能直接选择嵌套在内层的菜单项,但使用加速键就可以实现这种操作。加速键只能用于菜单项,即可以为每个菜单项设置一个组合键加速键或单键加速键,只要输入这些加速键,就可以直接执行相应的菜单项所设置的操作。与增加助记符类似,创建菜单

项对象后,调用 setAccelerator()成员方法即可,例如,可以使用下列语句为上面例子中的
menuItem 菜单项增加加速键:

menuItem. setAccelerator(KeyStroke. getKeyStroke(KeyEvent. VK_1,ActionEvent. ALT_MASK));

在上面这条语句中,KeyStroke 类定义了一个按键组合,静态方法 getKeyStroke()返回
与参数对应的 KeyStroke 对象,其中第一个参数是字符键,在 KeyEvent 类中以常量的形式
定义;第二个参数是转换键,在 ActionEvent 中以常量的形式定义。如果需要的话,可以查
阅这两个类的定义。

下面是一个拥有菜单的例子,该程序只能显示菜单,并没有处理菜单事件的功能。

例 8-16 菜单的应用示例。

```java
import java. awt. * ;
import java. awt. event. * ;
import javax. swing. * ;

public class TryMenu
{
    JTextArea output;
    JScrollPane scrollPane;

    public JMenuBar createMenuBar()
    {
        JMenuBar menuBar;
        JMenu menu,submenu;
        JMenuItem menuItem;
        JRadioButtonMenuItem rbMenuItem;
        JCheckBoxMenuItem cbMenuItem;

        menuBar=new JMenuBar();

        menu=new JMenu("A Menu");
        menu. setMnemonic(KeyEvent. VK_A);
        menuBar. add(menu);

        menuItem=new JMenuItem("A text-only menu item",KeyEvent. VK_T);

        menuItem. setAccelerator(KeyStroke. getKeyStroke(
                KeyEvent. VK_1,ActionEvent. ALT_MASK));
        menu. add(menuItem);

        ImageIcon icon=createImageIcon("middle. gif");
        menuItem=new JMenuItem("Both text and icon",icon);
        menuItem. setMnemonic(KeyEvent. VK_B);
        menu. add(menuItem);
```

```
menuItem=new JMenuItem(icon);
menuItem.setMnemonic(KeyEvent.VK_D);
menu.add(menuItem);

menu.addSeparator();
ButtonGroup group=new ButtonGroup();

rbMenuItem=new JRadioButtonMenuItem("A radio button menu item");
rbMenuItem.setSelected(true);
rbMenuItem.setMnemonic(KeyEvent.VK_R);
group.add(rbMenuItem);
menu.add(rbMenuItem);

rbMenuItem=new JRadioButtonMenuItem("Another one");
rbMenuItem.setMnemonic(KeyEvent.VK_O);
group.add(rbMenuItem);
menu.add(rbMenuItem);

menu.addSeparator();
cbMenuItem=new JCheckBoxMenuItem("A check box menu item");
cbMenuItem.setMnemonic(KeyEvent.VK_C);
menu.add(cbMenuItem);

cbMenuItem=new JCheckBoxMenuItem("Another one");
cbMenuItem.setMnemonic(KeyEvent.VK_H);
menu.add(cbMenuItem);

menu.addSeparator();
submenu=new JMenu("A submenu");
submenu.setMnemonic(KeyEvent.VK_S);

menuItem=new JMenuItem("An item in the submenu");
menuItem.setAccelerator(KeyStroke.getKeyStroke(KeyEvent.VK_2,
                                  ActionEvent.ALT_MASK));
submenu.add(menuItem);

menuItem=new JMenuItem("Another item");
submenu.add(menuItem);
menu.add(submenu);

menu=new JMenu("Another Menu");
menu.setMnemonic(KeyEvent.VK_N);
menu.getAccessibleContext().setAccessibleDescription(
        "This menu does nothing");
menuBar.add(menu);
```

```
        return menuBar;
    }

public Container createContentPane()
    {
        JPanel contentPane=new JPanel(new BorderLayout());
        contentPane.setOpaque(true);

        output=new JTextArea(5,30);
        output.setEditable(false);
        scrollPane=new JScrollPane(output);

        contentPane.add(scrollPane,BorderLayout.CENTER);

        return contentPane;
    }

    protected static ImageIcon createImageIcon(String path)
    {
        java.net.URL imgURL=TryMenu.class.getResource(path);
        if (imgURL !=null) {
            return new ImageIcon(imgURL);
        } else {
            System.err.println("Couldn't find file:"+path);
            return null;
        }
    }

    public static void main(String[] args)
    {
        JFrame.setDefaultLookAndFeelDecorated(true);

        JFrame frame=new JFrame("TryMenu");
        frame.setDefaultCloseOperation(JFrame.EXIT_ON_CLOSE);

        TryMenu demo=new TryMenu();
        frame.setJMenuBar(demo.createMenuBar());
        frame.setContentPane(demo.createContentPane());

        frame.setSize(450,260);
        frame.setVisible(true);
    }
}
```

运行这个程序，应在屏幕上看到如图 8-25 所示的结果。

8.5 在窗口中绘制图形

前面已经讲述了在图形用户界面下,如何显示窗口,如何将各种组件添加到窗口中以及如何处理各种事件,下面介绍一下如何利用 Java 基本类库中的 java 2D 工具在窗口中绘制图形。

8.5.1 坐标系统与变换

通过前面的例子可以体会到,计算机屏幕一定拥有一个坐标系统,它决定了每个应用程序的顶层窗口的位置。实际上,在 Java 中每个容器,甚至每个组件都拥有自己的坐标系统,例如,将一个组件添加到一个容器中,如果不使用布局管理器,就需要在应用程序中明确地指出组件的坐标位置,这个位置是相对于容器坐标系统的。

容器坐标系统的原点(0,0)位于容器的左上角,x 轴的水平方向从左向右,y 轴的垂直方向从上到下。对于顶层窗口,窗口的层级窗格拥有自己的坐标系统,其原点位于窗格的左上角,这个坐标系统决定了菜单和内容窗格的位置。内容窗格也拥有自己的坐标系统,它决定了放置在内容窗格中的组件位置。了解这些坐标系统对于绘制图形非常重要,这是因为在绘制任何图形时,都要给出具体的坐标位置。

实际上,在利用 Java 2D 工具绘制图形时需要涉及两个坐标系统。在利用 Java 2D 绘制一条直线或一个圆形时,给出的坐标是与设备无关的逻辑坐标,人们将该坐标系统称为用户坐标系统(user coordinate system),前面指出的顶层窗口、容器和组件的坐标系统都与逻辑坐标系统一致,即原点位于左上角,x 轴为水平方向,从左向右,y 轴为垂直方向,从上到下。

如果要将图形输出到某个输出设备上,就需要将逻辑坐标变换成设备坐标。所谓设备坐标系统是指输出设备自己拥有的坐标系统。通常,设备坐标系统与默认的用户坐标系统的原点相同,但坐标单位及坐标取值范围有可能不同。例如,显示器以像素为单位,打印机以点为单位,每个点为 1/72 英寸。

我们一直在赞美,Java 提供了一个与设备无关的设计环境。所谓与设备无关,在绘图时主要体现在当需要将绘制的图形输出到不同的输出设备上时,例如,显示屏幕或打印机上,应用程序的源代码不需要做任何改变,Java 2D 可以将程序中使用的用户坐标映射成相应的设备坐标,这就是坐标变换。由于在没有特别的需要下,这种坐标变换都是利用默认设置自动完成的,所以很多人并没有意识到用户坐标系统与设备坐标系统的区别。

8.5.2 图形设备文本

利用 Java 2D 绘制图形时所需要的绘图工具都包含在 Graphics2D 类对象中,通常将此称为图形设备文本(graphics context),无论希望在组件表面绘制什么图形,都要拥有一个图形设备文本对象,通过它实现绘制直线、曲线、各种几何图形、填充几何图形等一系列绘图操作。

Graphics2D 是 Graphics 的子类,它们两个都是抽象类,因此不能直接创建这两个类的对象,它们的创建过程完全由相应的组件控制。Graphics 类以成员方法的形式封装了绘制各种图形的工具,而 Graphics2D 将绘制的所有图形用相应的类对象标识,这是它们两个的主要区别。与 Graphics 相比,Graphics2D 提供的几何图形控制、坐标转换、颜色管理和文本布局的功能更加强大,使用起来更加灵活。在 Graphics2D 对象中有维护绘制图形时需要的各种信息,其中主要的信息是 6 个属性:

(1) paint(着色)属性决定了绘制图形及填充图形时所使用的颜色,可以调用图形设备文本对象中的 setPaint(Paint paint)成员方法设置这个属性的值。默认的颜色是组件的当前颜色。

(2) stroke(画笔)属性决定了绘制图形时所使用的笔的形状及粗细。比如,实心状、点线状和刷状,可以调用图形设备文本对象的 setStroke(Stroke s)成员方法设置这个属性的值。默认笔的形状为正方形,粗细为一个单位。

(3) font(字体)属性决定了绘制文本时所使用的字体,可以调用图形设备文本对象的 setFont(Font font)成员方法设置这个属性的值。默认的字体为组件设置的字体。

(4) transform(变换)属性决定了图形实现平移、旋转和缩放等变换操作时所采用的方式。

(5) clip(裁剪)属性决定了组件区域的边界,通过设置裁剪属性可以控制绘图操作只在组件区域内实现。

(6) composite(组合)属性决定了被覆盖的几个几何图形如何在组件上绘制。

8.5.3 设置颜色

Graphics2D 的 paint 属性决定了图形设备文本对象所应用的颜色,如果需要改变绘制颜色,就可以调用 setPaint()成员方法实现。在 java.awt 包中有一个 Color 类,该类描述了颜色的各种属性和操作行为,并提供了大量的颜色常量,表 8-11 列出了这些颜色常量。

表 8-11　Color 类中的颜色常量

颜色常量	描述	(R,G,B)	颜色常量	描述	(R,G,B)
WHITE	白	(255,255,255)	ORANGE	橙	(255,200,0)
LIGHT_GRAY	浅灰	(192,192,192)	YELLOW	黄	(255,255,0)
GRAY	灰	(128,128,128)	GREEN	绿	(0,255,0)
DARK_GRAY	暗灰	(64,64,64)	MAGENTA	洋红	(255,0,255)
BLACK	黑	(0,0,0)	CYAN	青	(0,255,255)
RED	红	(255,0,0)	BLUE	蓝	(0,0,255)
PINK	粉红	(255,175,175)			

如果用户选择上面这 13 种颜色,就可以很方便地使用下列形式设置图形设备文本的颜色:

g2.setPaint(Color.RED);

其中,g2 是 Graphice2D 对象,Color.RED 是在 Color 类中给出的静态常量。执行上面这条语句,图形设备文本中的 paint 属性就变成了红色,之后绘制的所有图形都将以红色显示,直到再次改变 paint 属性为止。

如果用户选色的颜色不是上面给出的 13 种标准颜色,就需要创建一个 Color 对象来定制一种颜色,Color 是用(R,G,B)模式构造颜色的,在 Color 类中提供一个下列格式的构造方法:

Color(int red,int green,int blue)

利用它可以创建一个特定颜色的对象。例如,

Color color=new Color(255,0,0);

然后,再调用 g2. setPaint(color)将图形设备文本设置为指定的颜色。

8.5.4 绘制几何图形

在 Graphics2D 类中提供了表 8-12 列出的 4 个成员方法,用类实现各类图形的绘制方法。

表 8-12　Graphics2D 类中有关绘图的基本方法

成 员 方 法	描　　述
draw(Shape shape)	使用图形设备文本的当前属性绘制集合图形,Shape 是一个位于 java. awt 包中的接口
fill(Shape shape)	使用图形设备文本的当前属性填充几何图形,Shape 是一个位于 java. awt 包中的接口
drawString(String text)	使用图形设备文本的当前属性绘制文本字符串
drawImage()	使用图形设备文本的当前属性绘制图像

从上面的表中可以看到,要绘制一个 2D 图形首先需要创建一个实现了 Shape 接口的类对象,然后调用上面列出的 draw(Shape)成员方法即可。在 java. awt. geom 包中定义了一系列实现 Shape 接口的几何图形类,将它们的对象作为参数传递给 Graphics2D 类的成员方法 draw()就可以绘制出相应的几何图形。表 8-13 列出了其中的一部分,若希望了解更加详细的内容,请参阅相关资料。

表 8-13　java. awt. geom 包中定义的部分几何图形类

类	描　　述
Line2D	这是一个抽象类,定义了由两个端点确定的直线。在这个类中包含两个内部类:Line2D. Float 和 Line2D. Double,它们分别实现用 float 和 double 类型的用户坐标定义直线端点的功能
Rectangle2D	这是一个定义矩形的抽象类,其中包含两个内部类:Rectangle2D. Float 和 Rectangle2D. Double,它们分别实现用 float 和 double 类型的数值描述用户坐标点的功能。矩形由左上角位置和宽度、高度确定
RoundRectangle2D	这是一个定义圆角矩形的抽象类,其中包含两个内部类:RoundRectangle2D. Float 和 RoundRectangle2D. Double,它们分别实现用 float 和 double 类型的数值描述用户坐标点的功能。矩形由左上角位置和宽度、高度确定,圆角也由宽度和高度确定
Ellipse2D	这是一个定义椭圆的抽象类,其中包含两个内部类:Ellipse2D. Float 和 Ellipse2D. Double,它们分别实现用 float 和 double 类型的数值描述用户坐标点的功能。椭圆由左上角位置和封闭它的矩形宽度和高度确定

续表

类	描　　述
Arc2D	这是一个定义圆弧的抽象类,其中包含两个内部类:Arc2D. Float 和 Arc2D. Double,它们分别实现用 float 和 double 类型的数值描述用户坐标点的功能
Quadcurve2D	这是一个定义二次曲线的抽象类,其中包含两个内部类:Quadcurve2D. Float 和 Quadcurve2D. Double,它们分别实现用 float 和 double 类型的数值描述用户坐标点的功能。这条曲线由端点以及定义每个端点切线的控制点定义
CubicCurve2D	这是一个定义三次曲线的抽象类,其中包含两个内部类:CubicCurve2D. Float 和 CubicCurve2D. Double,它们分别实现用 float 和 double 类型的数值描述用户坐标点的功能。这条曲线由端点以及定义每个端点切线的控制点定义

下面是一个绘制图形的例子。

例 8-17 图形绘制应用示例。

```
//filename:TryGraphics2D. java
import java. awt. geom. * ;
import javax. swing. * ;
import java. awt. * ;
public class TryGraphics2D extends JApplet
{
    public void paint(Graphics g)
    {
        Graphics2D g2D=(Graphics2D)g;
        g2D. setPaint(Color. RED);
        Point2D. Float p1=new Point2D. Float(50. 0f,10. 0f);
        float width1=60;
        float height1=80;

        Rectangle2D. Float rect=new Rectangle2D. Float(p1. x,p1. y,width1,height1);
        g2D. draw(rect);
        Point2D. Float p2=new Point2D. Float(150. 0f,100. 0f);
        float width2=width1+30;
        float height2=height1+40;

        g2D. draw(new Rectangle2D. Float(
                        (float)(p2. getX()),(float)(p2. getY()),width2,height2));

        g2D. setPaint(Color. BLUE);
        Line2D. Float line=new Line2D. Float(p1,p2);
        g2D. draw(line);

        p1. setLocation(p1. x+width1,p1. y);
        p2. setLocation(p2. x+width2,p2. y);
        g2D. draw(new Line2D. Float(p1,p2));
```

```
            p1. setLocation(p1. x,p1. y+height1);
            p2. setLocation(p2. x,p2. y+height2);
            g2D. draw(new Line2D. Float(p1,p2));

            p1. setLocation(p1. x-width1,p1. y);
            p2. setLocation(p2. x-width2,p2. y);
            g2D. draw(new Line2D. Float(p1,p2));

            p1. setLocation(p1. x,p1. y-height1);
            p2. setLocation(p2. x,p2. y-height2);
            g2D. draw(new Line2D. Float(p1,p2));

            g2D. drawString("直线和矩形",60,300);
        }
}
```

运行这个程序后,应该得到图 8-27 所示的结果。

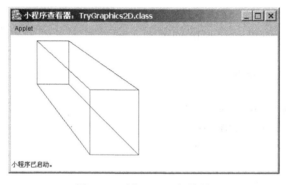

图 8-27　例 8-17 运行结果

8.5.5　填充几何图形

在 Graphics2D 类中提供了一个 fill()成员方法,用来实现填充几何图形的功能。调用这个成员方法时需要提供一个 Shape 对象作为参数,该方法将根据当前图形设备文本的 paint 属性值对几何图形进行填充。例如,下列 paint()成员方法就可以实现将绘制的矩形进行填充的目的。

```
public void paint(Graphics g)
{
    Graphics2D g2D=(Graphics2D)g;
    Rectangle2D. Float r=new Rectangle2D. Float(50. 0f,50. 0f,200. 0f,200. 0f);
    g2D. draw(r);
    g2D. fill(r);
}
```

除此之外,Java 还提供了一个 GradientPaint 类,该类对象描述了从一种颜色到另一种颜色的渐近变化,并通过将它传递给 Graphics2D 类的 setPaint()成员方法使图形设备文本记录渐近填充的属性。

GradientPaint 类提供了 4 个构造方法,它们的格式见表 8-14。

表 8-14　GradientPaint 类的 4 个构造方法

构 造 方 法	描　　述
GradientPaint(Point p1,Color c1,Point p2,Color c2)	这个构造方法将定义一个从 p1 点,颜色为 c1 到 p2 点,颜色为 c2 的渐近。默认的仅见是非周期的,即颜色变化只作用于两个点之间,远离两个端点的颜色与两个端点的颜色相同
GradientPaint(float x1,float y1,Color c1,float x2,float y2,Color c2)	与上一个构造方法的功能一样,只是以 4 个 flaot 数值的形式指定点
GradientPaint(Point p1,Color c1,Point p2,Color c2,boolean cyclic)	当 cyclic 为 false 时,与第一个构造方法的功能相同。如果 cyclic 为 true,则两个端点之外的颜色也周期性地发生变化
GradientPaint(float x1,float y1,Color c1,float x2,float y2,Color c2,boolean cyclic)	与上一个构造方法的功能一样,只是以 4 个 flaot 数值的形式指定点

下面是一个对几何图形进行渐进填充的例子。

例 8-18　渐进填充几何图形的应用示例。

```
//filename:TryGradient.java
import javax.swing. * ;
import java.awt. * ;
import java.awt.geom. * ;
public class TryGradient extends JApplet
{
    GradientPane pane=new GradientPane();
    public void init()
    {
        Container content=getContentPane();
        content.add(pane);
    }
}
class GradientPane extends JComponent
{
    public void paint(Graphics g)
    {
        Graphics2D g2D=(Graphics2D)g;

        Point2D.Float p1=new Point2D.Float(150.0f,75.0f);
        Point2D.Float p2=new Point2D.Float(250.0f,75.0f);
        float width=300;
        float height=50;
        GradientPaint g1=new GradientPaint(p1,Color.WHITE,
                                p2,Color.DARK_GRAY,true);
        Rectangle2D.Float rect1=new Rectangle2D.Float(p1.x-100,p1.y-25,width,height);
```

```
            g2D. setPaint(g1);
            g2D. fill(rect1);
            g2D. setPaint(Color. BLACK);
            g2D. draw(rect1);
            g2D. draw(new Line2D. Float(p1,p2));
            g2D. drawString("周期渐进填充",p1. x—100,p1. y—50);
            g2D. drawString("p1",p1. x—20,p1. y);
            g2D. drawString("p2",p2. x—10,p2. y);
            p1. setLocation(150,200);
            p2. setLocation(250,200);
            GradientPaint g2=new GradientPaint(p1,Color. WHITE,
                                                p2,Color. DARK_GRAY,false);
            rect1. setRect(p1. x—100,p1. y—25,width,height);
            g2D. setPaint(g2);
            g2D. fill(rect1);
            g2D. setPaint(Color. BLACK);
            g2D. draw(rect1);
            g2D. draw(new Line2D. Float(p1,p2));
            g2D. drawString("非周期渐进填充",p1. x—100,p1. y—50);
            g2D. drawString("p1",p1. x—20,p1. y);
            g2D. drawString("p2",p2. x+10,p2. y);
        }
    }
```

运行这个程序后,应该得到图 8-28 所示的结果。

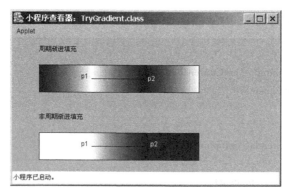

图 8-28   例 8-18 运行结果

本 章 小 结

　　本章主要介绍了 Java 图形用户界面的设计方式,用 Swing 创建图形用户界面、Swing 容器和框架、布局管理器以及常用的 Swing 组件,最后介绍了图形的绘制。这些内容是设计 GUI 图形用户界面程序的必备知识。

课后习题

1. 基本概念

(1) 阐述 Java 图形用户界面的设计过程。

(2) 说明 Swing 组件的主要特点。

(3) 说明容器和组件之间的关系。

(4) 说明布局管理器的概念,以及各种布局管理器的布局策略。为什么 Java 要提出这个概念?

2. 编程题

(1) 试设计一个输入身份证信息的用户界面。当用户提交输入的信息后,弹出一个对话框,并将输入的内容显示在其中。

(2) 试设计一个输入电话簿内容的用户界面,应该包含姓名、工作单位、职务、住宅电话、手机号码、办公室电话等项内容。

(3) 试设计一个排雷游戏的用户界面。

3. 思考题

(1) 如何将布局管理器与面板有效地配合起来,设计一个如图 8-29 所示的计算器界面。

图 8-29　计算器界面

(2) 利用 Swing 组件设计一个带有菜单的小型文字编辑器的用户界面。

4. 知识扩展

(1) 阅读 Java API 文档,学习使用其他 Swing 组件。

(2) 学习使用 Netbeans 提供的可视化图形用户界面设计工具设计应用程序界面。

上机实践题

1. 实践题 1

【目的】　通过这道上机实践题的训练,初步掌握 Java 图形用户界面应用程序的基本设计过程,体会利用Java设计图形用户界面的基本方法。

【题目】 试编写程序,在图形用户界面下实现"井字棋"游戏。

【要求】 能够判定胜负,并利用提示框显示结果。

【提示】 可以用 3×3 的网格布局管理器放置 9 个按钮,每个按钮代表"井字"中的一个格。

【扩展】 双方图形的颜色不同。

2. 实践题 2

【目的】 通过这道上机实践题的训练,初步掌握利用Java实现基本绘图的基本方法。

【题目】 试编写程序,在图形用户界面下实现简单的绘图软件工具

【要求】 能够根据用户的选择绘制直线、矩形、椭圆形等基本图元。

【提示】 利用按钮或单选框作为选择图元的方式。

【扩展】 增加擦除、复制等功能。

第 9 章

事件处理

第 8 章主要介绍了 Java 提供的有关图形用户界面的处理技术,这些内容只涉及如何显示用户界面,而没有涉及如何响应用户的操作。Java 采用事件处理机制,即程序的运行过程是不断地响应各种事件的过程,事件的产生顺序决定了程序的执行顺序,这是图形用户界面应用程序最重要的部分,是实现各种操作功能的重要途径。

9.1 Java 事件处理机制

到目前为止,已经接触过两种形式的 Java 程序,一种是运行在字符界面下的控制台应用程序,另外一种是运行在图形用户界面下的应用程序。对于控制台应用程序,尽管也是采用面向对象方法设计的程序,但事件产生的顺序是事先确定的,在任意给定时刻都可以知道下一条将要执行哪个操作。例如,先输入数据,再处理数据,最后输出结果。而基于图形用户界面的应用程序则完全不同。程序的执行过程由用户对 GUI 的操作行为控制。例如,点击鼠标、敲击键盘、移动窗口等,所有这些用户行为都会引发特定的操作行为。在任意给定的时刻,应用程序下一步执行哪条代码是未知的,它将取决于未来发生什么事件。

可以说,产生事件是 Java 程序执行各种操作的前提。用户敲击一下键盘或点击一下鼠标都会产生事件,这些事件产生后,首先由操作系统鉴别。对于每个由于用户的操作行为产生的事件,操作系统都要决定这个事件将由哪个应用程序处理,并把这个事件的相关信息传递给相应的处理程序。一个应用程序并不必响应所有的事件,例如,可以只对按下鼠标做出响应,而不理睬移动鼠标事件。实际上,每一个事件都有一个或多个成员方法与之关联。所谓响应事件就是当事件发生时,系统自动地调用与该事件关联的成员方法。如果用户在子类中覆盖这些成员方法,就可以执行用户自定义的操作;否则,如果调用默认的成员方法,这些默认成员方法的方法体往往是空的,即不执行任何操作,所以给用户的感觉是没有进行任何操作。

9.2 事件的处理过程

要管理好应用程序中 GUI 组件的交互操作,就必须清楚 Java 处理事件的过程。为了更好地说明与事件处理过程有关的一些概念,下面列举一个示例。

假设用户点击了应用程序界面中的一个按钮,这个按钮就是事件源,该事件由一个事件对象标识,并与被点击按钮的对象关联起来。这里的事件对象是一个属于 ActionEvent 类型的对象,其中包含有关事件和事件源的信息。这个对象将作为参数传递给处理该事件的成员方法。图 9-1 展示了事件处理的过程。

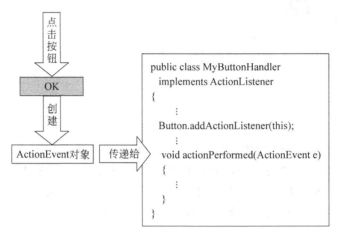

图 9-1   事件处理过程

Java 事件处理机制的另一个重要特点是:事件处理不是由产生事件的类对象完成,而是委托另外一个类对象专门负责事件处理,这样可以防止任务过于集中,易于规范事件处理的过程。将专门负责处理事件的类对象称为监听器(Listener)。监听器既可以由产生事件的类实现,也可以由其他类实现,甚至可以由内部类或匿名类实现。可以说,监听器是事件的目标,其中含有处理相应事件的成员方法。这些成员方法是对相应的监听接口中声明的成员方法的具体实现。也就是说,要想处理某种事件,必须创建某种事件的监听器。监听器类是一个实现某种监听接口的类。不同的事件类拥有不同的监听接口,每个监听接口中声明了处理这类事件的抽象成员方法。这种事件处理方式称为"委托"模式,即委托其他类对象处理事件。

如果一个组件对象注册了某个监听器,则当事件发生时,就会创建一个相应的事件类对象,并将其作为参数传递给自动调用的监听器成员方法,最终实现事件的处理。一个组件可以注册多个监听器,一个监听器也可以被多个组件注册。

下面是编写事件处理部分的基本过程:

(1)声明监听器类,它是一个实现相应监听接口的类。这个类既可以是包含事件源的类,也可以是其他类,或者是内部类和匿名类。

(2)事件源组件注册监听器,要注册每个组件希望处理的所有事件监听器。

9.3   事 件 类

Java 应用程序可以响应各种类型的事件,例如,单击按钮、拖动滚动条、极小化窗口等。为了便于处理,Java 将这些事件划分成低级事件和语义事件两个类别。

低级事件是指来自键盘、鼠标或与窗口操作有关的事件。例如,窗口极小化、关闭窗口、移动鼠标或敲击键盘。

语义事件是指与组件有关的事件,例如,单击按钮、拖动滚动条等。这些事件源于图形用户界面,其含义由程序设计员赋予,例如,"确定"按钮将确认刚才的操作,"取消"按钮将撤销刚才的操作。

在很多时候,这两种事件类型是重叠出现的,很难划分清楚。例如,当利用鼠标单击一个按钮时,既发生了单击鼠标的低级事件,又同时发生了单击按钮的语义事件。遇到这类情况应该如何处理完全取决于程序设计。组件要对两个事件进行处理,就必须同时注册两类监听器。在大多数情况下,高级语义事件优先于低级语义事件。

绝大部分与图形用户界面有关的事件类都位于 java. awt. event 包中,其中包含了各种事件的监听接口,在 javax. swing. event 包中定义了与 Swing 事件有关的事件类。

下面分别介绍低级事件和语义事件的处理。

9.3.1 低级事件

焦点事件、鼠标事件、键盘事件和窗口事件属于低级事件,弄清它们的处理方法对于编写正确的程序至关重要,表 9-1 列出了低级事件的事件类名和事件描述。

表 9-1 低级事件的类名及描述

事 件 类 名	描 述
FocusEvent	这个事件类对象描述了在组件获得焦点或失去焦点时产生的事件
MouseEvent	这个事件类对象描述了用户对鼠标操作所产生的事件
KeyEvent	这个事件类对象描述了用户对键盘操作所产生的事件
WindowEvent	这个事件类对象描述了用户对窗口操作所产生的事件

这几个类都位于 java. awt. event 包中,它们都是 ComponentEvent 类的子类。具体类关系如图 9-2 所示。

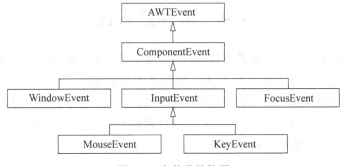

图 9-2 事件类结构图

AWTEvent 类是 java. util. EventObject 的子类。由于 EventObject 类实现了 Serializable 接口,所以图 9-2 所有类对象都具有串行化功能。除此之外,它还提供了一个方法 getSource(),该成员方法可以返回事件源对象。

在 AWTEvent 类中定义了大量常量,用来标识每一个事件。例如,表 9-2 列出了一些常见的事件常量。

表 9-2　事件常量

常　　量	事　　件
MOUSE_EVENT_MASK	鼠标事件。例如,按下鼠标、释放鼠标
KEY_EVENT_MASK	键盘事件。例如,按下键盘中的某个键
ITEM_EVENT_MASK	选择选项事件。例如,从列表组件中选择某项
WINDOW_EVENT_MASK	窗口事件。例如,关闭窗口
MOUSE_MOTION_EVENT_MASK	鼠标移动事件
FOCUS_EVENT_MASK	焦点事件

可以有多种途径激活事件,比较常见的有两种形式:由用户的行为引发事件和调用组件的 enableEvent()成员方法引发事件。

9.3.2　语义事件

语义事件是与组件有关的事件。表 9-3 列出了一部分描述语义事件的类,它们都是 AWTEvent 的子类,位于 java.event 包中。

表 9-3　语义事件类

事件类名	描　　述
ActionEvent	激活组件事件,当选择菜单项、在文本框内按"回车"键、点击按钮时发生该事件
ItemEvent	选项事件,当选择了某些选项时发生该事件
AdjustmentEvent	调整事件,当拖动了滚动条时发生该事件
ComponentEvent	组件事件,当组件被移动、缩放、显示或隐藏时产生该事件
ContainerEvent	容器事件,当向容器中添加组件或删除组件时发生该事件
TextEvent	文本框事件,当文本框内容发生变化时发生该事件

9.4　事件监听器

为了更有效地处理各种类型的事件,在 Java 中,每类事件都对应一个事件监听接口,用于提供事件发生时可以调用的成员方法。监听器类是指实现了一个或多个事件监听器接口,将其称为事件监听器类,该类的对象称为事件监听器。在发生事件时,事件对象将从事件源传递到事件监听器,事件对象包含有关事件源的信息以及一些附加信息。图 9-3 给出了对应低级事件的 5 种监听器接口关系图。

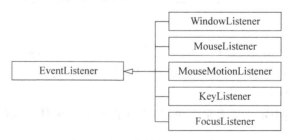

图 9-3　低级事件的监听器接口

其中,EventListener 接口没有声明任何内容,但所有的监听器接口都必须是它的子接口,这样便于统一地扩展监听器的功能。如果想要处理上述事件,就要定义实现上述接口的监听器类,然后让相应的组件注册监听器。

与低级事件一样,每种语义事件也都对应一个监听器接口,这些监听器接口同样是 EventListener 接口的子接口。图 9-4 列出了这些接口之间的关系。

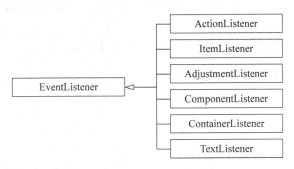

图 9-4　语义事件的监听器接口

同样,在这些接口中,声明了处理每种事件的方法,要想处理这些事件,需要设计一个实现这些接口的监听器类,稍后将举例说明具体的实施过程。

9.5　事件类及其对应的监听器接口

通常,每个事件类对应一个监听接口,而事件类中的每个具体事件类型都有一个具体的抽象方法与之对应。表 9-4 列出了所有事件类及其对应的监听器接口,共 10 个事件类,11 个监听接口。

表 9-4　事件及其对应的监听器接口

事 件 类	监 听 接 口	监听接口中的事件处理方法
ActionEvent	ActionListener	actionPerformed(ActionEvent)
ItemEvent	ItemListener	itemStateChanged(ItemEvent)
KeyEvent	KeyListener	KeyPressed(KeyEvent) KeyReleased(KeyEvent) KeyTyped(KeyEvent)
MouseEvent	MouseListener	mouseClicked(MouseEvent) mousePressed(MouseEvent) mouseReleased(MouseEvent) mouseEntered(MouseEvent) mouseExited(MouseEvent)
	MouseMotionListener	mouseDragged(MouseEvent) mouseMoved(MouseEvent)
FocusEvent	FocusListener	focusGained(FocusEvent) focusLost(FocusEvent)
AdjustmentEvent	AdjustmentListener	adjustmentValueChanged(AdjustmentEvent)

事 件 类	监 听 接 口	监听接口中的事件处理方法
ComponentEvent	ComponentListener	componentMoved(ComponentEvent) componentHidden(ComponentEvent) componentResized(ComponentEvent) componentShown(ComponentEvent)
WindowEvent	WindowListener	windowClosing(WindowEvent e) windowOpened(WindowEvent e) windowClosed(WindowEvent e) windowActivated(WindowEvent e) windowDeactivated(WindowEvent e) windowIconfied(WindowEvent e) windowDeiconfied(WindowEvent e)
ContainerEvent	ContainerListener	componentAdded(ContainerEvent) componentRemoved(ContainerEvent)
TextEvent	TextListener	textValueChanged(TextEvent)

9.6　处 理 事 件

GUI 中的事件处理分为以下几步：

（1）引入事件处理类，即 import java. awt. event. ＊；

（2）创建实现监听器接口的监听器类；

（3）将监听器对象注册到希望处理该事件的组件监听器列表中。

9.6.1　窗口事件的处理

窗口事件的标识是 WINDOW_EVENT_MASK，描述这个事件的类是 WindowEvent。也就是说，不管对窗口做了什么样的操作，都会产生该标识的事件。由于与窗口操作相关的事件不止一种，所以对该类事件还附加了一个 ID，用来描述具体的窗口操作行为。这些 ID 被定义在 WindowEvent 类中。与窗口事件相对应的监听器接口为 WindowListener，在这个接口中，包含了处理每种具体窗口事件的方法，当某个事件发生时，将自动地调用相应的方法，对应关系如表 9-5 所示。

表 9-5　窗口事件的 ID 及对应的处理方法

WindowEvent 类中事件的 ID	描　　述	对应 WindowListener 中的方法
WINDOW_OPENED	窗口被打开时产生这个事件	windowOpened(WindowEvent e)
WINDOW_CLOSEING	单击"关闭"窗口图标或从系统菜单中选择"关闭"时产生这个事件	windowClosing(WindowEvent e)
WINDOW_CLOSED	关闭窗口时产生这个事件	windowClosed(WindowEvent e)
WINDOW_ACTIVATED	窗口被激活时产生这个事件	windowActivated(WindowEvent e)

续表

WindowEvent 类中事件的 ID	描　　述	对应 WindowListener 中的方法
WINDOW_DEACTIVATED	窗口由激活状态变为失活状态时产生这个事件	windowDeactivated(WindowEvent e)
WINDOW_ICONFIED	窗口被极小化成图标时产生这个事件	windowIconfied(WindowEvent e)
WINDOW_DEICONFIED	窗口由图标状态复原时产生这个事件	windowDeiconfied(WindowEvent e)

　　如前所述,要想处理窗口事件,就需要定义一个实现该接口的监听器类,并创建一个监听器,即监听器类的对象,然后让试图处理该事件的窗口对象注册该监听器即可。

　　下面是一个处理窗口事件的例子。在发生各种窗口事件时,应用程序将调用监听器中定义的相应方法,实现特定的操作。

　　例 9-1　处理窗口事件的应用示例。

```
//file name :TryWindowEvent. java
import javax. swing. * ;
import java. awt. BorderLayout;
import java. awt. event. * ;
public class TryWindowEvent extends JFrame implements WindowListener
{
    JLabel label;
    public TryWindowEvent()
    {
        super("WindowEvent 举例");                  //设置窗口标题
        label=new JLabel();                         //创建标签组件

        getContentPane(). add(label,BorderLayout. CENTER);
        this. addWindowListener(this);              //为窗口注册监听器
        setSize(300,140);                           //设置窗口的大小
        setVisible(true);                           //将窗口设置为可见
    }

    public void windowClosing(WindowEvent e)        //处理关闭窗口事件
    {
        displayMessage("Window closing",e);
        dispose();
        System. exit(0);
    }

    public void windowClosed(WindowEvent e) {}
    public void windowOpened(WindowEvent e)         //处理打开窗口事件
    {
        displayMessage("Window opened",e);
    }
```

```java
        public void windowIconified(WindowEvent e) {}
        public void windowDeiconified(WindowEvent e) {}
        public void windowActivated(WindowEvent e)              //处理激活窗口事件
        {
            displayMessage("Window activated",e);
        }

        public void windowDeactivated(WindowEvent e)            //处理窗口失活事件
        {
            displayMessage("Window deactivated",e);
        }

        void displayMessage(String prefix,WindowEvent e)        //设置标签内容
        {
            label.setText(prefix+":"+e.getWindow()+'\n');
        }

        public static void main(String[] args)
        {
            TryWindowEvent frame=new TryWindowEvent();
        }
    }
```

上面这个程序将会在打开窗口、关闭窗口、激活窗口、使窗口失活时利用 label 显示一串文字,包括操作类别和窗口信息。

监听器类可以是窗口类本身,也可以是其他的类,或者是内部类和匿名类。例 9-1 是让窗口类本身实现 WindowListener 接口使之成为监听器类,之后在构造方法中调用 addWindowListener()方法将这个对象注册到这个类对象表示的窗口中。

同样还是这个程序,也可以单独声明一个监听器类。下面就是采用这种方式编写的程序代码。

```java
//file name:TryWindowEvent2.java
import javax.swing.*;
import java.awt.BorderLayout;
public class TryWindowEvent2 extends JFrame                     //窗口类
{
    JLabel label;
    public TryWindowEvent2()
    {
        super("WindowEvent 应用举例");
        label=new JLabel();
        getContentPane().add(label,BorderLayout.CENTER);
        this.addWindowListener(new WindowEventHandle());        //注册监听器
        setSize(300,140);
        setVisible(true);
```

```
        }

        public static void main(String[] args)
        {
            TryWindowEvent2 frame=new TryWindowEvent2();
        }
}


//file name:WindowEventHandle.java
import java.awt.event.*;
public class WindowEventHandle implements WindowListener     //窗口事件的监听器类
{
    public void windowClosing(WindowEvent e)
    {
        displayMessage("Window closing",e);
        ((TryWindowEvent2) e.getSource()).dispose();
        System.exit(0);
    }

    public void windowClosed(WindowEvent e) {}
    public void windowOpened(WindowEvent e)
    {
        displayMessage("Window opened",e);
    }

    public void windowIconified(WindowEvent e) {}

    public void windowDeiconified(WindowEvent e) {}
    public void windowActivated(WindowEvent e)
    {
        displayMessage("Window activated",e);
    }

    public void windowDeactivated(WindowEvent e)
    {
        displayMessage("Window deactivated",e);
    }

    public void displayMessage(String prefix,WindowEvent e)
    {
        ((TryWindowEvent2) e.getSource()).label.setText(prefix+
            ":"+e.getWindow()+'\n');
    }
}
```

从这个示例可以看出,这种"委托"模式的事件处理方式需要为每个事件种类声明实现相应的监听器接口的监听器类。例如,上面列举的窗口事件包含 7 种具体的事件。在 WindowListener 接口中,每一种事件对应一个成员方法,因此,在监听器类的声明中就需要实现接口中的 7 个成员方法。在大多数情况下,人们可能只对其中的几种事件感兴趣,而按照 Java 语法的规定,监听器类需要实现接口中的全部方法,这样就需要将没有特别操作要求的那些事件对应的成员方法设计为空。显然,这会增加程序的复杂性,降低程序的清晰度。为了解决这个问题,Java 提出了适配器(Adapter)的概念。

9.6.2　监听适配器

Java 语言为一些 Listener 接口提供了适配器。所谓监听适配器是指 API 提供的一种实现了监听器接口的类。实际上,并不是每一个监听器接口都存在一个适配器,只有当监听接口中的成员方法多于一个时,Java 才会提供相应的适配器。

WindowListener 是窗口事件的监听器类,其中包含 7 个成员方法,因此 API 提供了一个适配器 WindowAdapter,这个适配器不仅实现了 WindowListener 接口,还实现了 WindowFocusListener 接口及 WindowStateListener 接口。下面是 WindowAdapter 类的程序代码。

```
public abstract class WindowAdapter
    implements WindowListener,WindowStateListener,WindowFocusListener
{
    public void windowOpened(WindowEvent e) {}
    public void windowClosing(WindowEvent e) {}
    public void windowClosed(WindowEvent e) {}
    public void windowIconified(WindowEvent e) {}
    public void windowDeiconified(WindowEvent e) {}
    public void windowActivated(WindowEvent e) {}
    public void windowDeactivated(WindowEvent e) {}
    public void windowStateChanged(WindowEvent e) {}
    public void windowGainedFocus(WindowEvent e) {}
    public void windowLostFocus(WindowEvent e) {}
}
```

这是一个抽象类,其中包含属于三个监听器接口的总共 10 个方法的定义,由于在此无法确定每个事件的具体操作行为,所以所有的方法均为空。

有了适配器,就可以比较轻松地定义监听器类。即将监听器类设置为是 WindowAdapter 的子类,并在子类中覆盖那些感兴趣的方法即可,从而大大减少了工作量。下面是一个使用适配器构造监听器类的例子。

例 9-2　窗口事件的适配器应用示例。

```
import javax.swing. * ;
import java.awt.BorderLayout;
import java.awt.event. * ;

public class TryWindowAdapter extends JFrame
```

```
    {
        JLabel label;
        public TryWindowAdapter()
        {
            super("WindowEvent 举例");
            label=new JLabel();
            getContentPane().add(label,BorderLayout.CENTER);
            this.addWindowListener(new WindowEventHandle());
            setSize(300,300);
            setVisible(true);
        }
        public static void main(String[] args)
        {
            TryWindowAdapter frame=new TryWindowAdapter();
        }
    }
class WindowEventHandle extends WindowAdapter
    {
        public void windowClosing(WindowEvent e)
        {
            displayMessage("Window closing",e);
            ((TryWindowAdapter)e.getSource()).dispose();
            System.exit(0);
        }
        public void windowOpened(WindowEvent e)
        {
            displayMessage("Window opened",e);
        }
        public void windowActivated(WindowEvent e)
        {
            displayMessage("Window activated",e);
        }
        public void windowDeactivated(WindowEvent e)
        {
            displayMessage("Window deactivated",e);
        }
        void displayMessage(String prefix,WindowEvent e)
        {
            ((TryWindowAdapter)e.getSource()).label.setText(prefix+":"+e.getWindow()+'\n');
        }
    }

    }
```

由于使用了适配器,所以在监视器类中只定义了覆盖了那些感兴趣的方法,增强了程序的清晰度,减少了编写程序的工作量。建议大家在定义监视器类时,尽可能地使用 API 提供的适配器。

java.awt.event 包中定义的监听适配器包括以下几个。

(1) 组件焦点事件适配器：FocusAdapter。

(2) 键盘事件适配器：KeyAdapter。

(3) 鼠标事件适配器：MouseAdapter。

(4) 鼠标移动事件适配器：MouseMotionAdapter。

(5) 窗口事件适配器：WindowAdapter。

(6) 组件事件适配器：ComponentAdapter。

(7) 容器事件适配器：ContainerAdapter。

9.6.3 键盘事件的处理

键盘事件属于低级事件,这种类型的事件常伴随着语义事件的发生,例如,当某个按钮组件具有焦点时,按下"回车"键,既发生了低级键盘事件,又发生了"点击按钮"的语义事件。在这个情况下,是按照低级事件处理,还是按照语义事件处理,需要根据用户的需求做出决策,但语义事件的优先级往往高于低级事件。下面首先介绍键盘事件按照低级事件处理的方式,然后介绍相关语义事件的处理方式。

键盘事件用 java.awt.event 包中的 KeyEvent 类描述,其中提供了 getKeyCode() 成员方法用于获得按下或释放的那个键所对应的键码;getKeyChar() 成员方法用于获得按下的那个键所对应的字符;getKeyText(int nKey code) 成员方法用于返回键码 code 的描述信息。

键盘操作分为三个类别,它们用不同的 ID 标识。当发生了键盘事件时,需要给出事件的标识 KEY_EVENT_MASK 及对应的事件 ID。表 9-6 列出了三个类别的事件 ID。

表 9-6　三种键盘事件的 ID

事 件　ID	描　　　　述
KEY_PRESSED	当按下键盘中的某个键时发生该事件
KEY_RELEASED	当释放按键时发生该事件
KEY_TYPED	当按下键盘中的字符键(非系统键)时发生该事件

处理键盘事件的监听器接口是 KeyListener 接口,在这个接口中,声明了对应上述三种事件的三个方法。

KeyPressed(KeyEvent)处理 KEY_PRESSED 事件;

KeyReleased(KeyEvent)处理 KEY_RELEASED 事件;

KeyTyped(KeyEvent)处理 KEY_TYPED 事件。

下面是一个处理键盘事件的示例。

例 9-3　通过实现 KeyListener 接口声明键盘事件的监听器类。

```
//file name:TryKeyListener.java
import javax.swing. * ;
import java.awt. * ;
public class TryKeyListener extends JFrame
```

```
{
    JLabel label;

    public TryKeyListener()
    {
        super("KeyListener 应用举例");
        label=new JLabel("没有按下键盘");
        getContentPane().add(label,BorderLayout.CENTER);
        addKeyListener(new KeyEventHandle());                        //注册监听器
        setSize(300,200);
        setVisible(true);
    }

    public static void main(String[] args)
    {
        TryKeyListener frame=new TryKeyListener();
        frame.setDefaultCloseOperation(JFrame.EXIT_ON_CLOSE);
    }
}
```

```
//file name:KeyEventHandle.java
import java.awt.event. * ;
public class KeyEventHandle implements KeyListener               //键盘事件监听器类
{
    public void keyPressed(KeyEvent e) {}
    public void keyReleased(KeyEvent e) {}
    public void keyTyped(KeyEvent e)                             //按下字符键
    {
        ((TryKeyListener) e.getSource()).label.setText("KEY_TYPED:"+e.getKeyChar());
    }
}
```

运行这个程序后应该在屏幕上看到如图 9-5 所示的结果。

运行这个程序后,只要敲击键盘上的字符键就会在屏幕上看到输入的字符。

同样,由于键盘事件含有三个具体的事件,对应的 KeyListener 接口也含有三个成员方法,因此 API 为之提供了一个适配器 KeyAdapter。下面是 KeyAdapter 的程序代码。

图 9-5　例 9-3 运行结果

```
public abstract class KeyAdapter implements KeyListener
{
    public void keyTyped(KeyEvent e){}
    public void keyPressed(KeyEvent e){}
    public void keyReleased(KeyEvent e){}
}
```

利用适配器声明监听器类可以只覆盖希望处理的那些事件对应的成员方法。下面将上述 KeyEventHandle 类改写成继承适配器 KeyAdapter,类中只覆盖了成员方法 keyTyped (KeyEvent e)。

```
public class KeyEventHandle extends KeyAdapter                    //键盘监听器类
{
    public void keyTyped (KeyEvent e)
    {
        ((TryKeyListener) e. getSource()). label. setText("KEY_TYPED:"+e. getKeyChar());
    }
}
```

9.6.4 鼠标事件的处理

鼠标事件由 MouseEvent 类描述。在这个类中,提供了下面几个用于获得鼠标信息的成员方法。

int getX()和 int getY()返回发生鼠标事件时光标所处的坐标位置。

Point getPoint()以 Point 类型的形式返回发生鼠标事件时光标所处的位置。

int getClickCount()返回点击鼠标的次数。

与窗口事件和键盘事件不同,鼠标事件被划分成两个类别,一类被称为鼠标事件,用 MOUSE_EVENT_MASK 标识;另一类被称为鼠标移动事件,用 MOUSE_MOTION_EVENT_MASK 标识。它们分别对应 MouseListener 接口和 MouseMotionListener 接口。表 9-7 列出了这两个类别的鼠标事件所包含的具体事件 ID。

表 9-7　鼠标事件的 ID

事　件　ID	描　　　　述
MOUSE_CLICKED	当点击鼠标时发生该事件
MOUSE_PRESSED	当按下鼠标时发生该事件
MOUSE_ENTERED	当鼠标进入组件显示区域时发生该事件
MOUSE_EXITED	当鼠标退出组件显示区域时发生该事件
MOUSE_RELEASED	当释放鼠标时发生该事件
MOUSE_MOVE	当移动鼠标时发生该事件
MOUSE_DRAGGED	当拖动鼠标时发生该事件

表 9-7 中的最后两个事件属于 MOUSE_MOTION_EVENT_MASK 事件类别。

在 MouseListener 接口中声明了 5 个成员方法,对应处理属于 MOUSET_EVENT_MASK 事件类别的 5 个不同的事件。它们是:

mouseClicked(MouseEvent)处理 MOUSE_CLICKED 事件。

mousePressed(MouseEvent)处理 MOUSE_PRESSED 事件。

mouseReleased(MouseEvent)处理 MOUSE_RELEASED 事件。

mouseEntered(MouseEvent)处理 MOUSE_ENTERED 事件。

mouseExited(MouseEvent)处理 MOUSE_EXITED 事件。

在 MouseMotionListener 接口中声明了处理 MOUSE_MOTION_EVENT_MASK 事

件类别的两个不同事件的成员方法。它们是:

mouseDragged(MouseEvent e) 处理 MOUSE_DRAGGED 事件。

mouseMoved(MouseEvent e) 处理 MOUSE_MOVE 事件。

下面是一个处理鼠标事件示例。

例 9-4 通过实现 MouseListener 和 MouseMotionListener 接口声明处理鼠标事件的监听器类示例。

```java
//file name:DragDrawPanel.java
import java.awt.*;
import java.awt.event.*;
import javax.swing.*;
import java.awt.geom.*;
public class DragDrawPanel extends JPanel
{
    int x1,x2,y1,y2;                                    //绘制直线的起点和终点
    public DragDrawPanel()
    {
        addMouseMotionListener(new MouseMotionListener() {
            public void mouseMoved(MouseEvent event){};    //鼠标移动事件
            public void mouseDragged(MouseEvent event)     //鼠标拖动事件
            {
                Graphics2D g=(Graphics2D)getGraphics();
                x2=event.getX();                           //获取鼠标坐标
                y2=event.getY();
                g.draw(new Line2D.Double(x1,y1,x2,y2));     //绘制直线
                x1=x2;
                y1=y2;
                g.dispose();
            }
        });
        addMouseListener(new MouseAdapter()
        {
            public void mousePressed(MouseEvent event)     //鼠标按下事件
            {
                x1=event.getX();                           //获取第一个点坐标
                y1=event.getY();
            }
        public void mouseClicked(MouseEvent event){}
        public void mouseReleased(MouseEvent event){}
        public void mouseEntered(MouseEvent event){}
        public void mouseExited(MouseEvent event){}
        });
    }
}
```

```java
//file name:DragDrawFrame.java
import javax.swing. * ;
public class DragDrawFrame extends JFrame
{
    public DragDrawFrame()
    {
        setTitle("DragDraw");                        //设置窗口标题
        DragDrawPanel panel=new DragDrawPanel();     //创建绘图面板
        getContentPane(). add(panel);
    }

    public static void main(String args[])
    {
        DragDrawFrame frame=new DragDrawFrame();
        frame. setDefaultCloseOperation(JFrame. EXIT_ON_CLOSE);
        frame. setSize(300,300);
        frame. setVisible(true);
    }
}
```

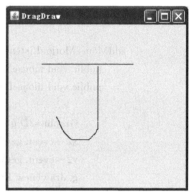

运行这个程序后应该在屏幕上看到如图 9-6 所示的结果。

这个程序实现了徒手绘图的功能。当鼠标按下时调用 mousePressed(MouseEvent event)成员方法获得第一点的坐标;当鼠标拖动时不断地绘制直线,(x1,y1)是前一个鼠标点,作为直线的起点,(x2,y2)是当前鼠标点,作为直线的终点。在这里绘制直线的原因是让徒手绘制的效果具有连续性。

图 9-6　例 9-4 运行结果

同样 MouseListener 接口和 MouseMotionListener 接口也有对应的适配器。MouseListener 接口的适配器是 MouseAdapter,MouseMotionListener 接口的适配器是 MouseMotionAdapter 适配器。但需要注意,在上述示例中,由于 DrawPanel 类同时实现了 MouseListener 接口和 MouseMotionListener 接口,所以它同时充当着两个类别的鼠标事件监听器,适配器无法达到这个效果,其原因是 Java 不支持多继承。下面是利用鼠标适配器的应用示例。

```java
import java. awt. event. * ;
import java. awt. * ;
import javax. swing. * ;
import java. util. Vector;

public class TryMouseAdapter extends JFrame
{
    DrawPanel panel;
    public TryMouseAdapter()
    {
```

```
        super("MouseEvent 举例");
        panel=new DrawPanel();
        getContentPane().add(panel,BorderLayout.CENTER);
        setSize(300,300);
        show();
    }

    public static void main(String args[])
    {
        TryMouseAdapter frame=new TryMouseAdapter();
        frame.addWindowListener(new WindowAdapter(){
            public void windowClosing(WindowEvent e)
            {
                ((TryMouseAdapter)e.getSource()).dispose();
                System.exit(0);
            }
        });
    }
}

class DrawPanel extends Jpanel
{
    int x1,y1;
    int x2,y2;

    public DrawPanel()
    {
        setBackground(Color.white);
        addMouseMotionListener(new MotionHandle());
        addMouseListener(new MouseHandle());
    }
class MouseHandle extends MouseAdapter
{
    public void mousePressed(MouseEvent e)
    {
        x1=e.getx();
        y1=e.gety();
    }
}
class MotionHandle extends MouseMotionAdapter
{
    public void mouseDragged(MouseEvent e)
    {
        x2=e.getx();
        y2=e.gety();
```

```
        Graphics g = getGraphics();
        g.drawLine(x1,y1,x2,y2);
        x1 = x2;
        y1 = y2;
    }
}
```

9.6.5 ActionEvent 事件处理

1. 语义事件

语义事件是与组件有关的一些事件。例如,点击某个按钮组件就会产生 ActionEvent 事件;当复选按钮或单选按钮被选或取消选择时就会发生 ItemEvent 事件;当拖动滚动条时就发生 AdjustmentEvent 事件。这 3 个类别的事件分别用 ActionEvent、ItemEvent 和 AdjustmentEvent 类描述。上面 3 个类别的监听器接口分别为 ActionListener 接口、ItemListener 接口和 AdjustmentListener 接口,这 3 个接口的共同点是只包含一个抽象方法,如 9.5 节中表 9-4 所示,表 9-4 中列出了每个接口的成员方法。

实际上,语义事件与低级事件的处理方法基本一样,都需要利用相应的接口定义监听器类,然后再将监听器注册到相应的组件上。由于这些语义事件的监听器接口都只声明了一个方法,所以没有必要定义适配器,即语义事件的监视器接口没有提供相应的适配器。

ActionEvent 类中只包含一个事件,即执行动作事件 ACTION_PERFORMED。引发这个事件的途径有:

(1) 点击按钮;

(2) 双击列表中的选项;

(3) 选择单选按钮;

(4) 选择菜单项;

(5) 在文本中输入回车。

如果要对动作事件进行处理,则需定义一个实现 ActionListener 接口的监听器类,并将监听器注册到相应的组件上,一旦有动作事件发生,监听器会调用接口中的 actionPerformed(ActionEvent e)对发生的动作事件进行处理。

2. 按钮事件的处理

按钮是最常用的组件之一,点击按钮引发动作事件。使用和处理按钮组件需要经过下列基本步骤:

(1) 创建按钮对象;

(2) 将按钮对象添加到容器中;

(3) 设置响应点击按钮的操作。

例 9-5 设计了一个最简单的计算器,其中使用了大量的按钮组件。

例 9-5 处理按钮事件的应用示例。

```
//file name:CalculatorPanel.java
import java.awt. * ;
import java.awt.event. * ;
import javax.swing. * ;
public class CalculatorPanel extends JPanel          //计算器界面类
{
    private JLabel display;                          //显示结果
    private JPanel panel;
    private double result;
    private String lastCommand;
    private boolean start;

    public CalculatorPanel()
    {
        setLayout(new BorderLayout());

        result=0;
        lastCommand="=";
        start=true;

        display=new JLabel("0",swingConstants.RIGHT);
        display.setForeground(Color.black);          //设置前景颜色

        display.setBorder(BorderFactory.createCompoundBorder(
                BorderFactory.createLineBorder(Color.black),
                BorderFactory.createEmptyBorder(5,5,5,5)));

        add(display,BorderLayout.NORTH);
        ActionListener insert=new InsertAction();
        ActionListener command=new CommandAction();

        panel=new JPanel();
        panel.setLayout(new GridLayout(4,4));        //计算器按钮

        addButton("7",insert);
        addButton("8",insert);
        addButton("9",insert);
        addButton("/",command);
        addButton("4",insert);
        addButton("5",insert);
        addButton("6",insert);
        addButton(" * ",command);
        addButton("1",insert);
        addButton("2",insert);
        addButton("3",insert);
```

```
        addButton("-",command);
        addButton("0",insert);
        addButton(".",insert);
        addButton("=",command);
        addButton("+",command);
        add(panel,BorderLayout.CENTER);
    }

    private void addButton(String label,ActionListener listener)
    {
        JButton button=new JButton(label);
        button.addActionListener(listener);
        panel.add(button);
    }

    private class InsertAction implements ActionListener        //点击按钮监听器类
    {
        public void actionPerformed(ActionEvent event)
        {
            String input=event.getActionCommand();
            if (start) {
                display.setText("");
                start=false;
            }
            display.setText(display.getText()+input);
        }
    }

    private class CommandAction implements ActionListener       //点击按钮监听器类
    {
        public void actionPerformed(ActionEvent evt)
        {
            String command=evt.getActionCommand();

            if (start) {
                if (command.equals("-")) {
                    display.setText(command);
                    start=false;
                } else {
                    lastCommand=command;
                }
            } else {
                calculate(Double.parseDouble(display.getText()));
                lastCommand=command;
```

```
                    start=true;
                }
            }
        }

    public void calculate(double x)                          //计算
        {
            if (lastCommand. equals("+")) {
                result+=x;
            } else if (lastCommand. equals("-")) {
                result-=x;
            } else if (lastCommand. equals(" * ")) {
                result * =x;
            } else if (lastCommand. equals("/")) {
                result /=x;
            } else if (lastCommand. equals("=")) {
                result=x;
            }
            display. setText(""+result);
        }
    }


//file name:CalculatorFrame. java
import java. awt. * ;
import javax. swing. * ;
public class CalculatorFrame extends JFrame                  //顶层容器类
{
    public CalculatorFrame()
    {
        setTitle("Calculator");
        Container contentPane=getContentPane();
        CalculatorPanel panel=new CalculatorPanel();
        contentPane. add(panel);
    }

    public static void main(String[] args)
    {
        CalculatorFrame frame=new CalculatorFrame();
        frame. setDefaultCloseOperation(JFrame. EXIT_ON_CLOSE);
        frame. setSize(200,200);
        frame. setVisible(true);
        frame. setResizable(false);
    }
}
```

运行这个程序后应该在屏幕上看到如图 9-7 所示的结果。

这个程序实现了简单的计算器功能。其中定义了两个点击按钮的监听器类。一个是 InsertAction 内部类，在它声明的 actionPerformed(ActionEvent event) 中实现了拼接数字的功能；另一个是 CommandAction 内部类，在它声明的 actionPerformed (ActionEvent event) 中实现了计算、重新初始化数值的功能。不同的按钮注册不同的监听器将会产生不同的事件响应效果。

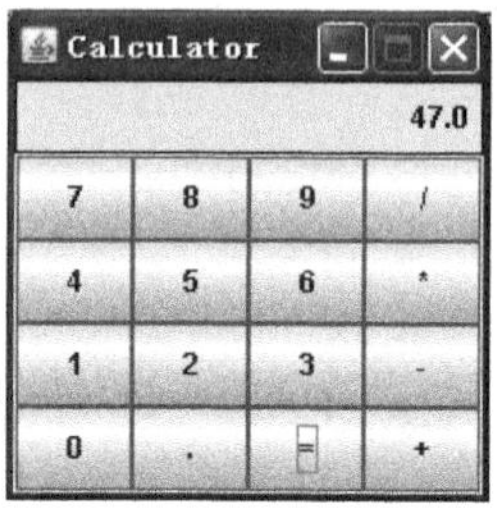

图 9-7　例 9-5 运行结果

3. 菜单事件的处理

选择一个菜单项与点击按钮一样，会产生一个 ActionEvent 类别的事件。为了能够处理每个菜单项，需要为每一个菜单项注册一个监听器。下面是一个处理菜单的例子。

例 9-6　处理菜单事件的应用示例。

```java
//file name:MenuTest.java
import java.awt. * ;
import java.awt.event. * ;
import javax.swing. * ;
import javax.swing.event. * ;

public class MenuTest
{
    public static void main(String[] args)
    {
        MenuFrame frame= new MenuFrame();
        frame.setDefaultCloseOperation(JFrame.EXIT_ON_CLOSE);
        frame.show();
    }
}

class MenuFrame extends JFrame
{
    public MenuFrame()
    {
        setTitle("MenuTest");
        setSize(WIDTH,HEIGHT);

        JMenu fileMenu= new JMenu("File");
        JMenuItem newItem= fileMenu.add(new TestAction("New"));

        JMenuItem openItem= fileMenu.add(new TestAction("Open"));
        openItem.setAccelerator(KeyStroke.getKeyStroke(
                    KeyEvent.VK_O,InputEvent.CTRL_MASK));
```

```
fileMenu. addSeparator();

saveItem＝fileMenu. add(new TestAction("Save"));
saveItem. setAccelerator(KeyStroke. getKeyStroke(
                    KeyEvent. VK_S,InputEvent. CTRL_MASK));

saveAsItem＝fileMenu. add(new TestAction("Save As"));
fileMenu. addSeparator();

fileMenu. add(new
    AbstractAction("Exit")
    {
        public void actionPerformed(ActionEvent event)
        {
            System. exit(0);
        }
    });

fileMenu. addMenuListener(new FileMenuListener());
readonlyItem＝new JCheckBoxMenuItem("Read-only");
ButtonGroup group＝new ButtonGroup();
JRadioButtonMenuItem insertItem＝new JRadioButtonMenuItem("Insert");
insertItem. setSelected(true);
JRadioButtonMenuItem overtypeItem＝new JRadioButtonMenuItem("Overtype");
group. add(insertItem);
group. add(overtypeItem);

Action cutAction＝new TestAction("Cut");
cutAction. putValue(Action. SMALL_ICON,new ImageIcon("cut. gif"));
Action copyAction＝new TestAction("Copy");
copyAction. putValue(Action. SMALL_ICON,new ImageIcon("copy. gif"));
Action pasteAction＝new TestAction("Paste");
pasteAction. putValue(Action. SMALL_ICON,new ImageIcon("paste. gif"));

JMenu editMenu＝new JMenu("Edit");
editMenu. add(cutAction);
editMenu. add(copyAction);
editMenu. add(pasteAction);

JMenu optionMenu＝new JMenu("Options");

optionMenu. add(readonlyItem);
optionMenu. addSeparator();
optionMenu. add(insertItem);
```

```
            optionMenu. add(overtypeItem);

            editMenu. addSeparator();
            editMenu. add(optionMenu);

            JMenu helpMenu=new JMenu("Help");
            helpMenu. setMnemonic('H');

            JMenuItem indexItem=new JMenuItem("Index");
            indexItem. setMnemonic('I');
            helpMenu. add(indexItem);

            Action aboutAction=new TestAction("About");
            aboutAction. putValue(Action. MNEMONIC_KEY, new Integer('A'));
            helpMenu. add(aboutAction);

            JMenuBar menuBar=new JMenuBar();
            setJMenuBar(menuBar);

            menuBar. add(fileMenu);
            menuBar. add(editMenu);
            menuBar. add(helpMenu);

            popup=new JPopupMenu();
            popup. add(cutAction);
            popup. add(copyAction);
            popup. add(pasteAction);

            getContentPane(). addMouseListener(new MouseAdapter() {
                public void mouseReleased(MouseEvent event)
                {
                    if (event. isPopupTrigger())
                        popup. show(event. getComponent(),
                            event. getX(), event. getY());
                }
            });
        }

        public static final int WIDTH=300;
        public static final int HEIGHT=200;

        private JMenuItem saveItem;
        private JMenuItem saveAsItem;
        private JCheckBoxMenuItem readonlyItem;
```

```
        private JPopupMenu popup;

        private class FileMenuListener implements MenuListener
        {
            public void menuSelected(MenuEvent evt)
            {
                saveItem.setEnabled(! readonlyItem.isSelected());
                saveAsItem.setEnabled(! readonlyItem.isSelected());
            }

            public void menuDeselected(MenuEvent evt) {}
            public void menuCanceled(MenuEvent evt) {}
        }
    }

    class TestAction extends AbstractAction
    {
        public TestAction(String name) { super(name);}
        public void actionPerformed(ActionEvent event)
        {
            System.out.println(getValue(Action.NAME)+"selected.");
        }
    }
}
```

运行结果如图 9-8 所示。

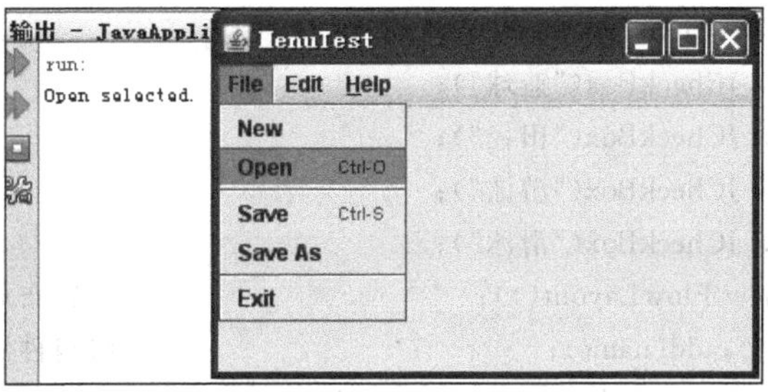

图 9-8 例 9-6 运行结果

9.6.6 ItemEvent 事件处理

复选按钮、单选按钮和列表都会引发 ItemEvent 事件。JCheckBox 对象支持复选按钮，它的状态是 on 或 off。JRadioButton 对象支持单选按钮，它与 ButtonGroup 类配合使用，该类用于将互相独立的按钮 JRadioButton 组件构成一个组。当用户单击复选按钮或单选按钮，使其状态发生改变时，触发 ItemEvent 事件。同样，当用户选中下拉列表中的某个选项时，也会触发 ItemEvent 事件。处理事件时，需实现 ItemListener 接口，触发 ItemEvent 事件的组件使用 addItemListener()实现注册监听，并调用接口中的 itemStateChanged

(ItemEvent e)方法对发生的事件做出处理。

下面是一个复选按钮、单选按钮事件处理的例子，在 itemStateChanged()方法中有处理两类按钮的状态改变时要执行的操作。

例 9-7 复选按钮、单选按钮事件处理应用示例。

```java
//file name:TestItemEvent.java
import java.awt. * ;
import javax.swing. * ;
import java.awt.event. * ;

public class TestItemEvent extends JFrame implements ItemListener
{
    JLabel prompt1,prompt2,prompt3;                    //声明 3 个 Label 对象
    JTextField name,jText;                             //声明 2 个 TextField 对象
    JCheckBox check1,check2,check3,check4;             //声明 4 个 Checkbox 对象
    JRadioButton maleBut,femaleBut;                    //声明两个单选按钮
    ButtonGroup group;                                 //单选按钮组
    public TestItemEvent(){                            //构造方法
        super("ItemEvent 事件处理举例");               //设置顶层窗口的标题
        prompt1=new JLabel("姓名:");                   //创建 Label 对象
        prompt2=new JLabel("性别:");
        prompt3=new JLabel("个人爱好:");
        name=new JTextField(10);
        jText=new JTextField(20);                      //显示结果
        maleBut=new JRadioButton("男");
        femaleBut=new JRadioButton("女");
        check1=new JCheckBox("篮球");
        check2=new JCheckBox("田径");
        check3=new JCheckBox("游泳");
        check4=new JCheckBox("滑冰");
        setLayout(new FlowLayout());                   //设置布局管理器
        add(prompt1);add(name);                        //将组件添加到窗口容器中
        add(prompt2);add(maleBut);add(femaleBut);
        add(prompt3);add(check1);add(check2); add(check3);add(check4);
        group=new ButtonGroup();                       //将两个单选按钮添加到一个组
        group.add(maleBut);group.add(femaleBut);
        add(jText);
        pack();
        show();
        maleBut.addItemListener(this);                 //为两个单选按钮注册事件监听器
        femaleBut.addItemListener(this);
        check1.addItemListener(this);                  //为 4 个复选按钮注册事件监听器
        check2.addItemListener(this);
        check3.addItemListener(this);
```

```
            check4. addItemListener(this);
    }
    //CheckBoxHandler,RadioButtonHandler
    public void itemStateChanged(ItemEvent e){            //单选按钮,复选按钮的事件处理
            String s[]={"","","","","",""};
            if( maleBut. isSelected())              s[1]="男";
            if (femaleBut. isSelected())            s[1]="女";
            if (check1. isSelected())               s[2]=check1. getText()+",";
            if (check2. isSelected())               s[3]=check2. getText()+",";
            if (check3. isSelected())               s[4]=check3. getText()+",";
            if (check4. isSelected())               s[5]=check4. getText();
            for (int i=1;i<6;i++)                   s[0]=s[0]+s[i];
            jText. setText(name. getText()+s[0]);
    }


    public static void main(String[] args)
    {
        TestItemEvent frame=new TestItemEvent();        //创建顶层窗口对象
        frame. setSize(350,180);
        frame. addWindowListener(new WindowAdapter(){         //处理关闭窗口事件
        public void windowClosing(WindowEvent e)
        {   System. exit(0);   }
        });
    }
}
```

运行这个程序后应该在屏幕上看到如图 9-9
所示的结果。

列表 JList 除了可以发生 ItemEvent 事件外，
还可以发生 ActionEvent 事件。当单击列表中的
某个选项时，会发生 ItemEvent 事件；当双击某个选项时，会发生 ActionEvent 事件。

图 9-9   例 9-7 运行结果

本 章 小 结

本章讲了 Java 的事件的处理的机制，事件源、监听器，处理事件的接口。

课 后 习 题

1. 基本概念

(1) 简述 Java 的事件处理机制。什么是事件源、事件监听器、适配器？

（2）说明什么是低级事件，高级事件，两者的区别？

（3）Java 的监听接口有哪些？

（4）动作事件的事件源有哪些？如何响应动作事件？

（5）鼠标事件有哪些？分别对应的接口是什么？如何响应鼠标事件？

（6）请阐述如何利用 Graphics2D 绘制基本图形？

（7）利用 Swing 组件设计一个简单的绘图实用工具。

2. 编程题

（1）请设计一个徒手绘制图形的应用程序。

（2）请设计一个程序，运行该程序后应该得到下列基本功能：

① 在窗口中显示设置颜色的几个按钮，例如，红色、绿色、蓝色、紫色等。

② 在窗口中显示几个绘制某种图元的按钮，例如，圆、椭圆、矩形、弧等。

③ 当点击某个按钮时，就会以相应的颜色显示相应的图元。

上机实践题

1. 实践题 1

【目的】　通过这道上机实践题的训练，可以加深理解 Java 图形用户界面应用程序所涉及的相关概念，感受软件重用的好处，学习"扫雷游戏"的基本算法。

【题目】　参照 Windows 系统中提供的"扫雷游戏"，设计并实现它。

【要求】　不需要设计菜单部分，用户界面如图 9-10 所示。

图 9-10　扫雷游戏

【提示】　将游戏的核心算法与用户界面分开设计，这样有易于应用程序的维护与扩展。

【扩展】　参照 Windows 系统中提供的"扫雷游戏"的计时功能给予实现。

2. 实践题 2

【目的】　通过这道上机实践题的训练，可以对 Java 的事件处理机制有进一步的了解，熟悉 GUI 程序设计的步骤。

　　【题目】 编写一个程序实现推箱子游戏,用键盘实现箱子的移动。

　　【要求】 设计如图 9-11 所示的用户界面。

图 9-11　推箱子游戏

第 **10** 章

多线程程序设计

目前,人们使用的操作系统大多属于多任务分时操作系统,这样可以在一台计算机上同时执行多个程序。例如,可以在一台计算机上边听歌、边聊天、边浏览网页。尽管音乐播放器、聊天程序和网页浏览器是 3 个独立的程序,但它们可以同时处于并发运行状态。实际上,3 个程序并不是真正地同时执行,只是将 CPU 的使用时间划分为一个个很小的时间片,并将这些时间片依次分配给等候执行的程序。获得当前时间片的程序开始执行,只要时间片的用时一到,不管其是否执行完毕立即中断,并将 CPU 的使用权交给获得下一个时间片的程序,刚才被中断执行的程序重新排队等待获得使用 CPU 的下一个时间片。采用这种方式让多个程序在同一个时间段内轮流执行。由于 CPU 的处理速度极快,划分的时间片又很短,所以给人的感觉是多个程序同时在运行。

进程是一个用来描述处于动态运状态的应用程序的概念,即一个进程就是一个执行中的程序,每个进程都有自己独立的地址空间,并可以包含多个线程。这些线程将共享进程的地址空间及操作系统分配给这个进程的资源。线程一般指进程中的一个执行流,多线程指在一个进程中同时运行多个不同的线程,每个线程分别执行不同的任务。例如,可以编写一个包括两个线程的 Java 程序。一个线程用于承担接受用户输入的任务;另一个线程用于完成数值运算的任务。这样设计可以提高 CPU 的使用效率。本章主要介绍利用 Java 语言实现多线程程序设计的相关概念和方法。

10.1　创　建　线　程

多线程机制是 Java 语言的一个重要特性。Java 虚拟机正是通过多线程机制来提高程序运行效率的。合理地设计并编写多线程程序,可以更加充分地利用计算机的资源,提高程序的执行效率。Java 语言提供了支持多线程程序设计的 API 类库,利用它们可以很轻松地创建线程类对象,并控制线程的执行。

下面介绍在 Java 程序中创建线程的基本方式。

10.1.1　利用 Thread 类创建线程

Thread 类的声明在 java.lang 包中,其中封装了创建和控制线程操作的所有成员方法。如果需要创建线程应该先声明一个 Thread 类的子类,并且覆盖其中的 run() 成员方

法,并将线程执行的程序代码写在其中。例如,

```
public class MyThread extends Thread
{
    public void run()                                    //自定义线程的 run()方法
    {

        System. out. println("MyThread is running…");
    }
}
```

注意,尽管在 Thread 的子类中覆盖了 run()成员方法,但用户不能直接调用它,而是需要通过调用 Thread 类提供的 start()成员方法间接地使用它。在执行 start()时应先进行初始化,再调用 run()方法。run()成员方法执行完毕后线程就结束,并且不能再次启动。

例 10-1 声明 Thread 子类,创建线程对象的示例。

这个程序将创建两个线程对象,并分别实现重复显示 0~7 数字的功能。

```
//file name:MyThread_1. Java
public class MyThread_1 extends Thread
{
    public void run()
    {
        for (int n=1;n<5;n++) {
            for (int i=0;i<8;i++) {
                System. out. print(getName()+"("+i+")");
            }
            System. out. println();
        }
        System. out. println("exit from"+Thread. currentThread(). getName());
    }
}
```

```
//file name:MultiThread_1. java
public class MultiThread_1
{
    public static void main(String args[])
    {
        Thread t1=new MyThread_1();
        t1. setName("T1");
        Thread t2=new MyThread_1();
        t2. setName("T2");
        t1. start();
        t2. start();
        System. out. println("exit from"+Thread. currentThread(). getName());
    }
}
```

运行这个程序后将会在屏幕上看到下列结果。

```
exit from main
T1 (0) T1 (1) T1 (2) T1 (3) T1 (4) T1 (5) T1 (6) T1 (7)
T1 (0) T1 (1) T1 (2) T1 (3) T1 (4) T1 (5) T1 (6) T1 (7)
T1 (0) T1 (1) T1 (2) T1 (3) T1 (4) T1 (5) T1 (6) T1 (7)
T1 (0) T1 (1) T1 (2) T1 (3) T1 (4) T1 (5) T1 (6) T1 (7)
exit from T1
T2 (0) T2 (1) T2 (2) T2 (3) T2 (4) T2 (5) T2 (6) T2 (7)
T2 (0) T2 (1) T2 (2) T2 (3) T2 (4) T2 (5) T2 (6) T2 (7)
T2 (0) T2 (1) T2 (2) T2 (3) T2 (4) T2 (5) T2 (6) T2 (7)
T2 (0) T2 (1) T2 (2) T2 (3) T2 (4) T2 (5) T2 (6) T2 (7)
exit from T2
```

可以看到,在这个程序中创建了两个 MyThread_1 线程对象,并依次调用 start() 成员方法。由于每个线程的任务只显示 4 行文字,没有复杂的处理,所以每个线程在一个时间片中就可以完成自己的任务,从结果中看到的情形是先执行线程 T1,再执行线程 T2。如果试着将 run() 中外层的循环次数改成 10000,再次运行这个程序就可以看到两个线程并发执行的效果,即当一个线程的时间片用完时,另一个线程就可以获得使用 CPU 的时间片。

10.1.2 利用 Runnable 接口创建线程

创建线程需要先声明一个 Thread 的子类,由于 Java 只支持单继承,当在某些情况下还需要继承其他类时就带来了实现上的麻烦。为解决这个问题,Java 提供了另外一种声明线程类的途径——实现 Runnable 接口。

下面介绍使用这种方式创建、启动线程的基本过程。

(1) 定义一个实现 Runnable 接口的类,在这个接口中只含有一个名为 run() 的抽象方法。Runnable 接口的程序代码如下:

```
public interface Runnable
{
    public abstract void run();
}
```

(2) 以实现 Runnable 接口的类对象为参数创建一个 Thread 类对象。
(3) 调用 Thread 类对象的 start() 方法启动线程。

例 10-2 实现 Runnable 接口,创建线程对象。

```
//filen name:MyThread_2.java
public class MyThread_2 implements Runnable
{
    int i;
    public void run()
    {
        for (int i=1;i<=10;i++) {
            System.out.println("MyThread_2 is running…"+i);
```

```
            }
        }
    }
//file name:MultiThread_2.java
public class MultiThread_2
{
    public static void main(String args[])
    {
        MyThread_2 thread＝new MyThread_2();
        Thread threadObj＝new Thread(thread);
        threadObj.start();
    }
}
```

运行这个程序后将会在屏幕上看到下列结果：

MyThread_2 is running…1
MyThread_2 is running…2
MyThread_2 is running…3
MyThread_2 is running…4
MyThread_2 is running…5
MyThread_2 is running…6
MyThread_2 is running…7
MyThread_2 is running…8
MyThread_2 is running…9
MyThread_2 is running…1

在创建线程对象时，还可以使用 Thread 类提供的下面几种构造方法。

```
public Thread();
public Thread(Runnable target);
public Thread (Runnable target,String name);
public Thread (String name);
public Thread (ThreadGroup group,Runnable target);
public Thread(ThreadGroup group,Runnable target,String name);
public Thread(ThreadGroup group,String name);
```

其中 group 指出线程所属的线程组；target 表示实际执行线程的目标对象，它必须实现接口 Runnable；name 是线程名。Java 中的每个线程都有自己的名称，如果 name 为 null,Java 将自动提供一个唯一的名称。

10.2 线程状态的转换

10.2.1 线程的状态

线程是一个动态运行的实体，在一个线程的生命周期中，它将处于新建状态、可运行状态、阻塞状态或死亡状态。

（1）新建状态：利用 new 运算符创建线程对象之后、调用 start()成员方法之前就是线程的新建状态。

（2）可运行状态：一旦调用 start()成员方法，线程就变为可运行状态。实际上，处于这个状态的线程可能正在执行，也可能没有执行，这取决于是否获得了 CPU 的时间片及相关资源。

（3）阻塞状态：当一个线程等待某个事件发生时就会让出 CPU 变为阻塞状态。例如，调用了 sleep()或者 wait()成员方法，或者等待 I/O 设备资源等。当等待的事件发生后，或得到了需要的资源后就会重新变为可运行状态。

（4）死亡状态：死亡状态是线程生命周期中的最后一个阶段，处于这个状态的线程不再具有执行的能力。有两种情况可能会导致线程变为死亡状态：一是正常运行的线程完成了全部工作；二是线程被强行终止。

线程就是这样在上述 4 个状态之间不断变换，直到死亡为止。图 10-1 是线程状态变换的示意图。

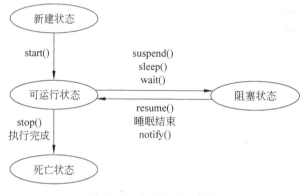

图 10-1　线程状态的变换

10.2.2　线程的优先级及其调度

在 Java 程序中，每一个线程都有一个优先级。在默认情况下，线程将继承其父线程的优先级。所谓父线程是指启动这个线程的线程。当线程调度器需要挑选一个新线程运行时，将优先考虑优先级别较高的线程。

可以调用 Thread 类的 setPriority(int level) 成员方法为某个线程设置优先级。例如，假设 threadObj 是一个 Thread 类对象，可以这样设置优先级：

```
threadObj. setPriority(6);
threadObj. setPriority(3);
```

在 Thread 类中还有 3 个常量 MIN_PRIORITY、MAX_PRIORITY、NORMAL_PRIORITY 分别表示优先级为 1、10 和 5，它们代表最低优先级、最高优先级和普通优先级。

注意：Java 程序中使用的线程优先级依赖于运行 Java 程序的环境。当运行系统的优先级与 Java 设置的优先级有差别时，Java 中的优先级将会被映射成运行系统的优先级。因此，建议不要让程序的执行完全依赖于线程的优先级。

10.3 线 程 控 制

在利用多线程技术解决实际问题时,如何协调几个线程之间的关系、如何把握每个线程的执行时机和如何控制每个线程的状态转换是需要考虑的几个关键问题。下面介绍 Java 提供的线程控制的实现方式。

每个线程在生命周期中都会自始至终在新建状态、可运行状态、阻塞状态和死亡状态之间转换。在 Java 语言中状态转换是利用表 10-1 列出的 Thread 类成员方法实现的。

表 10-1 Thread 类中线程控制方法

方 法 名	功 能 说 明
private synchronized void start()	启动一个线程
final void stop()	终止一个线程,已经过时,建议不要使用
final void suspend()	挂起一个线程
final void resume()	使挂起的线程恢复执行,从 JDK 1.2 开始,suspend ()方法和 resume()已经被废弃
static native void sleep(long milis) static void sleep(long nillis,int nanos)	使线程休眠
static native void yield()	挂起当前线程,把 CPU 让给其他线程
final synchronized void join(long millis,int nanos) final void join() throws InterruedException	挂起当前线程,直到线程停止
void interrupt()	中断线程
boolean isAlive()	判断线程是否处于可运行状态

10.3.1 基本的线程控制方法

1. 启动线程

当在程序中利用 new 运算符新建一个线程时,它并没有启动,而是需要调用启动线程的 start()成员方法后,才能让线程从新建状态转换为可运行状态。在这个状态下,一旦线程获得了 CPU 使用权及所需的资源就开始执行,并调用 run()成员方法执行其中的程序代码。这就是启动线程的过程。

2. 终止线程

终止线程需要调用 stop()成员方法结束线程的生命周期,即让线程进入死亡状态。这个状态的线程不能被调度执行,即使调用 start()方法也不能启动。

但是,stop()方法只是 Thread 类的方法,当用户使用 Runnable 接口创建线程时,不能使用 stop()方法终止线程。从 JDK 1.2 开始,stop()方法已被废弃。

3. 挂起和恢复线程

有几种方法可以挂起一个线程，并在适当的时候恢复其执行。

1) sleep() 方法

这个方法使得当前线程由运行状态进入阻塞状态，被阻塞的时间由参数决定。时间到后线程进入可运行状态。毫秒级和纳秒级的 sleep() 方法分别定义如下：

```
public static void sleep(long millis);                    //睡眠,ms 毫秒级
public static void sleep(long millis,long nanos);         //睡眠,ms 毫秒或 ns 纳秒级
```

注意：sleep() 是静态方法，不需要特定的 Thread 对象就可以调用它。另外，sleep() 方法有一个与之相关的异常 InterruptException，每次调用 sleep() 方法，程序都会抛出这个异常。

2) suspend() 和 resume() 方法

调用线程的 suspend() 方法使线程暂时由可运行状态切换到阻塞状态。如果这个线程需要再次可运行状态，必须由其他线程调用 resume() 方法来实现。

从 JDK1.2 开始 suspend() 和 resume() 方法已被废弃，建议使用 wait() 和 notify() 机制。

4. 阻塞线程

wait() 方法使线程切换到阻塞状态，直到被唤醒或者 timeout 指定的时间到时。下面是几种 wait() 方法的格式。

```
public final void wait(long timeout) throws InterruptedException;
public final void wait(long timeout,int nanos) throws InterruptedException;
public final void wait() throws InterruptedException;
```

5. 唤醒线程

有几种方法可以唤醒处于阻塞状态的线程。

1) notify() 方法和 notifyAll() 方法

notify() 方法和 notifyAll() 方法用于唤醒被阻塞的线程。notify() 方法用来唤醒一个处于阻塞状态的线程，任何一个已经满足了被唤醒条件的线程都可能被唤醒。如果想唤醒所有处于等待状态的线程，可以使用 notifyAll() 方法。

2) interrupt() 方法

如果某个线程由于调用 sleep() 方法或 wait() 方法而处于阻塞状态，可以调用 interrupt() 方法使之唤醒。interrupt() 方法通过抛出异常 InterruptException 来强制使 sleep() 或者 wait() 方法的调用提前返回。

6. 线程让步

当多个线程之间需要合作完成一项任务时，可以利用 yield() 方法强制线程间的合作。这个方法可以使一个线程让出 CPU 给其他可运行的线程运行。当前线程等待调用该方法

的线程运行结束后,再恢复执行。如果当前没有其他可运行线程,yield()方法什么也不做,即该线程将继续运行。这个方法较 suspend()方法和 sleep()方法的好处是能够保证尽可能不让 CPU 空闲。

7. 等待其他线程结束

一个线程 A 调用另外一个线程 B 的 join()方法可以使线程 A 暂时停止运行,直至线程 B 终止。但是,如果 B 线程已经运行结束,则 B. join()不会产生任何结果。利用 join()方法可以实现线程之间的同步。

8. 判断线程是否处于活动状态

Thread 类中的 isAlive()方法用于判断线程是否处于活动状态。线程由 start()方法启动后,直到其被终止之间的任何时刻,都处于 Alive 状态。

10.3.2 线程控制举例

例 10-3 线程控制方法 wait()和 notify 的应用。

本程序创建两个线程,要求线程的输出顺序是:线程 t2 输出 10 次、线程 t1 输出 10 次、线程 t2 输出 10 次、线程 t1 输出 10 次……

```java
//file name:TestThreadMethod. java
public class TestThreadMethod
{
    public static void main(String[] args)
    {
        ShareRunnable share=new ShareRunnable();
        Thread t1=new Thread(share,"t1");
        Thread t2=new Thread(share,"t2");
        t1. start();
        t2. start();
    }
}


//file name:ShareRunnable. java
public class ShareRunnable implements Runnable
{
public void run()
{
    synchronized (this) {
        for (int i=1;i<=100;i++) {
            System. out. print(Thread. currentThread(). getName()+":"+i+"");
            if (i % 10==0) {
                System. out. println();
                    try {
                        notifyAll();                          //唤起其他线程
```

```
                                    if (i==100)break;
                                    else wait();
                                } catch (InterruptedException e) {
                                    e.printStackTrace();
                                }
                            }
                        }
                    }
                }
            }
```

部分输出结果如下：

```
t2:1   t2:2   t2:3   t2:4   t2:5   t2:6   t2:7   t2:8   t2:9   t2:10
t1:1   t1:2   t1:3   t1:4   t1:5   t1:6   t1:7   t1:8   t1:9   t1:10
t2:11  t2:12  t2:13  t2:14  t2:15  t2:16  t2:17  t2:18  t2:19  t2:20
t1:11  t1:12  t1:13  t1:14  t1:15  t1:16  t1:17  t1:18  t1:19  t1:20
t2:21  t2:22  t2:23  t2:24  t2:25  t2:26  t2:27  t2:28  t2:29  t2:30
t1:21  t1:22  t1:23  t1:24  t1:25  t1:26  t1:27  t1:28  t1:29  t1:30
    ⋮
```

例 10-4 观察 sleep()方法和 join()方法的使用示例。

```java
//file name:TestJoinMethod.java
public class TestJoinMethod
{
    public static void main(String args[])
    {
        Threadjoin t=new Threadjoin();
        t.customer.start();
        t.comMaker.start();
    }
}


//file name:Threadjoin.java
public class Threadjoin implements Runnable
{
    Computer computer;
    Thread customer,comMaker;
    Threadjoin()
    {
        customer=new Thread(this);
        comMaker=new Thread(this);
        customer.setName("学生");
        comMaker.setName("电脑制造商");
    }

    public void run()
```

```
        {
            if (Thread. currentThread()==customer) {
                System. out. println(customer. getName()+"等"+comMaker. getName()+"生产电脑");
                try{
                    comMaker. join();
                }
                catch(InterruptedException e){}
                System. out. println(customer. getName()+"买了一台电脑:"+
                                        computer. name+" 价钱:"+computer. price);
            }
            else
                if(Thread. currentThread()==comMaker){
                    System. out. println(comMaker. getName()+"开始生产电脑,请等待…");
                    try{
                        comMaker. sleep(2000);
                    }
                    catch(InterruptedException e) {}
                    computer=new Computer("联想",7288);
                    System. out. println(comMaker. getName()+"生产完毕");
                }
        }
    }


//file name:Computer. java
public class Computer
{
    float price;
    String name;
    Computer(String name,float price)
    {
        this. name=name;
        this. price=price;
    }
}
```

运行这个程序后将会在屏幕上看到如下结果。

电脑制造商开始生产电脑,请等待…
学生等电脑制造商生产电脑
电脑制造商生产完毕
学生买了一台电脑:联想　价钱:7288.0

10.4　多线程的同步与互斥

在基于多线程的系统中,线程之间不是孤立的,多个线程可能共享某些资源,如共享变量或者外部设备等。当多个线程试图同时修改这些变量或者设备的内容时,就会造成冲突。

例如,一个线程要读取数据,另外一个线程要处理这些数据。当处理数据的线程没有等到读取数据的线程读取完毕就去处理数据,必然得到错误的处理结果。因此,系统必须对线程进行同步控制,等到第一个线程读取完数据,第二个线程才能处理该数据,从而避免发生错误。

10.4.1　临界区与互斥

简单地说,在一个时刻只能够被一个线程访问的资源称为临界资源,而访问临界资源的那段代码则被称为临界区。临界区的使用必须互斥地进行,即一个线程在临界区中执行代码时,其他线程不能够进入临界区。下面将通过实例说明多个线程并发操作时可能引起的数据混乱,让读者体会临界区和互斥的概念。

例 10-5　模拟订票业务的程序。

Booking 类代表自动售票员,其中包含一个订票方法 sale()。设一开始有 100 张可以预订的票。程序运行时产生两个订票客户同时向自动售票员订票。

```java
//file name:Booking.java
public class Booking
{
    private int tickets=100;
    public void sale(int num)
        {
            if(num<=tickets) {
                System.out.println("预订"+num+"张");
                try{
                    Thread.sleep(10);                      //模拟花费时间
                }catch (Exception e) {
                    e.printStackTrace();
                }
                tickets=tickets-num;
            }
            else {
                System.out.println("剩余票不够,无法预订");
            }
            System.out.println("还剩"+tickets+"票");
        }
}


//file name:BookingTest.java
public class BookingTest implements Runnable
{
    Booking bt;
    int num;
    BookingTest(Booking bt,int num)
    {
        this.bt=bt;
        this.num=num;
```

```
            new Thread(this). start();
        }

    public void run()
    {
        bt. sale(num);
    }
}

//file name:TestMutual. java
public class TestMutual
{
    public static void main(String[] args)
    {
        Booking t1＝new Booking();
        new BookingTest(t1,70);
        new BookingTest(t1,50);
    }
}
```

程序运行时,两个订票线程将同时调用自动售票员对象 bt 的实例方法 sale(),而该方法又访问售票员对象的实例变量 tickets。在程序运行过程中,如果处理顺序如下:

线程 1(预定 70 张票):判断 num＜＝tickets,结果为 true,然后进入阻塞;
线程 2(预定 50 张票):判断 num＜＝tickets,结果为 true,然后进入阻塞;
线程 1:　　　　　　　　订票,即计算 ticket＝ticket－num;
线程 2:　　　　　　　　订票,即计算 ticket＝ticket－num;

预订 70 张
预订 50 张
还剩 30 张
还剩－20 张

可以看出,多个线程共享变量 tickets 并对其进行修改时,导致了错误的结果。因为共享变量 tickets 是一个临界资源,因此一个时刻只能被一个线程访问。其中,访问临界资源的那段代码 Booking 为临界区。

如果能够控制多个线程不同时进入临界区工作,就可以避免上述错误。当然,如果不考虑购票所花费的时间,即线程中没有 sleep 延时,则结果正确,但现实中总是需要一定的并发处理时间。下面讨论用于解决这类问题的 Java 的互斥锁机制。

10.4.2　Java 的互斥锁机制

为解决多线程并发操作可能引起的数据混乱,在 Java 语言中,引入了对象"互斥锁"的概念,以保证共享数据操作的完整性。每个 Java 对象都对应于一个"互斥锁"标记,这个标记用来保证在任一时刻只能有一个线程访问该对象。一旦某个线程获得了这个对象的锁,如果其他线程希望获得该锁,只能等待线程将锁释放掉。

关键字 synchronized 用来与对象的互斥锁联系。当某个对象用 synchronized 修饰时,表明这个对象在任一时刻只能由一个线程访问。此时,如果另外一个线程也要访问这个对象,只能等到这个对象的锁被打开。

Java 中的 Synchonized 关键字有两种用法:synchronized 方法和 synchronized 块,也称为同步方法和同步块。

1. synchonized 方法

synchronized 方法用于锁定一个方法。将 synchronized 标记加在方法之前就可以将这个方法声明为互斥。此时,整个方法体就成为临界区。其声明格式为:

```
synchronized<方法声明>{
<方法体>
}
```

它与下面的声明效果相同:

```
<方法声明>{
synchronized(this){
<方法体>
}
}
```

在例 10-5 中,可以用 synchronized 修饰 sale()方法,使其成为一个临界区。

```
public class Booking
{
    private int tickets=100;
    public synchronized void sale(int num)
    {
        ⋮
    }
}
```

这样就可以得到一个正确的结果。假如先进入 booking 方法的是第一个线程,则程序的输出结果应该是:

```
预订 70 张
还剩 30 票
剩余票不够,无法预订
还剩 30 票
```

2. synchronized 块

synchronized 块用来锁定一段程序。将 synchronized 关键字加在某代码块之前,就可声明该代码块为 synchronized 块,从而使该代码块成为互斥使用的代码块。声明格式为:

```
synchronized<对象名>{
<代码块>
```

```
}
```

例如：

```
public void run() {
    synchronized(bt) {
        bt. sale(num);
    }
}
```

10.4.3　线程的同步

在很多应用中，线程之间通常需要合作，如相互间传送数据完成一项任务。这就要求当某个线程未获得其合作线程发来的数据之前，该线程阻塞，直到该数据到来时才被唤醒。这类问题被称为线程的同步问题。线程间的同步控制是多线程系统中要解决的一个重要问题。下面以生产者-消费者这个一般的同步模型进行讨论。

例 10-6　生产者-消费者（未进行同步控制）模型。

```
//file name:Producer. java
public class Producer extends Thread
{
    private PCQueue pcqueue;
    private int number;
    public Producer(PCQueue c,int number)                          //生产者线程
    {
        pcqueue＝c;
        this. number＝number;
    }
    public void run()
    {
        for(int i＝0;i＜10;i＋＋){
            pcqueue. put(i);                                       //向缓冲区中写数据
            System. out. println("Procuder ＃"＋this. number＋"put:"＋i);
            try{
                sleep( (int) Math. random() ＊ 100 );
            } catch (InterruptedException e){}
        }
    }
}

//file name:PCQueue. java
public class PCQueue                                               //缓冲区
{
    private int seq;
    public synchronized int get()
    {
```

```
            return seq;
        }
        public synchronized void put(int value)
        {
            seq=value;
        }
    }
```

```
//file name:Consumer.java
public class Consumer extends Thread                          //消费者线程
{
    private PCQueue pcqueue;
    private int number;
    public Consumer(PCQueue c,int number)
    {
        pcqueue=c;
        this.number=number;
    }
    public void run()
    {
        int value=0;
        for(int i=0;i<10;i++) {
            value=pcqueue.get();                              //从缓冲区中取数据
            System.out.println("Consumer #"+this.number+"got"+value);
        }
    }
}
```

```
//file name:ProducerConsumer.java
public class ProducerConsumer
{
    public static void main(String[] args)
    {
        PCQueue c=new PCQueue ();
        Producer p1=new Producer(c,1);
        Consumer c1=new Consumer(c,1);
        p1.start();
        c1.start();
    }
}
```

运行上述程序并分析结果后可以发现：生产者和消费者作为线程之间同步的一般模型，其中既有同步问题，又有互斥问题。可以看出，由于没有对生产者和消费者之间进行互斥及同步控制，导致结果出现错误。

下面对例 10-6 的代码进行两点改进。

（1）将 get()方法和 put()方法声明为 synchronized 方法，确保生产者在对缓冲区写数据时，消费者不能读数据，实现生产者和消费者之间的互斥。

（2）当缓冲区中没有可读的数据时，即为空时，使消费者等待（调用 wait()方法）；而当缓冲区满时，使生产者等待，而在数据到达或者缓冲区可使用时，通知对方（调用 notifyAll()方法）。

例 10-7 例 10-6 程序代码的改进（增加了同步控制）

```java
//file name:Producer.java
public class Producer extends Thread
{
    private PCqueue pcqueue;
    private int number;
    public Producer(PCqueue c,int number)          //定义生产者线程
    {
        pcqueue=c;
        this.number=number;
    }
    public void run()
    {
        for (int i=0;i<10;i++) {
            pcqueue.put(i);
            System.out.println("Producer #"+this.number+"put:"+i);
            try {
                sleep((int) Math.random() * 100);
            } catch (InterruptedException e) { }
        }
    }
}


//file name:PCqueue.java
public class PCqueue                                //定义缓冲区
{
    private int seq;
    private boolean available=false;
    public synchronized int get()
    {
        while (available==false) {
            try {
                wait();
            } catch (InterruptedException e) { }
        }
        available=false;
        notifyAll();
        return seq;
    }
}
```

```java
    public synchronized void put(int value)
    {
        while (available==true) {
            try {
                wait();
            } catch (InterruptedException e) { }
        }
        available=true;
        seq=value;
        notifyAll();
    }
}
```

```java
//file name:Consumer. java
public class Consumer extends Thread                              //消费者线程
{
    private PCqueue pcqueue;
    private int number;
    public Consumer(PCqueue c,int number)
    {
        pcqueue=c;
        this. number=number;
    }
    public void run()
    {
        int value=0;
        for (int i=0;i<10;i++) {
            value=pcqueue. get();
            System. out. println("Consumer #"+this. number+"got"+value);
        }
    }
}
```

```java
//file name:ProducerConsumerDemo. java
public class ProducerConsumerDemo
{
    public static void main(String[] args)
    {
        PCqueue c=new PCqueue();
        Producer p1=new Producer(c,1);
        Consumer c1=new Consumer(c,1);
        p1. start();
        c1. start();
    }
}
```

可以建立多个生产者线程和多个消费者线程,再运行这个程序,观察结果的变化情况。

从上述实例可以看出，当线程在继续执行前需要等待一个条件时，仅有 synchronized 关键字是不够的。虽然 synchronized 关键字阻止并发更新一个对象，但多个线程通常需要合作完成一项任务，这些线程之间往往会交换一些数据，因此需要相互通信。wait()、notify()和 notifyAll()这 3 个成员方法可联合使用，用于协调多个线程对共享数据的存取。

例 10-8　编写多线程程序，用来模拟银行中多个用户的存款、取款活动。

```java
//file name：Account.java
public class Account
{
    private String name;
    private float amount;
    public synchronized void deposit(float amt)
    {
        float tmp＝amount;
        tmp＋＝amt;
        try {
            Thread.sleep(1);                //模拟其他处理所需要的时间，比如刷新数据库等
        } catch (InterruptedException e) {}
        amount＝tmp;
    }
    public synchronized float withdraw(float amt)
    {
        float tmp＝amount;
        if (tmp＞＝amt) {
            tmp－＝amt;
        }
        else {
            tmp＝0;                         //剩余金额不够时，取走全部金额
            System.out.println("预取"＋amt＋",剩余金额不足! 仅能取走"＋amount);
        }
        try {
            Thread.sleep(1);                //模拟其他处理所需要的时间，比如刷新数据库等
        } catch (InterruptedException e) {}
        amount＝tmp;
        return amount;
    }
    public float getBalance()
    {
        return amount;
    }
}


//file name：DepositThread.java
public class DepositThread extends Thread          //存款线程
{
```

```
        private Account a1;
        private float amount;

        public DepositThread(Account a1,float amount)
        {
            this.a1=a1;
            this.amount=amount;
        }

        public void run()
        {
            synchronized (a1) {
                float k=a1.getBalance();
                try {
                    sleep(1);                              //模拟花费时间
                } catch (InterruptedException e) {}
                a1.deposit(amount);
                System.out.println("现有"+k+",存入"+amount+",余额"+a1.getBalance());
            }
        }
    }

//file name:WithdrawThread.java
public class WithdrawThread extends Thread                 //取款线程
{
    private Account a1;
    private float amount;
    public WithdrawThread(Account a1,float amount)
    {
        this.a1=a1;
        this.amount=amount;
    }
    public void run()
    {
        synchronized (a1) {
            float k=a1.getBalance();
            try {
                sleep(1);                                  //模拟花费时间
            } catch (InterruptedException e) {}
            float m=a1.withdraw(amount);
        }
    }
}

//file name:AccountTest.java
```

```
public class AccountTest
{
    public static void main(String[] args)
    {
        Account a1 = new Account();
        (new DepositThread(a1,500)).start();
        (new DepositThread(a1,200)).start();
        (new WithdrawThread(a1,150)).start();
    }
}
```

注意：在这个程序中，Account 类的 amount 成员变量会同时被多个线程所访问，因此对它的访问必须进行控制，以避免一个线程的改动被另一个线程所覆盖。但是，Account 类的 getBalance( ) 也访问了 amount，这里并不需要对 getBalance()进行同步，因为 getBalance()不会修改 amount 的值，所以，同时多个线程对它访问不会造成数据的混乱。

本 章 小 结

本章介绍了创建 Java 多线程的基本方法，并通过实例描述了线程的状态转换、互斥锁机制以及同步控制等问题。Java 语言对多线程提供了广泛的支持，利用 Java 的多线程机制能够很方便地创建多个线程来实现多个任务的同步执行，这一机制对实现资源共享、提高整个程序的运行效率极为有用。通过本章的学习，读者应该能够认识使用线程的特点，并在 Java 程序设计中自觉使用多线程进行程序设计。

课 后 练 习

1. 基本概念

（1）有几种方式创建线程？

（2）Runnable 接口中包括哪些抽象方法？Thread 类有哪些主要成员变量和成员方法？

（3）线程有哪几种基本状态？描述各状态之间进行转换的条件及实现方法。

（4）阐述通过继承 Thread 类和通过实现 Runnable 接口来实现多线程的步骤有何不同？

（5）用于控制线程的常用方法有哪些？

2. 编程题

（1）创建两个线程，每个线程打印出线程名字后再睡眠，给其他线程以执行的机会。主线程也要打印出名字后再睡眠。每个线程前后共睡眠 5 次，要求分别采用从 Thread 中继承和实现 Ruunable 接口两种方式来实现。

（2）编写一个 Java 应用程序，在主线程中再创建 3 个线程：Counter、Printer 和 Storage。其中，Counter 线程的主要作用是从 0 开始计数，并将产生的每个数存放到 Storage 线程中。Printer 线程的作用是不断读取 Storage 线程中存放的数并打印出来。使用同步机制,确保每个只能被打印一次。

(3) 编写一个程序,创建两个线程模拟会计和出纳。两个线程共享变量 money。当 money 的值小于 150 时,会计线程会结束自己的运行;当 money 的值小于 0 时,出纳线程也结束自己的运行。

(4) 编写程序实现多个线程并发读取一个文本文件,线程工作过程如下:每次读取一行,计算其中包含的单词数、字符数为奇数的单词数以及字符数为偶数的单词数。主线程在结束前打印出相关字符数的个数。

(5) 编写一个多线程的程序完成排序程序。先产生一个大于 10 的随机整数 n,再产生 m 个随机数并存放于数组中,然后创建两个线程并发地对所生成的随机数分别进行排序。其中,一个线程要求用冒泡排序法进行排序,另一个线程要求采用快速排序法进行排序。最后比较这两个线程排序的结果。

3. 思考题

(1) synchronized 这个关键字用于保护共享数据,阻止其他线程对共享数据的同时存取。如何才能在当前线程还没退出 synchronized 数据块时让其他线程也有机会访问共享数据?

(2) sleep()方法和 yield()类似,都可以使线程放弃 CPU。分析它们在使用上的差异。

4. 知识扩展

(1) 利用 Java 的互斥锁机制可以实现多线程的同步,但在线程竞争频繁的环境下会大大影响性能。从 JDK5.0 版本开始,可以使用原子类来进行无阻塞的线程协调。相关的 API 位于新增加的 java.util.concurrent.atomic 包中,原子类使用硬件提供的同步指令实现多线程协调。请读者自行查找相关资料,并对锁定和非锁定方式实现多线程的同步加以比较。

(2) 从 JDK1.5 开始,更加强调对线程的异常处理。如果线程没有捕获异常,那么 JVM 会寻找相关的 UncaughtExceptionHandler 实例,并调用它的 uncaughtException(Thread t, Throwable e)方法。请进一步了解 Thread 类中设置的异常处理的相关方法的使用。

上机实践题

1. 实践题 1

【目的】 通过这道上机实践题的训练,掌握创建线程以及线程同步控制的基本方法,加深对同步概念的理解和相关方法的使用,体会 Java 多线程的同步运行机制。

【题目】 考虑一个工厂的生产车间和销售部门,生产车间将产品生产出来放在仓库中,销售部门从仓库中提走产品。利用 Java 的多线程机制使它们能够协同工作。

【要求】 销售部门必须在仓库中有产品时才能提货;假如仓库中没有产品,则销售单位必须等待。线程之间的交互信息能够显示在屏幕上。

【提示】 定义一个仓库类 Store,在 Store 类中定义两个成员方法,分别模拟生产车间的员工往仓库中添加产品和销售部门的员工从仓库中取走产品。然后定义两个线程类：Customer 类模拟销售者，实现从仓库中取走产品；另外一个线程类 Producer 模拟产品制造者向仓库添加产品。在主类中创建并启动线程，实现向仓库中添加产品或取走产品。

【扩展】 先创建一个销售者和一个产品制造者，再扩展到创建多个销售者和多个产品制造者。

2. 实践题 2

【目的】 通过这道上机实践题的训练，掌握线程创建以及线程同步控制方法的使用，加深对同步概念的理解和相关方法的灵活使用，体会 Java 多线程机制给程序设计带来的好处。

【题目】 模拟植树活动，编写一个 Java 应用程序，在主线程中创建 3 个线程："挖树坑"、"栽树苗"和"浇水"，实现它们之间的协同工作。

【要求】 要求"浇水"线程占有 CPU 资源后立即等待"栽树苗"线程栽完树苗后才能开始浇水，而"栽树苗"线程占有 CPU 资源后则一直等待"挖树坑"线程挖完树坑后才能开始栽树苗。关于线程交互过程的信息能够在屏幕上进行提示。

【提示】 使用 join()方法实现线程交互。

【扩展】 可以使用 wait()和 notify()方法进行程序设计，体会与 join()方法的不同之处。

第11章

数据库访问的编程技术

随着 Internet 的日益普及和广泛应用,Java 已经从一种单纯的编程语言变为一种企业级的计算平台,其核心是 J2EE(Java 2 Enterprise Edition)。它可以用于开发企业级业务应用系统。这些系统绝大多数都需要利用数据库存储、管理业务数据。

本章通过一个示例说明使用 Java 的数据库访问接口(API)——JDBC 及基于 JDBC 访问数据库的基本方法和步骤。

11.1　Java 语言的数据库访问接口——JDBC

Java 提供了一套访问关系数据库的应用程序接口,即 JDBC API。JDBC 是 Java database connectivity 首字母的缩写,其含义是 Java 数据库连接。它包含一组与访问数据库有关的 Java 类和接口,是 Java 程序访问数据库的基础。只要应用程序利用 JDBC 就可以用统一的形式访问各种不同的关系数据库。也就是说,开发人员只需掌握这一套 API,就可以开发访问不同厂商数据库的应用程序,从而减轻了开发人员为特定数据库开发特定应用程序的负担。

11.1.1　JDBC 框架结构

要想利用 Java 语言编写访问数据库的应用程序,必须了解 JDBC 的框架结构,图 11-1

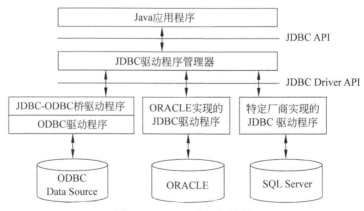

图 11-1　JDBC 的框架结构

展示了这个框架结构。由图 11-1 可以看出，顶层是 Java 应用程序，它通过 JDBC API 接口，经由 JDBC 驱动程序管理器、JDBC Driver API 和 JDBC 驱动程序访问下层的数据库。

不同的厂商为其数据库产品提供了特定的驱动程序，以便具体实现 JDBC 接口，从而将访问数据库的复杂操作封装在自己的驱动程序中。例如，Oracle 数据管理系统的厂商为 Oracle 10 和 Oracle Lite 提供了不同的驱动程序，但都实现了 JDBC 接口。图 11-2 展示了 Oracle 10 提供的 OCI 驱动程序，这个驱动程序通过 ocixxx.dll 访问 Oracle 10 数据库。

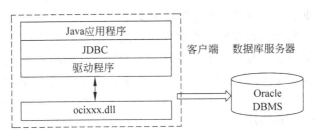

图 11-2　Oracle 10 的 OCI 驱动程序

在编写数据库应用程序时，开发人员不必关心特定数据库的复杂操作，只要掌握 Java 提供的访问数据库接口 JDBC，就可以轻松地完成访问数据库的操作，实现对数据库中存储的数据的有效管理。

在图 11-1 中，还有一层是 JDBC-ODBC 桥驱动程序。Sun 公司随 JDK 一起提供了 JDBC-ODBC 桥驱动程序，这样 JDBC 通过 ODBC 间接地访问数据库。

11.1.2　JDBC 访问数据库的应用模型

通过 JDBC 访问数据库有两种应用模型：一种是两层应用模型，另一种是三层应用模型。

在两层应用模型中，客户端应用程序直接与数据库服务器端的数据库建立连接，以访问数据库中的数据。两层应用模型如图 11-3 所示。

三层模型引入了中间层来管理业务逻辑和基础结构。在这种模型中，客户端负责用户界面，中间层负责业务逻辑，底层负责数据库管理。当用户需要访问数据库时，在客户端将访问请求发送到中间层，中间层通过 JDBC 查询访问数据库。数据库的查询结果通过中间层反馈给客户端。三层应用模型如图 11-4 所示。这样做的好处是将用户界面从业务逻辑和数据管理中分离出来，使得程序的结构更加清晰，更易于扩展和维护。

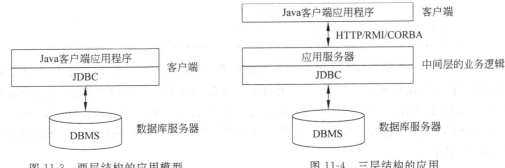

图 11-3　两层结构的应用模型　　　　　图 11-4　三层结构的应用

11.1.3 JDBC 驱动程序

JDBC 驱动程序是用来访问数据库的接口类集,归纳起来,可以将其分为 4 个类别。

第 1 类:JDBC-ODBC 桥

这种类别的驱动程序负责将 JDBC 调用转换为 ODBC,然后利用 ODBC 驱动程序与数据库进行通信。在 Sun 公司发布的 JDK 中就包含了 ODBC 驱动程序,其名称为 JDBC-ODBC 桥。不过在使用它之前需要进行部署和设置。

第 2 类:由 Java 程序代码和本地程序代码组成

这种类别的驱动程序是由 Java 程序代码和本地程序代码组成的,它将数据库厂商提供的特殊协议转换成 Java 代码及二进制类码,以便实现 Java 数据库客户端与数据库服务器的通信。在使用这种驱动器之前需要安装 Java 类库和一些与平台相关的代码。

第 3 类:纯 Java 驱动程序

这种类别的驱动程序完全采用 Java 语言编写,它使用一种与数据库无关的协议将访问数据库的请求发送给服务器中间件,中间件再将请求转换为特定的数据库协议。

第 4 类:本地协议,纯 Java 驱动程序

这种类别的驱动程序将 JDBC 请求转换为特定的数据库协议,使 Java 数据库客户直接与数据库服务器通信。其特点是不需要安装客户端软件,效率较高。

11.1.4 JDBC 中的主要类和接口

JDBC 由一系列的类和接口组成,包括连接(Connection)、SQL 语句(Statement)和结果集(ResultSet)等,分别用于实现建立与数据库的连接、向数据库发送查询请求、处理数据库返回结果等。其中核心的类和接口包含在 java.sql 包中,表 11-1 中列出了其中的主要内容。

表 11-1 java.sql 包中访问数据库的主要类和接口

成员方法名	功 能 说 明
java.sql.DriverManager	用于加载驱动程序,建立与数据库的连接。在 JDBC 2.0 中建议使用 DataSource 接口来连接包括数据库在内的数据源
java.sql.Driver	驱动程序接口
java.sql.Connection	用于建立与数据库的连接
java.sql.Statement	用于执行 SQL 语句并返回结果
java.sql.ResultSet	执行 SQL 查询返回的结果集
java.sql.SQLException	SQL 异常处理类,其父类是 java.lang.Exception

DriverManager 类是 java.sql 包中用于数据库驱动程序管理的类,作用于用户和驱动程序之间。它负责跟踪可用的驱动程序,并在数据库和驱动程序之间建立连接,处理驱动程序登录时间限制、跟踪消息显示等事务。在这个类中包含一个向量类(java.util.Vector)的静态对象 drivers,用于保存已加载的、可用的数据库驱动程序,并允许选择一个合适的驱动程序连接数据库。

java.sql.Driver 接口包含了所有 JDBC 驱动程序必须实现的方法。实际上,加载或注册一个数据库驱动程序就是创建一个数据库驱动程序的实例,并保存在 DriverManager 对象静态变量 Drivers 中,从而保证 Java 程序使用统一的形式,通过不同的数据库驱动器访问各种数据库。

java. sql. Connection 接口包含了连接数据库的相关成员方法。连接数据库是应用程序访问数据库的前提。只有成功地与数据库建立连接才能够创建并向数据库发送 SQL 语句,进而获取数据库执行 SQL 语句后返回的结果。在这个接口中声明的 createStatement()用于创建一个将 SQL 语句发送到数据库的对象;close()成员方法用于中断与数据库的连接。图 11-5 显示了以 Connection 为中心与之相关的类和接口之间的关系。

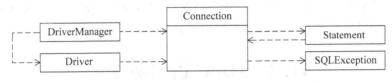

图 11-5　Connection 接口及与之相关的主要类和接口

在 java. sql. Statement 接口中声明了执行 SQL 语句和获取返回结果的方法。例如,executeUpdate()成员方法用于执行 SQL 的更新语句和数据定义语句,即 INSERT、UPDATE、DELETE 和 CREATE TABLE 语句等;executeQuery()成员方法用于执行 SQL 的查询语句。Statement 接口的 getResultSet()成员方法用于获取返回的结果集(ResultSet)。另外,close()成员方法用于关闭 Statement 接口引用的对象并释放占用的资源。图 11-6 显示了以 Statement 接口为中心与之相关的类和接口之间的关系。

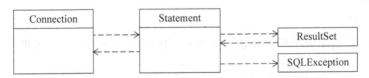

图 11-6　Statement 接口及与之相关的主要类和接口

使用 Statement 对象有下面 3 种形式。

(1) Statement 接口:用于执行不带参数的简单 SQL 语句。

(2) PreparedStatement 接口(继承 Statement):用于执行预编译 SQL 语句。

(3) CallableStatement 接口(继承 PreparedStatement):用于调用数据库的存储过程。

结果集 ResultSet 用于暂时存放执行 SQL 声明后产生的结果集合。通常,它的实例对象是 Statement 的子类通过调用成员方法 execute()或 executeQuery()产生的结果。ResultSet 类似于数据库表,其中含有符合查询要求的所有记录内容。

ResultSet 提供了一套 get()成员方法用于访问其中的数据及移动游标(cursor)的成员方法。cursor 是 ResultSet 维护的指向当前数据行的指针。初始位于第一行之前,因此第一次访问结果集时需要调用 next 成员方法将游标置于第一行上,随后每次调用 next 成员方法都会使游标向后移动一行。

由于 SQL 数据类型与 Java 的数据类型不一致,如在 SQL 中有数据类型 INTEGER、SMALLINT、REAL、VARCHAR 等类型,在 Java 语言中有 int、short、double、String 等类型,所以在运行 Java 程序时需要进行类型转换。可以采用下面 3 种方式实现类型转换。

（1）从数据库中读取的数据将以 SQL 类型的形式存放在 ResultSet 中。此时需要调用 getXXX()系列的成员方法，JDBC 才将 SQL 类型转换为相应的 Java 类型。

当然，在类型转换过程中，用户可以控制所转换的数据类型。例如，假设在结果集中某个数据的类型为 FLOAT，可以利用 getInt()或 getByte()成员方法将其转换为 int 或 byte 类型，显然，数据的精确度会受到影响。

（2）当 SQL 操作采用 PreparedStatement 接口或 CallableStatement 接口形式执行且带有向数据库输入的参数时，需要调用"setXXX()"系列的成员方法。

（3）在采用 CallableStatement 接口访问数据库时，用户可能会应用 IN/OUT 参数。这时的转换过程较为复杂。首先，需要调用"setXXX()"系列的成员方法给这些参数赋值，然后再按照标准映射规则将 Java 类型数据转为 SQL 类型。

11.2 JDBC 访问数据库

在了解 JDBC 的框架结构和 JDBC 中的主要类和接口之后，就应该考虑访问数据库的方法。本节介绍利用 JDBC 访问数据库的基本步骤。

11.2.1 利用 JDBC 访问数据库的基本步骤

通常，访问数据库需要经历下面几个基本步骤：

（1）建立与数据库的连接。

（2）查询处理。

（3）关闭连接。

对于 JDBC 数据库应用程序来说也是如此，图 11-7 是 JDBC 访问数据库的基本步骤。

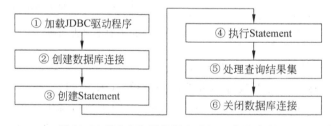

图 11-7　JDBC 编写数据库访问程序的步骤

11.2.2 加载 JDBC 驱动程序

在访问数据库之前，必须将 JDBC drivers 驱动程序加载到 Java 虚拟机中。加载驱动程序有两种基本方法：一种是用 DriverManager 类的静态方法 registerDriver 加载；另一种是使用 java.lang.Class 类的 forName 方法加载。下面列出常用的数据库 JDBC 驱动程序的加载示例代码。

1. 加载 Oracle JDBC 驱动程序

用 DriverManager 类加载 Oracle JDBC 驱动程序的 Java 代码如下所示：

DriverManager. registerDriver(new oracle. jdbc. driver. OracleDriver());

如果加载的驱动程序不存在,就会抛出 SQLException 异常,此时需要应用程序对这种异常进行处理。

使用 java. lang. Class 类加载 Oracle JDBC 驱动程序的 Java 代码如下所示:

Class c=Class. forName("Oracle. jdbc. driver. OracleDriver");

如果加载的驱动程序不存在,Class. forName()方法就会抛出 ClassNotFoundException 异常。此时同样需要应用程序处理异常。

2. 加载 Microsoft SQL Server JDBC 驱动程序

用 DriverManager 类加载 Microsoft SQL Server JDBC 驱动程序的 Java 代码如下所示:

DriverManager. registerDriver(new com. microsoft. jdbc. sqlserver. SQLServerDriver());

使用 java. lang. Class 类加载 Microsoft SQL Server JDBC 驱动程序的 Java 代码如下所示:

Class. forName("com. microsoft. jdbc. sqlserver. SQLServerDriver");

其中,com. microsoft. jdbc. sqlserver. SQLServerDriver 是 Microsoft SQL Server JDBC 驱动程序的类名。

3. 加载 InterClient JDBC 驱动程序

InterClient JDBC 驱动程序的类名是 interbase. interclient. Driver。用 DriverManager 类加载 InterClient JDBC 驱动程序的 Java 代码如下所示:

DriverManager. registerDriver(new interbase. interclient. Driver());

使用 java. lang. Class 类加载 JDBC-ODBC 驱动程序的 Java 代码如下所示:

Class. forName("interbase. interclient. Driver");

4. 加载 PostgreSQL JDBC 驱动程序

PostgreSQL JDBC 驱动程序的类名是 org. postgresql. Driver。用 DriverManager 类加载 PostgreSQL JDBC 驱动程序的 Java 代码如下所示:

DriverManager. registerDriver(new corg. postgresql. Driver());

使用 java. lang. Class 类加载 PostgreSQL JDBC 驱动程序的 Java 代码如下所示:

Class. forName("org. postgresql. Driver"). newInstance();

其中,org. postgresql. Driver 是 PostgreSQL JDBC 驱动程序的类名。

5. 加载 MySQL JDBC 驱动程序

MySQL JDBC 驱动程序的类名是 org. gjt. mm. mysql. Driver。用 DriverManager 类加

载 MySQL JDBC 驱动程序的 Java 代码如下所示：

DriverManager. registerDriver(new org. gjt. mm. mysql. Driver())；

使用 java. lang. Class 类加载 MySQL JDBC 驱动程序的 Java 代码如下所示：

Class. forName(""org. gjt. mm. mysql. Driver"")). newInstance()；

其中，org. gjt. mm. mysql. Driver 是 MySQL JDBC 驱动程序的类名。

6. 加载 JDBC-ODBC 桥驱动程序

用 DriverManager 类加载 JDBC-ODBC 桥驱动程序的 Java 代码如下所示：

DriverManager. registerDriver(new sun. jdbc. JdbcOdbcDriver())；

使用 java. lang. Class 类加载 JDBC-ODBC 驱动程序的 Java 代码如下所示：

Class. forName("sun. jdbc. odbc. JdbcOdbcDriver")；

其中，sun. jdbc. odbc. JdbcOdbcDriver 是数据库驱动程序的类名。

11.2.3 创建数据库连接

加载数据库的 JDBC 驱动程序之后，就应该创建与数据库的连接。其代码如下所示：

Connection conn=DriverManager. getConnection(URL,User,Password)；

其中，URL、User、Password 是连接数据库需要指定的连接参数。含义及示例如表 11-2 所示。

表 11-2 连接数据库的连接参数

连接参数	说明及示例
URL	数据库的 URL，用于定位数据库，该参数的一般格式如下： jdbc：<subprotocol>：<subname> 其中，jdbc 是一种协议；subprotocol 是协议，表示数据库驱动程序名或数据库连接机制。例如，Oracle JDBC 驱动程序的子协议都是 oracle；<subname>是子名称，用于标识要连接的数据库，子名称的结构和内容由各驱动程序开发商规定
User	访问数据库的用户账号。例如"SYS"、"scott"、"sa"、"Admin"等
Password	特定用户账号的密码。例如"tiger"、"myPasswords"。如果未设置密码，该参数为""

URL 用法比较复杂，下面给出一些 URL 的应用示例。

示例 1：用 Oracle thin 驱动程序连接 Oracle 数据库的 URL：

jdbc：oracle：thin：@host：1521：Student

其中，host 是数据库主机名称或 IP 地址。

示例 2：用 Oracle OCI 驱动程序连接 Oracle 数据库的 URL：

jdbc：oracle：oci8：@host

其中,host 是 tnsnames.ora 文件中的一个 TNSNAMES 条目。

示例 3:用 Microsoft SQL Server 驱动程序连接 SQL Server 的 URL:

jdbc:microsoft:sqlserver://host;DatabaseName=Student

其中,host 是数据库主机名或 IP 地址。

示例 4:通过 jdbc-odbc 桥连接 ODBC 数据源的 URL:

jdbc:odbc:Student

其中,Student 是用 ODBC 管理器注册的一个数据源。

示例 5:连接 Interbase 数据库的 URL:

jdbc.interbase://host//d:/Student/student.gdb

其中,host 是数据库主机名或 IP 地址。

示例 6:连接 MySql 数据库的 URL:

jdbc:mysql://host/myDB

其中,host 是数据库主机名或 IP 地址。

示例 7:连接 PostgreSQL 数据库的 URL:

jdbc:postgresql://host/myDB

其中,host 是数据库主机名或 IP 地址。

与数据库建立连接的另一种方法是调用 DriverManager 类的静态方法 getConnection
(String connect_string),其代码如下所示:

```
Connection conn=DriverManager.getConnection(String connect_string);
```

需要提醒,对于数据库(如 Oracle)服务器端的驱动程序(如 OracleDriver)来说,不需要
用 URL 进行连接,可以使用服务器端的默认连接(OracleDriver.defaultConnection),而且
这种连接不需要关闭。在服务器端连接数据库的示例代码如下所示:

```
Connection conn=(new oracle.jdbc.driver.OracleDriver()).defaultConnection();
```

11.2.4 创建 SQL 语句对象

在建立与数据库的连接后,应用程序就可以在此连接上创建 SQL 语句对象,以便执行
用户定义的特定 SQL 语句。在 Connection 中,可以利用面向对象的重载技术定义 3 种格
式的 createStatement 成员方法创建 Statement 对象:

```
Statement createStatement() throws SQLException;
Statement createStatement(int resultSetType,int resultSetConcurrency)
        throws SQLException;
Statement createStatement(int resultSetType, int resultSetConcurrency, int resultSetHoldability)
            throws SQLException;
```

其中,可以利用不带参数的 createStatement 方法创建 Statement 对象,代码如下:

```
Statement stmt=conn. createStatement();
```

创建的 Statement 对象执行指定的 SQL 语句之后,将返回并发只读的(CONCUR_READ_ONLY)、只向前类型(TYPE_FORWARD_ONLY)的结果集。

如果需要其他类型的结果集,就必须使用后面两种方法之一。另外,JDBC 还提供了两个可以用来创建语句对象的接口:一个是从 Statement 接口继承来的接口 preparedStatement;另一个是从 preparedStatement 接口继承来的接口 CallableStatement。

11.2.5 执行 Statement

基本的 SQL 语句可以分成两类:一类是数据定义和更新语句;另一类是 SELECT 查询语句。数据定义和更新语句包括 CREATE、INSERT、UPDATE 和 DELETE 语句。对于不同类型的 SQL 语句,JDBC 中的 Statement 对象提供了执行不同 SQL 语句的基本处理方法:在 Statement 中声明的 executeUpdate()成员方法用于执行数据定义和更新语句,Statement 中声明的 executeQuery()成员方法用于执行 SELECT 查询语句。

例如,SQL 中的 SELECT 查询语句可以使用如下代码:

```
//创建一个 Statement 对象
Statement stmt=conn. createStatement();
//执行查询语句
ResultSet rset=stmt. executeQuery("SELECT Sno,Sname FROM Student");
```

SQL 中的数据更新语句,例如 DELETE 语句,则可以使用如下所示的代码:

```
//创建一个 Statement 对象
Statement stmt=conn. createStatement();
//执行更新语句
int rowcount=stmt. executeUpdate("DELETE FROM Student WHERE Sno='04060001'");
```

如果只能在运行时确定 SQL 语句的类型,就可以使用 Statement 中的 execute()成员方法动态地执行未知类型的 SQL 语句。这个成员方法将返回一个表示 SQL 语句类型的布尔值。如果返回真,说明 SQL 语句是查询语句,否则是更新语句或数据定义语句。示例代码如下所示。

```
Statement stmt=conn. createStatement();
//用 execute 方法执行 SQL 语句
boolean result=stmt. execute(statement);
if (result) {                                    //statement 是一个查询
        //获取结果集
        ResultSet rset=stmt. getResultSet();
        //处理结果
        //...
}
else {                                           //statement 是更新语句或数据定义语句
        int updateCount=stmt. getUpdateCount();
        //处理结果
        //...
```

　}

注意，语句 boolean result＝stmt. execute(statement) 执行之后，就已经执行了 SQL 语句并有了查询结果，因此可以直接调用 stmt 对象的 getResultSet() 成员方法获取查询结果，而不需要重复使用 executeQuery() 成员方法。

11.2.6　处理查询结果集

Statement 执行 SQL 语句之后，将返回一个结果集对象 ResultSet。每一个 ResultSet 对象都有一个游标(cursor)指向结果集的当前位置，游标的初始位置是在结果集的第一行之前，如图 11-8 所示。

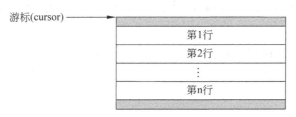

图 11-8　结果集的遍历

可以通过这个对象提供的定位游标的成员方法对结果集进行遍历，以便获取(用一组 getXXX 方法)或更新(用一组 updateXXX 方法)结果集中每一个记录(Record)的属性值。表 11-3 列出了有关 ResultSet 定位游标的成员方法及其功能说明。

表 11-3　ResultSet 中定位游标的方法

定位游标的方法	描　　　　述
boolean absolute(int row)	将游标移动到 ResultSet 中由 row 指定的行
void afterLast()	将游标移动到 ResultSet 对象紧靠最后一行之后的位置
void beforeFirst()	将游标移动到 ResultSet 对象紧靠第一行之前的位置
boolean first()	将游标移动到 ResultSet 对象的第一行
boolean isAfterLast()	将判断游标是否在结果集中的最后一行之后
boolean isBeforeFirst()	将判断游标是否在结果集中的第一行之前
boolean isFirst()	将判断游标是否指向结果集中的第一行
boolean isLast()	将判断游标是否指向结果集中的第一行
boolean last()	将游标移动到 ResultSet 对象的最后一行
boolean next()	将 ResultSet 对象的当前游标从当前位置下移一行。ResultSet 对象的游标初始指向第一行之前的位置，首次调用 next() 方法则使游标指向第一行。该方法如果使游标成功地指向下一行，则返回 true，否则(下一行不存在)返回 false
boolean previous()	将 ResultSet 对象的当前游标从当前位置上移一行

由表 11-3 看出，利用 next() 成员方法和循环语句可以方便地定位结果集中的每个记录。此后，就需要使用 getString()、getInt() 等成员方法获取每个属性列的值，代码如下所示。

　　while (rset. next()) {

```
String Sno＝rset.getString("Sno");
String Sname＝rset.getString("Sname");
    …                              //处理或显示数据
}
```

在结果集 ResultSet 中,对 getString、getInt、getLong、getDouble 等成员方法重载了两套参数格式:一套以属性列序号为参数,序列号从 1 开始;另一套以属性名称为参数,返回的结果都一样。

注意,Java 语言的8种基本类型(boolean、byte、char、short、int、long、float 和 double)不能包含空值(null),但在数据库中某些属性列可以为空,此时需要进行特殊处理:用 ResultSet 的成员方法 wasNull 判断读取的属性列是否为空,代码如下所示:

```
while (rset.next()) {
    int Sage＝rset.getInt("Sage");
    if (rset.wasNull()) {
        …                         //处理空值
    }
}
```

11.2.7　关闭数据库连接

在结束程序之前必须关闭结果集 ResultSet 对象和 Statement 对象,而不能像一般的 Java 对象那样等待 Java 虚拟机进行垃圾回收,其原因是这些对象不是利用 new 运算符创建的,而是由底层 JDBC 驱动程序创建的,因此必须用 Java 代码通知底层的驱动程序释放它们,否则就有可能造成内存的泄漏,导致数据库服务器资源的不足。

下面是一些关闭结果集 ResultSet 对象和 Statement 对象的代码:

```
//关闭结果集对象 rset
rset.close();
//关闭 Statement 对象 stmt
stmt.close();
```

在关闭了结果集对象 ResultSet 和 Statement 对象后,还要关闭连接对象。代码如下所示。

```
//关闭连接对象 conn
conn.close();
```

对于服务器端的默认连接则不需要关闭。

在上面讲述的步骤中,还应该在每一个可能出现错误的地方编写异常处理代码,即用 try 和 catch 程序块来捕捉异常。

11.3　一个简单的 JDBC 应用程序

前面阐述了 JDBC 访问数据的基本步骤。本节将以一个完整的示例说明如何用 JDBC API 访问数据库。为了将读者的注意力从 Java 语言本身转移到 JDBC API 的应用上,本节采用最简单的控制台应用程序访问一个数据库。

11.3.1　注册 ODBC 数据源

这个程序采用了 JDBC-ODBC 桥驱动访问数据库,因此必须在 ODBC 驱动管理器中把要访问的数据库注册为一个数据源。下面以 Windows XP 为例说明注册 ODBC 数据源的过程。这里将一个 Oracle 10i 的数据库 GIS 注册为 ODBC 数据源,命名为 Student。注册步骤如下所示。

（1）在 Windows XP 中选择“控制面板/性能和维护/管理工具/数据源（ODBC）”,弹出如图 11-9 所示的“ODBC 数据源管理器”对话框。

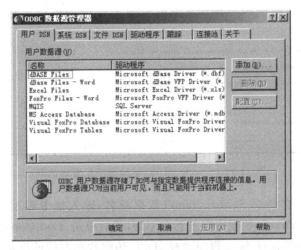

图 11-9　选择数据源

（2）必要的时候,选择“用户 DSN”选项卡,然后单击“添加”按钮,弹出如图 11-10 所示的“创建新数据源”对话框。

图 11-10　“创建新数据源”对话框

在这个对话框中,选择 Oracle 公司提供的驱动程序 Oracle OraDb10g_home1（或者选择微软提供的 Microsoft ODBC for Oracle 驱动程序）。

如果要创建其他数据库的数据源,例如,Microsoft SQL Server 或 Microsoft Access 数据库的数据源,可以在"创建新数据源"对话框中选择 SQL Server 或 Microsoft Access 驱动程序。

(3) 单击"完成"按钮,出现如图 11-11 所示的 Oracle ODBC Driver Configuration 对话框。

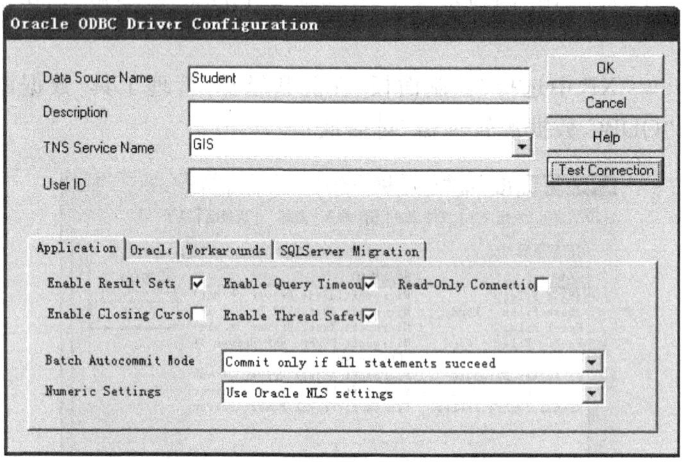

图 11-11　Oracle ODBC 驱动程序配置对话框

在这个对话框中的 Data Source Name(数据源名)输入框中输入 Student,TNS Server Name 输入框中输入 Oracle 数据库服务器名 GIS,然后单击 Test Connection 按钮测试连接是否可用。连接成功是保证 Java 程序通过 JDBC 访问数据源的前提和基础。

11.3.2　JDBC 数据库应用程序

在创建好数据源后就可以开始编写 JDBC 数据库应用程序。在使用 JDBC API 之前,首先将包含 JDBC API 接口的 java.sql 包载入程序,然后按照 11.2 节中介绍的基本步骤编写程序代码。

```java
//file name: JDBCDemo.java
import java.sql. * ;
public class JDBCDemo
{
    public static void main(String args[])
    {
        String DriverName="sun.jdbc.odbc.JdbcOdbcDriver";
        String DBURL="jdbc:odbc:Student";
        Connection conn=null;
        Statement stmt;
        try{
            Class.forName(DriverName);
        }catch(ClassNotFoundException e){
            System.out.println("无法加载 JDBC 驱动程序"+e);   return;
```

```
    }catch( Exception e ){
        System. out. println(e. getMessage()); return;
    }

    try{
        //创建数据库连接
        conn=DriverManager. getConnection(DBURL,"sa","1134");
        stmt=conn. createStatement();                    //创建语句对象
        //构造 SQL 语句
        String strSQL="SELECT Sno,Sname,Sgender,Sage,Sdept FROM Student";
        ResultSet rs=stmt. executeQuery(strSQL);         //执行 SQL 语句
        //定义 Java 变量接受数据库表中属性列的值
        String Sno,Sname,Sgender,Sdept;
        int Sage;
        //利用循环语句遍历结果集中的每一行
        while(rs. next()){                               //每次使游标下移一行
            Sno=rs. getString(1);                        //按属性列的序号获取学号,属性列从 1 开始
            if (rs. wasNull()){                          //空值处理
                Sno=null;
            }
            Sname=rs. getString(2);         //获取姓名
            if (rs. wasNull()){
                Sname=null;
            }
            Sgender=rs. getString(3);       //获取性别
            if (rs. wasNull()){
                Sgender=null;
            }
            Sage=rs. getInt(4);             //获取年龄
            if (rs. wasNull()){             //空值处理
                Sage=-1;                    //如果查询的年龄为空,则 Sage 赋值为-1
            }
            Sdept=rs. getString("Sdept");   //按属性列的名称来获取系别值
            if (rs. wasNull()){
                Sdept=null;
            }
            System. out. println(Sno+","+Sname+","
                        +Sgender+","+Sage+","+Sdept+"\n");
        }
        rs. close();                        //关闭结果集
        stmt. close();                      //关闭语句对象
    }catch(SQLException e){
        System. out. println(e. getMessage());
    }catch(Exception e){
        System. out. println(e. getMessage());
```

```
            }
        finally{
            if (conn ！＝null){
                try{
                        conn. close();                      //关闭数据库连接对象
                } catch(Exception e){e. printStackTrace();}


            }
        }
    }
```

如果希望直接使用数据库厂商为其数据库提供的 JDBC 驱动程序,就需要获得 JDBC 驱动程序,并将它安装在客户端,然后对环境变量(如 CLASSPATH)做必要的设置。例如,可以从微软的网站下载 Microsoft SQL Server 2000 JDBC 驱动程序并进行安装,之后将可以在应用程序中通过这个驱动程序访问 SQL Server 2000 数据库。上述应用程序只需要将其中的 Driver 和 DBURL 变量进行如下修改:

```
String DriverName＝"com. microsoft. jdbc. sqlserver. SQLServerDriver";
String DBURL＝"jdbc：microsoft：sqlserver：//HOST：1433;DatabaseName＝Student";
```

程序的其他部分不需要做任何修改就可以编译并运行,经上机验证,上述程序可以成功地访问 Oracle 和 SQL Server 2000 数据库。

有许多 Java 的集成开发环境(IDE)提供了很好的工具和向导,开放源码的 Java 集成开发环境 NetBeans 和 Eclipse、IBM 公司的 Visual Age for Java、Sun 公司的 Sun ONE Studio 等,这些工具提供了许多可视化组件和非可视化组件以及生成数据库程序框架的向导等,为开发人员编写数据库应用程序提供了非常便利的手段,减轻了程序员的负担。尽管如此,它们的核心基础仍是 JDBC API,因此掌握核心 JDBC API 可以更好地理解和掌握这些工具生成的程序代码,从而更好地为人们所用。

本 章 小 结

本章介绍了使用 JDBC 访问数据库的技术,以及利用 JDBC 访问数据库的基本方法,然后给出了一个数据库应用的完整示例,尽管很简单,但展示了 Java 程序操作数据库的全部过程。通过本章的学习可以初步了解 Java 访问数据库的基本方式。

课 后 习 题

1. 基本概念

(1) 简述使用 Java 环境访问数据库的主要过程。

(2) 简述 JDBC 的功能、特点及主要组成部分。

(3) 简述使用 JDBC API 访问数据库需要用到的主要类和接口。

(4) 简述 JDBC 提供的数据库连接方式。

（5）简述使用 JDBC 进行数据库操作的完整过程。

2. 编程题

（1）编写一个程序，创建一个存储电话簿信息的数据库。

（2）编写一个程序，对题 1 创建的电话簿数据库进行插入、删除、更新的操作。

（3）编写一个程序，给定某个人的姓名，在题 1 中创建的电话簿数据库中查找相应的信息。

（4）建立一个 Books 数据库表，字段包括书名、作者、出版社、出版时间和 ISBN，并编写一个应用程序，实现对该表中记录的插入、删除和更新。

（5）假设在某个数据库表中存在多个姓氏相同的人。根据这一情况，建立相应的查询功能，使得用户可以在 ResultSet 中滚动记录。

3. 思考题

（1）比较 Statement、PreparedStatement 和 CallableStateme 在使用上的差异。

（2）"关闭与 JDBC 服务器的连接"是客户端 Java 程序应该完成的工作，为什么？

4. 知识扩展

（1）JDBC API 所有的类和接口都集中在 javax.sql 和 java.sql 这两个包中。javax.sql 与 java.sql 相比，为连接管理、分布式书屋处理和连接提供了更好的抽象。同时，这个包还引入了容器管理的连接缓冲池、分布式事务和行集（row set）等机制。数据库连接池的解决方案是在应用程序启动时建立足够的数据库连接，并将这些连接组成一个连接池，由应用程序动态地对池中的连接进行申请、使用和释放，因此更多地重用了内存资源，提高了服务器的效率。建议读者了解 JDBC 中规定的支持数据库连接池的类和接口的相关用法，并加以利用。

（2）从 JDBC 2.0 起，引进了对应于 SQL_99 的许多新对象，如 BLOB、CLOB、ARRAY、REF、结构化类型、DISTINCT 类型、LOCATOR 以及 Datalink 对象等。插入这些高级数据类型到数据库中的主要手段是使用 PreparedStatement 对象，读取主要是 ResultSet 对象。请读者进一步了解如何利用 JDBC 在数据库中读取和写入这些高级数据类型，从而实现复杂数据类型的数据存储。

上机实践题

1. 实践题 1

【目的】 通过这道上机实践题的训练，熟悉利用 JDBC 实现数据库操作的基本步骤，掌握数据库建表、查询、插入、删除、排序等基本过程。

【题目】 编程实现以下功能：

（1）在数据库中建立一个表，表名为"用户账号"，其字段包括账号、姓名、身份证号、性别、日期、余额。

(2) 在用户账户表中输入 4 条不同账号的记录(自己设计具体数据)。

(3) 将每人的账号增加 1000 元(存款)。

(4) 将每条记录按账号余额由小到大的顺序显示到屏幕上。

(5) 删除 2008 年以前的记录。

【要求】 每行显示一个记录,字段之间应留有空格。

【提示】 当账户余额为 0 时,仍应保留账号信息。

【扩展】 为程序增加取款的功能。

2. 实践题 2

【目的】 通过这道上机实践题的训练,可以熟悉利用 JDBC 实现数据库操作的基本步骤,掌握编写基本的图形界面对数据库进行操作的能力。

【题目】 编写一个学生成绩管理程序,在数据库中建立 3 张表:

Student(StudentID,Name,Department)、Course(CourseID,Name)、Scores(StudentID,CourseID,Grade)。

运行界面包括一个 JComboBox 和 JTextArea 控件,允许用户执行从 JComboBox 中选择预定义的查询。JComboBox 中预定义的查询有:

(1) 所有计算机学院的学生的成绩;

(2) 所有学生的成绩单,包括学生姓名、课程名、成绩。

允许用户在 JText 中输入成绩,在 Scores 表中插入一个记录。3 个 JText 中分别输入学生名、课程名和成绩数据。

【要求】 利用 Swing 组件进行图形化界面设计。

【提示】 注意:各组件所要求的数据类型。

【扩展】 自行扩展 JComboBox 中预定义的查询,如查询某门课程大于 90 分的学生等。

参考文献

[1] Ralph Morelli 著.Java 面向对象程序设计(第 3 版).翟中,等译.北京:机械工业出版社,2008

[2] Bruce Eckel 著.Java 编程思想(第 3 版).陈昊鹏,等译.北京:机械工业出版社,2003

[3] 张龙祥.UML 与系统分析.北京:人民邮电出版社,2001

[4] Cay S. Horstmann 著.Java 核心技术 卷Ⅰ:基础知识(第 8 版).叶乃文,等译.北京:机械工业出版社,2008

[5] Cay S. Horstmann 著.Java 核心技术 卷Ⅱ:高级特性(第 7 版).陈昊鹏,等译.北京:机械工业出版社,2006

[6] John Lewis 著.Java 程序设计教程(第 5 版).罗省贤,等译.北京:电子工业出版社,2007

[7] 王克宏.Java 技术教程(基础篇).北京:清华大学出版社,2002

[8] 飞思科技产品研发中心.Java 2 应用开发指南.北京:电子工业出版社,2002

[9] Grant Palmer.Java 事件处理指南.沈莹译.北京:清华大学出版社,2002

[10] James Gosling 著.Java 编程规范(第 3 版).陈宗斌等译.北京:中国电力出版社,2007

[11] 吴亚峰.精通 NetBeans-Java 桌面、Web 与企业级程序开发详解.北京:人民邮电出版社,2007

普通高等教育"十一五"国家级规划教材
21世纪大学本科计算机专业系列教材

近期出版书目

- 计算概论(第2版)
- 计算概论——程序设计阅读题解
- 计算机导论(第3版)
- 计算机导论教学指导与习题解答
- 计算机伦理学
- 程序设计导引及在线实践
- 程序设计基础(第2版)
- 程序设计基础习题解析与实验指导
- 程序设计基础(C语言)
- 程序设计基础(C语言)实验指导
- 离散数学(第3版)
- 离散数学习题解答与学习指导(第3版)
- 数据结构(STL框架)
- 算法设计与分析
- 算法设计与分析(第2版)
- 算法设计与分析习题解答(第2版)
- C++程序设计(第2版)
- Java程序设计
- 面向对象程序设计(第2版)
- 形式语言与自动机理论(第3版)
- 形式语言与自动机理论教学参考书(第3版)
- 数字电子技术基础
- 数字逻辑
- FPGA数字逻辑设计
- 计算机组成原理(第3版)
- 计算机组成原理教师用书(第3版)
- 计算机组成原理学习指导与习题解析(第3版)
- 微机原理与接口技术
- 微型计算机系统与接口(第2版)
- 计算机组成与系统结构
- 计算机组成与体系结构习题解答与教学指导
- 计算机组成与体系结构(第2版)
- 计算机系统结构教程
- 计算机系统结构学习指导与题解
- 计算机系统结构实践教程
- 计算机操作系统(第2版)
- 计算机操作系统学习指导与习题解答
- 编译原理
- 软件工程
- 计算机图形学
- 计算机网络(第3版)
- 计算机网络教师用书(第3版)
- 计算机网络实验指导书(第3版)
- 计算机网络习题解析与同步练习
- 计算机网络软件编程指导书
- 人工智能
- 多媒体技术原理及应用(第2版)
- 计算机网络工程(第2版)
- 计算机网络工程实验教程
- 信息安全原理及应用